轨道交通装备制造业职业技能鉴定指导丛书

# 化学检验工

中国北车股份有限公司　编写

中国铁道出版社

2015年·北京

**图书在版编目(CIP)数据**

化学检验工/中国北车股份有限公司编写．—北京：中国铁道出版社，2015.4

（轨道交通装备制造业职业技能鉴定指导丛书）

ISBN 978-7-113-20056-5

Ⅰ.①化…　Ⅱ.①中…　Ⅲ.①化工产品—检验—职业技能—鉴定—自学参考资料　Ⅳ.①TQ075

中国版本图书馆CIP数据核字(2015)第042886号

书　　名：轨道交通装备制造业职业技能鉴定指导丛书
**化学检验工**

作　　者：中国北车股份有限公司

策　　划：江新锡　钱士明　徐　艳

责任编辑：陶赛赛　　　　编辑部电话：010-51873065

编辑助理：黎　琳

封面设计：郑春鹏

责任校对：孙　玫

责任印制：郭向伟

出版发行：中国铁道出版社（100054，北京市西城区右安门西街8号）

网　　址：http://www.tdpress.com

印　　刷：北京海淀五色花印刷厂

版　　次：2015年4月第1版　2015年4月第1次印刷

开　　本：787 mm×1 092 mm　1/16　印张：14　字数：349千

书　　号：ISBN 978-7-113-20056-5

定　　价：44.00元

**版权所有　侵权必究**

凡购买铁道版图书，如有印制质量问题，请与本社读者服务部联系调换。电话：(010)51873174(发行部)

打击盗版举报电话：市电(010)51873659，路电(021)73659，传真(010)63549480

# 中国北车职业技能鉴定教材修订、开发编审委员会

**主　任**：赵光兴

**副主任**：郭法娥

**委　员**：（按姓氏笔画为序）

于帮会　王　华　尹成文　孔　军　史治国

朱智勇　刘继斌　闫建华　安忠义　孙　勇

沈立德　张晓海　张海涛　姜　冬　姜海洋

耿　刚　韩志坚　詹余斌

**本《丛书》总　编**：赵光兴

**副总编**：郭法娥　刘继斌

**本《丛书》总　审**：刘继斌

**副总审**：杨永刚　娄树国

**编审委员会办公室**：

**主　任**：刘继斌

**成　员**：杨永刚　娄树国　尹志强　胡大伟

# 序

在党中央、国务院的正确决策和大力支持下，中国高铁事业迅猛发展。中国已成为全球高铁技术最全、集成能力最强、运营里程最长、运行速度最高的国家。高铁已成为中国外交的新名片，成为中国高端装备“走出国门”的排头兵。

中国北车作为高铁事业的积极参与者和主要推动者，在大力推动产品、技术创新的同时，始终站在人才队伍建设的重要战略高度，把高技能人才作为创新资源的重要组成部分，不断加大培养力度。广大技术工人立足本职岗位，用自己的聪明才智，为中国高铁事业的创新、发展做出了重要贡献，被李克强同志亲切地赞誉为“中国第一代高铁工人”。如今在这支近5万人的队伍中，持证率已超过96%，高技能人才占比已超过60%，3人荣获“中华技能大奖”，24人荣获国务院“政府特殊津贴”，44人荣获“全国技术能手”称号。

高技能人才队伍的发展，得益于国家的政策环境，得益于企业的发展，也得益于扎实的基础工作。自2002年起，中国北车作为国家首批职业技能鉴定试点企业，积极开展工作，编制鉴定教材，在构建企业技能人才评价体系、推动企业高技能人才队伍建设方面取得明显成效。为适应国家职业技能鉴定工作的不断深入，以及中国高端装备制造技术的快速发展，我们又组织修订、开发了覆盖所有职业(工种)的新教材。

在这次教材修订、开发中，编者们基于对多年鉴定工作规律的认识，提出了“核心技能要素”等概念，创造性地开发了《职业技能鉴定技能操作考核框架》。该《框架》作为技能人才评价的新标尺，填补了以往鉴定实操考试中缺乏命题水平评估标准的空白，很好地统一了不同鉴定机构的鉴定标准，大大提高了职业技能鉴定的公信力，具有广泛的适用性。

相信《轨道交通装备制造业职业技能鉴定指导丛书》的出版发行，对于促进我国职业技能鉴定工作的发展，对于推动高技能人才队伍的建设，对于振兴中国高端装备制造业，必将发挥积极的作用。

中国北车股份有限公司总裁：

2015.2.7

# 前　言

鉴定教材是职业技能鉴定工作的重要基础。2002 年,经原劳动保障部批准,中国北车成为国家职业技能鉴定首批试点中央企业,开始全面开展职业技能鉴定工作。2003 年,根据《国家职业标准》要求,并结合自身实际,组织开发了《职业技能鉴定指导丛书》,共涉及车工等 52 个职业(工种)的初、中、高 3 个等级。多年来,这些教材为不断提升技能人才素质、适应企业转型升级、实施"三步走"发展战略的需要发挥了重要作用。

随着企业的快速发展和国家职业技能鉴定工作的不断深入,特别是以高速动车组为代表的世界一流产品制造技术的快步发展,现有的职业技能鉴定教材在内容、标准等诸多方面,已明显不适应企业构建新型技能人才评价体系的要求。为此,公司决定修订、开发《轨道交通装备制造业职业技能鉴定指导丛书》(以下简称《丛书》)。

本《丛书》的修订、开发,始终围绕促进实现中国北车"三步走"发展战略、打造世界一流企业的目标,努力遵循"执行国家标准与体现企业实际需要相结合、继承和发展相结合、坚持质量第一、坚持岗位个性服从于职业共性"四项工作原则,以提高中国北车技术工人队伍整体素质为目的,以主要和关键技术职业为重点,依据《国家职业标准》对知识、技能的各项要求,力求通过自主开发、借鉴吸收、创新发展,进一步推动企业职业技能鉴定教材建设,确保职业技能鉴定工作更好地满足企业发展对高技能人才队伍建设工作的迫切需要。

本《丛书》修订、开发中,认真总结和梳理了过去 12 年企业鉴定工作的经验以及对鉴定工作规律的认识,本着"紧密结合企业工作实际,完整贯彻落实《国家职业标准》,切实提高职业技能鉴定工作质量"的基本理念,在技能操作考核方面提出了"核心技能要素"和"完整落实《国家职业标准》"两个概念,并探索、开发出了中国北车《职业技能鉴定技能操作考核框架》;对于暂无《国家职业标准》、又无相关行业职业标准的 40 个职业,按照国家有关《技术规程》开发了《中国北车职业标准》。经 2014 年技师、高级技师技能鉴定实作考试中 27 个职业的试用表明:该《框架》既完整反映了《国家职业标准》对理论和技能两方面的要求,又适应了企业生产和技术工人队伍建设的需要,突破了以往技能鉴定实作考核中试卷的难度与完整性评估的"瓶颈",统一了不同产品、不同技术含量企业的鉴定标准,提高了鉴定考核的技术含量,保证了职业技能鉴定的公平性,提高了职业技能鉴定工作质量和管理水平,将成为职业技能鉴定工作、进而成为生产操作者技能素质评价的新标尺。

本《丛书》共涉及98个职业(工种),覆盖了中国北车开展职业技能鉴定的所有职业(工种)。《丛书》中每一职业(工种)又分为初、中、高3个技能等级,并按职业技能鉴定理论、技能考试的内容和形式编写。其中:理论知识部分包括知识要求练习题与答案;技能操作部分包括《技能考核框架》和《样题与分析》。本《丛书》按职业(工种)分册,并计划第一批出版74个职业(工种)。

本《丛书》在修订、开发中,仍侧重于相关理论知识和技能要求的应知应会,若要更全面、系统地掌握《国家职业标准》规定的理论与技能要求,还可参考其他相关教材。

本《丛书》在修订、开发中得到了所属企业各级领导、技术专家、技能专家和培训、鉴定工作人员的大力支持;人力资源和社会保障部职业能力建设司和职业技能鉴定中心、中国铁道出版社等有关部门也给予了热情关怀和帮助,我们在此一并表示衷心感谢。

本《丛书》之《化学检验工》由长春轨道客车股份有限公司《化学检验工》项目组编写。主编吉仁龙,副主编张莉;主审李铁维;参编人员赵爱民、丁树涛、孙俊艳。

由于时间及水平所限,本《丛书》难免有错、漏之处,敬请读者批评指正。

中国北车职业技能鉴定教材修订、开发编审委员会

二〇一四年十二月二十二日

# 目　录

# 化学检验工(职业道德)习题

## 一、填 空 题

1. 职业道德建设是公民(　　)的落脚点之一。

2. 如果全社会职业道德水准(　　),市场经济就难以发展。

3. 职业道德建设是发展市场经济的一个(　　)条件。

4. 企业员工要自觉维护国家的法律、法规和各项行政规章,遵守市民守则和有关规定,用法律规范自己的行为,不做任何(　　)的事。

5. 爱岗敬业就要恪尽职守,脚踏实地,兢兢业业,精益求精,干一行,爱一行(　　)。

6. 企业员工要熟知本岗位安全职责和(　　)规程。

7. 企业员工要积极开展质量攻关活动,提高产品质量和用户满意度,避免(　　)发生。

8. 提高职业修养要做到:正直做人,坚持真理,讲正气,办事公道,处理问题要(　　)合乎政策,结论公允。

9. 职业道德是人们在一定的职业活动中所遵守的(　　)的总和。

10. (　　)是社会主义职业道德的基础和核心。

11. 人才合理流动与忠于职守、爱岗敬业的根本目的是(　　)。

12. 市场经济是法制经济,也是德治经济、信用经济,它要靠法制去规范,也要靠(　　)良知去自律。

13. 文明生产是指在遵章守纪的基础上去创造(　　)而又有序的生产环境。

14. 遵守法律、执行制度、严格程序、规范操作是(　　)。

15. 仪表工人员应掌握触电急救和人工呼吸方法,同时还应掌握(　　)的扑救方法。

16. 仪表工应具有高尚的职业道德和高超的(　　),才能做好仪表维修工作。

17. 职业纪律和与职业活动相关的法律、法规是职业活动能够正常进行的(　　)。

18. 诚实守信,做老实人、说老实话、办老实事,用诚实(　　)获取合法利益。

19. 奉献社会,有社会(　　)感,为国家发展尽一份心,出一份力。

20. 公民道德建设是一个复杂的社会系统工程,要靠教育,也要靠(　　)、政策和规章制度。

## 二、单项选择题

1. 关于道德,准确的说法是(　　)。

(A)道德就是做好人好事

(B)做事符合他人利益就是有道德

(C)道德是处理人与人、人与社会、人与自然之间关系的特殊行为规范

(D)道德因人、因时而异,没有确定的标准

2. 与法律相比，道德(　　)。

(A)产生的时间晚　　(B)适用范围更广

(C)内容上显得十分笼统　　(D)评价标准难以确定

3. 关于道德与法律，正确的说法是(　　)。

(A)在法律健全完善的社会，不需要道德

(B)由于道德不具备法律那样的强制性，所以道德的社会功用不如法律

(C)在人类历史上，道德与法律同时产生

(D)在一定条件下，道德与法律能够相互作用、相互转化

4. 关于职业道德，正确的说法是(　　)。

(A)职业道德有助于增强企业凝聚力，但无助于促进企业技术进步

(B)职业道德有助于提高劳动生产率，但无助于降低生产成本

(C)职业道德有利于提高员工职业技能，增强企业竞争力

(D)职业道德只是有助于提高产品质量，但无助于提高企业信誉和形象

5. 我国社会主义道德建设的原则是(　　)。

(A)集体主义　　(B)人道主义　　(C)功利主义　　(D)合理利己主义

6. 我国社会主义道德建设的核心是(　　)。

(A)诚实守信　　(B)办事公道　　(C)为人民服务　　(D)艰苦奋斗

7.《公民道德建设实施纲要》指出我国职业道德建设规范是(　　)。

(A)求真务实、开拓创新、艰苦奋斗、服务人民、促进发展

(B)爱岗敬业、诚实守信、办事公道、服务群众、奉献社会

(C)以人为本、解放思想、实事求是、与时俱进、促进和谐

(D)文明礼貌、勤俭节约、团结互助、遵纪守法、开拓创新

8. 关于道德评价，正确的说法是(　　)。

(A)每个人都能对他人进行道德评价，但不能做自我道德评价

(B)道德评价是一种纯粹的主观判断，没有客观依据和标准

(C)领导的道德评价具有权威性

(D)对一种行为进行道德评价，关键看其是否符合社会道德规范

9. 下列关于职业道德的说法中，正确的是(　　)。

(A)职业道德与人格高低无关

(B)职业道德的养成只能靠社会强制规定

(C)职业道德从一个侧面反映人的道德素质

(D)职业道德素质的提高与从业人员的个人利益无关

10.《公民道德建设实施纲要》中明确提出并大力提倡的职业道德的五个要求是(　　)。

(A)爱国守法、明礼诚信、团结友善、勤俭自强、敬业奉献

(B)爱岗敬业、诚实守信、办事公道、服务群众、奉献社会

(C)尊老爱幼、反对迷信、不随地吐痰、不乱扔垃圾

(D)爱祖国、爱人民、爱劳动、爱科学、爱社会主义

11. 职业道德建设的核心是(　　)。

(A)服务群众　　(B)爱岗敬业　　(C)办事公道　　(D)奉献社会

12. 从我国历史和国情出发,社会主义职业道德建设要坚持的最根本的原则是(　)。

(A)人道主义　(B)爱国主义　(C)社会主义　(D)集体主义

13. 在职业活动中,主张个人利益高于他人利益、集体利益和国家利益的思想属于(　　)。

(A)极端个人主义　(B)自由主义　(C)享乐主义　(D)拜金主义

14. 职业道德的"五个要求"既包含基础性的要求也有较高的要求。其中最基本要求是(　　)。

(A)爱岗敬业　(B)诚实守信　(C)服务群众　(D)办事公道

15. 在职业活动中,有的从业人员将享乐与劳动、奉献、创造对立起来,甚至为了追求个人享乐,不惜损害他人和社会利益。这些人所持的理念属于(　)。

(A)极端个人主义的价值观　(B)拜金主义的价值观

(C)享乐主义的价值观　(D)小团体主义的价值观

16. 关于职业活动中的"忠诚"原则的说法,不正确的是(　)。

(A)无论我们在哪一个行业,从事怎样的工作,忠诚都是有具体规定的

(B)忠诚包括承担风险,包括从业者对其职责本身所拥有的一切责任

(C)忠诚意味着必须服从上级的命令

(D)忠诚是通过圆满完成自己的职责,来体现对最高经营责任人的忠诚

17. 古人所谓的"鞠躬尽瘁,死而后已",就是要求从业者在职业活动中做到(　)。

(A)忠诚　(B)审慎　(C)勤勉　(D)民主

18. 职业化包括三个层面内容,其核心层是(　)。

(A)职业化素养　(B)职业化技能　(C)职业化行为规范　(D)职业道德

19. 下列关于职业化的说法中,不正确的是(　)。

(A)职业化也称为"专业化",是一种自律性的工作态度

(B)职业化的核心层是职业化技能

(C)职业化要求从业人员在道德、态度、知识等方面都符合职业规范和标准

(D)职业化中包含积极的职业精神,也是一种管理成果

20. 职业化是职业人在现代职场应具备的基本素质和工作要求,其核心是(　)。

(A)对职业道德和职业才能的重视　(B)职业化技能的培训

(C)职业化行为规范的遵守　(D)职业道德的培养和内化

21. 在会计岗位上拥有会计上岗证,体现了职业化技能被认可,属于职业技能认证中的(　　)。

(A)职业资质认证　(B)资格认证　(C)社会认证　(D)职业责任

22. 按照既定的行为规范开展工作,体现了职业化三层次内容中的(　)。

(A)职业化素养　(B)职业化技能　(C)职业化行为规范　(D)职业道德

23. "不想当将军的士兵不是好士兵",这句话体现了职业道德的(　)准则。

(A)忠诚　(B)诚信　(C)敬业　(D)追求卓越

24. 下列关于德才兼备的说法不正确的是(　)。

(A)按照职业道德的准则行动,是德才兼备的一个基本尺度

(B)德才兼备的人应当对职业有热情,参与服从各种规章制度

(C)德才兼备的才能包括专业和素质两个主要方面

(D)德才兼备中才能具有决定性的作用

25. 下列关于职业技能的说法中正确的是(　　)。

(A)掌握一定的职业技能,也就是有了较高的文化知识水平

(B)掌握一定的职业技能,就一定能履行好职业责任

(C)掌握一定的职业技能,有助于从业人员提高就业竞争力

(D)掌握一定的职业技能,就意味着有较高的职业道德素质

26. 下列关于职业技能构成要素之间的关系,正确的说法是(　　)。

(A)职业知识是关键,职业技术是基础,职业能力是保证

(B)职业知识是保证,职业技术是基础,职业能力是关键

(C)职业知识是基础,职业技术是保证,职业能力是关键

(D)职业知识是基础,职业技术是关键,职业能力是保证

27. 职业技能总是与特定的职业和岗位相联系,是从业人员履行特定职业责任所必备的业务素质。这说明了职业技能的(　　)特点。

(A)差异性　　(B)层次性　　(C)专业性　　(D)个性化

28. 个人要取得事业成功,实现自我价值,关键是(　　)。

(A)运气好　　(B)人际关系好

(C)掌握一门实用技术　　(D)德才兼备

29. 下列说法正确的是(　　)。

(A)职业道德素质差的人,也可能具有较高的职业技能,因此职业技能与职业道德没有什么关系

(B)相对于职业技能,职业道德居次要地位

(C)一个人事业要获得成功,关键是职业技能

(D)职业道德对职业技能的提高具有促进作用

30. 下列关于职业道德与职业技能关系的说法,不正确的是(　　)。

(A)职业道德对职业技能具有统领作用

(B)职业道德对职业技能有重要的辅助作用

(C)职业道德对职业技能的发挥具有支撑作用

(D)职业道德对职业技能的提高具有促进作用

31. "才者,德之资也;德者,才之帅也。"下列对这句话理解正确的是(　　)。

(A)有德就有才

(B)有才就有德

(C)才是才,德是德,二者没有什么关系

(D)才与德关系密切,在二者关系中,德占主导地位

32. 在现代工业社会,要建立内在自我激励机制促进绩效,关键不是职工满意不满意,而是他们的工作责任心。这句话表明(　　)。

(A)物质利益的改善与提升对提高员工的工作效率没有什么帮助

(B)有了良好的职业道德,员工的职业技能就能有效地发挥出来

(C)职业技能的提高对员工的工作效率没有直接的帮助

(D)企业的管理关键在于做好员工的思想政治工作

33. 现在,越来越多的企业在选人时更加看重其道德品质。这表明(　　)。

(A)这些企业原有员工的职业道德品质不高

(B)职业道德品质高的人,其职业技能水平也越高

(C)职业道德品质高的员工更有助于企业增强持久竞争力

(D)对这些企业来说,员工职业技能水平问题已经得到较好的解决

34. 要想立足社会并成就一番事业,从业人员除了要刻苦学习现代专业知识和技能外,还需要(　　)。

(A)搞好人际关系　　(B)得到领导的赏识

(C)加强职业道德修养　　(D)建立自己的小集团

35. 下列关于职业道德修养说法正确的是(　　)。

(A)职业道德修养是国家和社会的强制规定,个人必须服从

(B)职业道德修养是从业人员获得成功的唯一途径

(C)职业道德修养是从业人员的立身之本,成功之源

(D)职业道德修养对一个从业人员的职业生涯影响不大

36. 齐家、治国、平天下的先决条件是(　　)。

(A)修身　　(B)自励　　(C)节俭　　(D)诚信

37. 下列选项,(　　)是做人的起码要求,也是个人道德修养境界和社会道德风貌的表现。

(A)保护环境　　(B)文明礼让　　(C)勤俭持家　　(D)邻里团结

38. 下列选项对"慎独"理解不正确的是(　　)。

(A)君子在个人闲居独处的时候,言行也要谨慎不苟

(B)一个人需要在独立工作或独处、无人监督时,仍然自觉地、严格要求自己

(C)"慎独"强调道德修养必须达到在无人监督时,仍能严格按照道德规范的要求做事

(D)"慎独"对一般人而言是为了博得众人的好感或拥护

39. 下列选项中,(　　)是指从业人员在职业活动中对事物进行善恶判断所引起的情绪体验。

(A)职业道德认识　(B)职业道德意志　(C)职业道德情感　(D)职业道德信念

40. 下列选项中,(　　)是指从业人员在职业活动中,为了履行职业道德义务,克服障碍,坚持或改变职业道德行为的一种精神力量。

(A)职业道德情感　(B)职业道德意志　(C)职业道德理想　(D)职业道德认知

41. 在无人监督的情况下,仍能坚持道德观念去做事的行为被称之为(　　)。

(A)勤奋　　(B)审慎　　(C)自立　　(D)慎独

42. 下列关于市场经济的说法,不正确的是(　　)。

(A)市场经济是道德经济　　(B)市场经济是信用经济

(C)市场经济是法制经济　　(D)市场经济是自然经济

43. 下列选项中,(　　)既是一种职业精神,又是职业活动的灵魂,还是从业人员的安身立命之本。

(A)敬业　　(B)节约　　(C)纪律　　(D)公道

44. 下列关于敬业精神的说法不正确的是(　　)。

(A)在职业活动中，敬业是人们对从业人员的最根本、最核心的要求

(B)敬业是职业活动的灵魂，是从业人员的安身立命之本

(C)敬业是一个人做好工作、取得事业成功的保证

(D)对从业人员来说，敬业一般意味着将会失去很多工作和生活的乐趣

45. 现实生活中，一些人不断地从一家公司"跳槽"到另一家公司，虽然这种现象在一定意义上有利于人才的流动，但是同时在一定意义上也说明这些从业人员(　　)。

(A)缺乏感恩意识　(B)缺乏奉献精神　(C)缺乏理想信念　(D)缺乏敬业精神

46. 关于跳槽现象，正确的看法是(　　)。

(A)择业自由是人的基本权利，应该鼓励跳槽

(B)跳槽对每个人的发展既有积极意义，也有不利的影响，应慎重

(C)跳槽有利而无弊，能够开阔从业者的视野，增长才干

(D)跳槽完全是个人的事，国家企业无权干涉

47. 下列认识中，你认为可取的是(　　)。

(A)要树立干一行、爱一行、专一行的思想

(B)由于找工作不容易，所以干一行就要干到底

(C)谁也不知道将来会怎样，因此要多转行，多受锻炼

(D)我是一块砖，任凭领导搬

48. 下列关于职业选择的说法中，正确的是(　　)。

(A)职业选择是个人的私事，与职业道德没有任何关系

(B)倡导职业选择自由与提倡"干一行、爱一行、专一行"相矛盾

(C)倡导职业选择自由意识容易激化社会矛盾

(D)今天工作不努力，明天努力找工作

49. 李某工作很出色，但他经常迟到早退。一段时间里，老板看在他工作出色的份上，没有责怪他。有一次，老板与他约好去客户那里签合同，老板千叮咛万嘱咐，要他不要迟到，可最终，李某还是迟到了半个小时。等李某和老板一起驱车到达客户那儿时，客户已经走人，出席另一个会议了。李某因为迟到，使公司失去了已经到手的好项目，给公司造成了很大损失。老板一气之下，把李某辞退了。对以上案例反映出来的问题，你认同的说法是(　　)。

(A)李某的老板不懂得珍惜人才，不体恤下属

(B)作为一名优秀员工，要求在有能力的前提下，还要具有良好的敬业精神

(C)那个客户没有等待，又去出席其他会议，表明他缺乏修养

(D)李某有优秀的工作能力，即使离开了这里，在其他的企业也会得到重用

50. 企业在确定聘任人员时，为了避免以后的风险，一般坚持的原则是(　　)。

(A)员工的才能第一位　　(B)员工的学历第一位

(C)员工的社会背景第一位　　(D)有才无德者要慎用

## 三、多项选择题

1. 下列反映职业道德具体功能的是(　　)。

(A)整合功能　(B)导向功能　(C)规范功能　(D)协调功能

2. 职业道德的特征包括(　　)。

(A)鲜明的行业性　　(B)利益相关性

(C)表现形式的多样性　　(D)应用效果上的不确定性

3. 企业职工与领导之间建立和谐关系,不合宜的观念和做法是(　　)。

(A)双方是相互补偿的关系,要以互助互利推动和谐关系的建立

(B)领导处于强势地位,职工处于被管制地位,各安其位才能建立和谐

(C)由于职工与领导在人格上不平等,只有认同不平等,才能维持和谐

(D)员工要坚持原则,敢于当面指陈领导的错误,以正义促和谐

4. 西方发达国家职业道德精华包括(　　)。

(A)社会责任至上　(B)敬业　(C)诚信　(D)创新

5. 社会主义职业道德的特征有(　　)。

(A)继承性和创造性相统一　　(B)阶级性和人民性相统一

(C)先进性和广泛性相统一　　(D)强制性和被动性相统一

6. 下列选项中,反映中国传统职业道德精华的内容是(　　)。

(A)公忠为国的社会责任感　　(B)恪尽职守的敬业精神

(C)自强不息的拼搏精神　　(D)诚实守信的基本要求

7. 党的十六届六中全会上,我们党提出建设社会主义核心价值体系,其基本内容包括(　　)。

(A)马克思主义指导思想

(B)中国特色社会主义共同理想

(C)以爱国主义为核心的民族精神和以改革创新为核心的时代精神

(D)社会主义荣辱观

8.《公民道德建设实施纲要》中强调,要(　　)。

(A)把道德特别是职业道德作为岗前培训的重要内容

(B)把遵守职业道德的情况作为考核、奖惩的重要指标

(C)鼓励从业人员具有鲜明的个性特征

(D)把道德特别是职业道德作为岗位培训的重要内容

9. 在职业道德建设中,要坚持集体主义原则,抵制各种形式的个人主义。个人主义错误思想主要表现为(　　)。

(A)极端个人主义　(B)享乐主义　(C)拜金主义　(D)本本主义

10. 下列关于处理集体利益和个人利益的关系的说法中,正确的选项有(　　)。

(A)个人利益与集体利益的冲突,具体表现在眼前利益与长远利益、局部利益与整体利益的冲突上

(B)在解决集体利益和个人利益的矛盾冲突时,要设法兼顾各方面的利益

(C)在集体利益和个人利益发生冲突时,要突出强调个人利益

(D)在无法兼顾集体利益和个人利益的情况下,个人利益要服从集体利益,甚至做出必要的牺牲

11. 作为职业道德基本原则的集体主义,有着深刻的内涵。下列关于集体主义内涵的说法,正确的是(　　)。

(A)坚持集体利益和个人利益的统一

(B)坚持维护集体利益的原则

(C)集体利益通过对个人利益的满足来实现

(D)坚持集体主义原则，就是要坚决反对个人利益

12.“如果集体的成员把集体的前景看作个人的前景，集体愈大，个人也就愈美，愈高尚。”下列选项中正确理解这句话含义的是(　　)。

(A)坚持集体利益与个人利益的统一

(B)维护集体利益

(C)有了集体利益就有个人利益，所以不用谈个人利益了

(D)正确处理集体利益和个人利益的关系了

13. 职业活动内在的道德准则中对“勤勉”原则的理解，下列选项中正确的有(　　)。

(A)要求从业者在规定的时间范围内，集中精力做好事情

(B)要求从业者采取积极主动方式开展工作

(C)要求从业者在工作上善始善终，不能虎头蛇尾

(D)要求从业者按照计划开展工作，不能随意地把问题往后拖延

14. 职业活动内在的道德准则“忠诚”的理解，下列选项中正确的有(　　)。

(A)忠诚对于不同行业的从业人员是有具体规定的

(B)忠诚要求从业者了解自己的职责范围并理解所承担的责任

(C)忠诚包括承担风险，不把道德风险进行转嫁

(D)忠诚要求从业者展行职责时不能带有私心或者以权谋私

15. 对职业活动内在的道德准则“审慎”的理解，下列选项中正确的有(　　)。

(A)审慎要求从业者选择最佳的手段实现职责最优化结果，努力规避风险

(B)审慎要求从业者在决策前充分调研，准备各种可能的替代方案，择优选择

(C)从业者要遵守审慎准则，避免过于审慎从而走向保守或者优柔寡断

(D)审慎要求从业者在职业活动中要相信自己的主观判断，有魄力

16. 职业化也称为“专业化”它包含着的内容有(　　)。

(A)职业化素养　　(B)职业化行为规范　(C)职业化技能　　(D)职业理想

17. 下列关于自主与协作之间关系的说法，错误的是(　　)。

(A)协作工作与自主工作存在发生冲突的可能性

(B)自主与协作发生冲突时，从业人员要坚持自主，维护自身工作的利益

(C)自主与协作是职业道德的要求，两者的统一是团队精神的体现

(D)坚持团队精神意味着当自主与协作发生冲突时，放弃自主，配合团队

18. 职业化行为规范是职业化在行为标准方面的体现，它包括的内容有(　　)。

(A)职业思想　　(B)职业语言　　(C)职业动作　　(D)职业理想

19. 职业技能的认证内容包括(　　)。

(A)职业资质　　(B)资格认证　　(C)社会认证　　(D)单位嘉奖

20. 关于职业化的职业观的要求，下列选项中理解正确的有(　　)。

(A)尊重自己所从事的职业并愿意付出，是现代职业观念的基本价值尺度

(B)树立正确的职业观念，要求从业人员承担责任

(C)即使职业并不让人满意，也要严格按照职业化的要求开展工作

(D)从业者要满足“在其位谋其政”的原则,在工作职责范围内负责到底

21. 对职业道德准则“追求卓越”的理解,下列选项中正确的有(　　)。

(A)从业者要积极进取,追求更高的个人职业境界和职业成就

(B)要求从业者用心用力做好自己的事情,在工作时间内专注于履行职责

(C)从业者在工作中要追求尽善尽美,努力改进,达到超乎预期的好效果

(D)要求从业者在工作过程中勇于承担各种风险

22. 下列选项中,关于职业化管理的理解,正确的有(　　)。

(A)职业化管理是使从业者在职业道德上符合要求,在文化上符合企业规范

(B)职业化管理包括方法的标准化和规范化

(C)职业化管理是使工作流程和产品质量标准化,工作状态规范化、制度化

(D)自我职业化和职业化管理是实现职业化的两个方面

23. 职业化管理是一种建立在职业道德和职业精神基础上的法治,这个法制化的管理制度包括(　　)。

(A)战略管理和决策管理　　(B)职业文化

(C)科学的生产流程和产品开发流程　　(D)评价体系和纠错系统

24. 职业技能包含的要素有(　　)。

(A)职业知识　　(B)职业责任　　(C)职业能力　　(D)职业技术

25. 职业技能的特点包括(　　)。

(A)时代性　　(B)专业性　　(C)层次性　　(D)综合性

26. 下列说法正确的是(　　)。

(A)拥有足够的掌握一定职业技能的员工是企业开展生产经营活动的前提和保证

(B)对于一个企业来说,提高员工的职业技能水平比提高其职业道德素质更重要

(C)对于一个高科技企业来说,关键是拥有领先的技术,而不是员工的职业道德素质

(D)拥有一大批高素质的员工有助于提高企业的核心竞争力

27. 珠江三角洲曾经出现比较严重的“技工荒”,让不少企业吃了不少苦头,这表明(　　)。

(A)企业应当高度重视员工的职业技能培训工作

(B)员工技能素质关系到企业的核心竞争力

(C)技能素质在员工的综合素质中应该是第一位的

(D)技术人才在企业的发展中具有不可替代的作用

28. 一个人要取得事业成功,就必须(　　)。

(A)不断提高其职业技能　　(B)不断提高职业道德素质

(C)不断学习科学文化知识　　(D)不断地跳槽,去更好的单位发展

29. 对于从业人员来说,说法正确的是(　　)。

(A)职业技能是就业的保障　　(B)职业技能高,综合素质就高

(C)职业技能是实现自身价值的重要手段　(D)职业技能有助于增强竞争力

30. 职业技能的有效发挥需要职业道德保障,这是因为(　　)。

(A)职业道德对职业技能具有统领作用

(B)职业道德对职业技能的发挥有支撑作用

(C)有了良好的职业道德,就一定有较高的职业技能
(D)职业道德对职业技能的提高具有促进作用

31. 在职业道德与职业技能的关系中,职业道德居主导地位,这是因为(　　)。
(A)职业道德是职业技能有效发挥的重要条件
(B)职业道德对职业技能的运用起着激励和规范作用
(C)职业道德对职业技能的提高具有促进作用
(D)对于一个人来说,有才无德往往比有德无才对社会的危害更大

32. 提高职业道德以提升职业技能,应做到(　　)。
(A)脚踏实地　(B)多做好人好事　(C)与时俱进　(D)勇于进取

33. 在实际工作中,从业人员要做到勇于进取,就必须(　　)。
(A)树立远大的奋斗目标　(B)自信坚定,持之以恒
(C)勇于创新　(D)追求更多的财富

34. 在实际工作中,从业人员要做到与时俱进就应当(　　)。
(A)立足时代,充分认识职业技能加快发展更新的特点
(B)立足国际,充分认识我国总体职业技能水平与西方发达国家的差距
(C)立足未来,践行终身学习的理念
(D)不服输,不甘人后

35. 职业道德乃是从业人员的(　　)。
(A)立身之本　(B)成功之源
(C)嘴上谈资　(D)立足职场的唯一要素

36. 一个人职业生活是否顺利,能否胜任工作岗位要求和发挥应有的作用,取决于(　　)。
(A)个人专业知识与技能的掌握程度　(B)个人的职业道德素质
(C)对待工作的态度和责任心　(D)个人的交际能力

37. 修养是指人们为了在哪些方面达到一定的水平,所进行自我教育、自我提高的活动过程(　　)。
(A)理论　(B)知识　(C)艺术　(D)思想道德

38. 良好的职业道德品质,不是天生的。从业人员需要在日常学习、工作和生活中按照职业道德规范的要求,不断地进行(　　)。
(A)自我教育　(B)自我改造　(C)自我磨炼　(D)自我完善

39. 下列选项关于加强职业道德修养有利于个人职业生涯拓展的说法,正确的是(　　)。
(A)就业方式的转变对员工的职业道德修养提出了更高的要求
(B)职业道德修养可以为一个人的成功提供社会资源
(C)职业道德修养是一个人职业规划的重要组成部分
(D)良好的职业道德修养能帮助从业者渡过难关,走向辉煌

40. 下列说法中,说明了加强职业道德修养有利于个人成长成才重要性的是(　　)。
(A)加强职业道德修养有利于从业人员尽快“社会化”
(B)加强职业道德修养有利于从业者给领导留下良好形象

(C)加强职业道德是从业者自我实现的重要保证

(D)加强职业道德能帮助从业者迅速提升职位

41. 从宏观上讲,下列关于职业道德修养重要性的说法,正确的是(　　)。

(A)职业道德修养有利于职业生涯的拓展

(B)职业道德修养有利于职业境界的提高

(C)职业道德修养有利于个人成长成才

(D)职业道德修养有利于个人职位的提升

42. 职业道德修养包括(　　)。

(A)职业道德理论知识修养　　(B)职业道德情感修养

(C)职业道德意志修养　　(D)职业道德态度修养

43. 热爱祖国要求人们(　　)。

(A)自觉认同、维护国家、民族的利益

(B)要重大局、重整体

(C)正确处理个人与集体、国家、民族的关系

(D)树立在特殊情况下甘于为了国家利益牺牲个人利益的职业态度

44. 文明礼让主要表现在(　　)。

(A)仪容端庄　　(B)待人和气

(C)举止文明　　(D)恭谦礼让

45. 在日常生活中,要做到文明礼让,应该(　　)。

(A)提倡讲礼貌、重礼节、懂礼仪

(B)注意仪表端庄,举止文明得体,待人主动热情

(C)要懂得谦让,学会宽容

(D)即使别人侵犯了自己的人格,也不能表现出不满

46. 下列说法中,哪些观点可以被借鉴去提升从业人员的职业道德修养(　　)。

(A)君子慎独　　(B)己所不欲,勿施于人

(C)勿以恶小而为之,勿以善小而不为　　(D)吾日三省吾身

47. 中华民族在长达数千年的历史发展中,形成了源远流长的优良传统道德,主要有(　　)。

(A)仁爱　　(B)恪守诚信

(C)慎独　　(D)内省

48. 从业人员加强职业道德修养,需要(　　)。

(A)端正职业态度　　(B)要注重历练自己的职业意志

(C)要强化职业情感　　(D)努力搞好人际关系

49. 市场经济条件下,对职业人员提出的道德要求有(　　)。

(A)诚实守信　　(B)公平竞争

(C)团队精神　　(D)遵纪守法

## 四、判断题

1. 抓好职业道德建设,与改善社会风气没有密切的关系。(　　)

2. 职业道德也是一种职业竞争力。( )

3. 企业员工要认真学习国家的有关法律、法规，对重要规章、制度、条例达到熟知，不需知法、懂法，不断提高自己的法律意识。( )

4. 热爱祖国，有强烈的民族自尊心和自豪感，始终自觉维护国家的尊严和民族的利益是爱岗敬业的基本要求之一。( )

5. 热爱学习，注重自身知识结构的完善与提高，养成学习习惯，学会学习方法，坚持广泛涉猎知识，扩大知识面，是提高职业技能的基本要求之一。( )

6. 坚持理论联系实际不能提高自己的职业技能。( )

7. 企业员工要：讲求仪表，着装整洁，体态端正，举止大方，言语文明，待人接物得体树立企业形象。( )

8. 让个人利益服从集体利益就是否定个人利益。( )

9. 忠于职守的含义包括必要时应以身殉职。( )

10. 市场经济条件下，首先是讲经济效益，其次才是精工细作。( )

11. 质量与信誉不可分割。( )

12. 将专业技术理论转化为技能技巧的关键在于凭经验办事。( )

13. 敬业是爱岗的前提，爱岗是敬业的升华。( )

14. 厂规、厂纪与国家法律不相符时，职工应首先遵守国家法律。( )

15. 道德建设属于物质文明建设范畴。( )

16. 做一个称职的劳动者，必须遵守职业道德，职业道德也是社会主义道德体系的重要组成部分。职业道德建设是公民道德建设的落脚点之一。加强职业道德建设是发展市场经济的一个重要条件。( )

17. 办事公道，坚持公平、公正、公开原则，秉公办事，处理问题出以公心，合乎政策，结论公允。主持公道，伸张正义，保护弱者，清正廉洁，克己奉公，反对以权谋私，行贿受贿。( )

18. 法律对道德建设的支持作用表现在两个方面："规定"和"惩戒"，即通过立法手段选择进而推动一定道德的普及，通过法律惩治严重的不道德行为。( )

19. 甘于奉献，服从整体，顾全大局，先人后己，不计较个人得失，为企业发展尽心出力，积极进取，自强不息，不怕困难，百折不挠，敢于胜利。( )

20. 认真学习工艺操作规程，做到按规程要求操作，严肃工艺纪律，严格管理，精心操作，积极开展质量攻关活动，提高产品质量和用户满意度，避免质量事故发生。( )

## 五、简 答 题

1. 职业道德指的是什么？

2. 职业道德建设的重要意义是什么？

3. 企业主要操作规程有哪些？

4. 职业作风的基本要求有哪些？

5. 职业道德的主要规范有哪些？

# 化学检验工(职业道德)答案

## 一、填 空 题

1. 道德建设　2. 低下　3. 重要　4. 违法
5. 干好一行　6. 安全操作　7. 质量事故　8. 出以公正
9. 行为规范　10. 爱岗敬业　11. 一致的　12. 道德
13. 整洁、安全、舒适、优美　14. 职业纪律　15. 电气火灾　16. 技术水平
17. 基本保证　18. 劳动　19. 责任　20. 法律

## 二、单项选择题

1. C　2. B　3. D　4. C　5. A　6. C　7. B　8. D　9. C
10. B　11. A　12. D　13. A　14. A　15. C　16. C　17. C　18. A
19. B　20. A　21. B　22. C　23. D　24. D　25. C　26. C　27. C
28. D　29. D　30. B　31. D　32. D　33. C　34. C　35. C　36. A
37. B　38. D　39. C　40. B　41. D　42. D　43. A　44. D　45. D
46. B　47. A　48. D　49. B　50. D

## 三、多项选择题

1. ABC　2. ABC　3. ABCD　4. ABCD　5. ABC　6. ABCD
7. ABCD　8. ABD　9. ABC　10. ABD　11. ABC　12. ABD
13. ABCD　14. ABCD　15. ABC　16. ABC　17. BD　18. ABC
19. ABC　20. ABCD　21. AC　22. ABCD　23. ABCD　24. ACD
25. ABCD　26. AD　27. ABD　28. ABC　29. ACD　30. ABD
31. ABCD　32. ACD　33. ABC　34. ABC　35. AB　36. ABC
37. ABCD　38. ABCD　39. ABCD　40. AC　41. ABC　42. ABCD
43. ABCD　44. ABCD　45. ABC　46. ABCD　47. ABCD　48. ABC
49. ABCD

## 四、判 断 题

1. ×　2. √　3. ×　4. √　5. √　6. ×　7. √　8. ×　9. √
10. ×　11. √　12. ×　13. ×　14. ×　15. ×　16. √　17. √　18. √
19. √　20. √

## 五、简 答 题

1. 答:职业道德是所有从业人员在职业活动中应遵循的行为准则,涵盖了从业人员与服务对象,职业与职工之间的关系(5 分)。

2. 答:(1)加强职业道德建设,坚决纠正利用职权谋取私利的行业不正之风,是各行各业兴旺发达的保证。同时,它也是发展市场经济的一个重要条件(2 分)。

(2)职业道德建设不仅是建设精神文明的需要,也是建设物质文明的需要(1.5 分)。

(3)职业道德建设对提高全民族思想素质具有重要的作用(1.5 分)。

3. 答:(1)安全技术操作规程(2 分);(2)设备操作规程(1.5 分);(3)工艺规程(1.5 分)。

4. 答:(1)严细认真(1 分);(2)讲求效率(1 分);(3)热情服务(1.5 分);(4)团结协作(1.5 分)。

5. 答:大力倡导以爱岗敬业、诚实守信、办事公道、服务群众、奉献社会为主要内容的职业道德(5 分)。

# 化学检验工(初级工)习题

## 一、填 空 题

1. 系统误差可分为(　　)、试剂误差、方法误差、环境误差和操作误差。

2. 为达到期望的产品质量,所以要求(　　)参加管理,对全过程进行管理,对全企业进行管理。

3. 质量认证是可以由充分信任的(　　)证实某一经鉴定的产品或服务符合标准或其他技术规范的活动。

4. 通常用单位时间内(　　)的量的变化来表示化学反应速度。

5. 无机化学反应按反应形式不同可分为分解反应、置换反应、复分解反应以及(　　)。

6. 用两种化合物(　　)而生成两种新的化合物的反应叫做复分解反应。

7. 金属锌在盐酸中溶解的反应属于(　　)。

8. 将几滴硝酸银溶液滴入食盐水溶液中,生成白色的氯化银沉淀的反应属于(　　)。

9. 化学键有(　　)、共价键和金属键。

10. 共价键的键合力一般比离子键的键合力(　　)。

11. 石英玻璃制品能承受(　　)的剧烈变化,是优良的电绝缘体,能透过紫外光,不能接触氢氟酸。

12. 铂坩埚在煤气灯上加热时,只能在(　　)火焰中加热,不能在还原火焰中加热。

13. 托盘天平的分度值是0.01 g,工业天平的分度值是0.001 g,分析天平的分度值是(　　)g。

14. 天平的计量性能包括稳定性、(　　)、正确性和示值变动性。

15. 有毒试剂应按(　　)分类存放,贵重试剂应由专人保管。

16. 安全分析可分为动火分析、(　　)分析和毒物分析。

17. 化学反应完成时的化学计量点称为(　　),指示剂的颜色改变的转折点称为滴定终点,二者的差值称为滴定误差。

18. 酸碱直接滴定时要使相对误差≤0.1%,pH突跃必须大于(　　)单位,因此要求$c \cdot K \geqslant 10^{-8}$才行。

19. 弱酸的电离常数$K_a$与酸的(　　)无关,只随温度变化。

20. 某溶液的pH=0.0,它的$[H^+]$=(　　)mol/L。

21. 酸碱指示剂本身都是(　　),它们的变色范围是pK±1。

22. 醋酸溶液稀释后,电离度会(　　),氢离子浓度会减小。

23. 在酸碱质子理论中,$H_2O$的共轭酸是(　　),共轭碱是$OH^-$。

24. 在酸碱质子理论中,$NH_3$的共轭酸的(　　),共轭碱是$NH_2^-$。

25. 间接碘量法,淀粉指示剂在(　　)时加入,终点时颜色是蓝色变无色。

26. 配位滴定中的酸效应系数是 EDTA 的(　　)与有效浓度之比，它不受浓度影响，只随 pH 的变化而变化。

27. 摩尔法滴定要求 pH 值的变化范围是(　　)。

28. 用草酸沉淀 $Ca^{2+}$，当溶液中含有少量 $Mg^{2+}$ 时，沉淀后应(　　)放置。

29. 当 $BaSO_4$ 中含有 BaS 时，会使测定 $BaSO_4$ 的结果(　　)。

30. 库仑分析是通过测量电解过程中消耗的电量进行分析的，它的理论来源依据是(　　)。

31. 某同学测定盐酸溶液的浓度分别为 0.102 3 mol/L、0.102 0 mol/L 和 0.102 4 mol/L，若第四次测定结果不为 $Q_{0.90}$ 检验法所舍弃，则最高值应为(　　)。

32. 摩尔法测 $Cl^-$ 含量，应在 pH 范围为(　　)的溶液中进行，pH 太低，则使测定结果偏高，因为有 $K_2Cr_2O_7$ 溶解，终点推后。

33. 当氧化剂和还原剂得失电子数不等时，化学计量点在滴定突跃范围中的位置是(　　)。

34. 根据密度，定量滤纸有不同的类型，请为沉淀选择定量滤纸：$BaSO_4$(　　)。

35. 根据密度，定量滤纸有不同的类型，请为沉淀选择定量滤纸：$Fe_2O_3 \cdot nH_2O$(　　)。

36. 根据密度，定量滤纸有不同的类型，请为沉淀选择定量滤纸：$CaC_2O_4$(　　)。

37. 用法杨司法测定 $Cl^-$ 的含量时，在荧光黄指示剂中加入糊精是作为(　　)。

38. 为加快 PAN 的变色过程，可加入(　　)并适当加热以消除指示剂的僵化。

39. 在硫酸铜溶液中，加入铜屑和适量的盐酸，加热反应物，用水稀释后，有(　　)沉淀生成。

40. 用一种(　　)试剂即可区别下列三种离子：$Cu^{2+}$、$Zn^{2+}$、$Hg^{2+}$。

41. 0.10 mol/L $Na_3PO_4$ 溶液的 pH 值约为 12.7，同浓度的 $Na_2HPO_4$ 溶液的 pH 值约为 9.8，将二者等体积混合后，溶液的 pH 值约为(　　)($H_3PO_4$：$pK_1=2.12$，$pK_2=7.20$，$pK_3=12.36$)。

42. 水在溶液中，作为氧化剂，其电对半反应式应为 $2H^+ + 2e \rightarrow H_2$，作为还原剂，其电对半反应式为(　　)。

43. $Ac^- + H_2O = HAc + OH^-$，根据电离理论这是(　　)反应，按照酸碱质子理论这是水与离子碱反应。

44. $ClF_3$ 的空间构型是(　　)。

45. 氢原子的 1s 电子在距核 $r \rightarrow 0$ 处的概率密度(　　)，在距核 52.9 pm 的概率最大。

46. 卤素含氧酸的酸性强度变化规律：同一卤素不同氧化数的含氧酸的酸性随氧化数升高酸性增强，如(　　)。

47. BaO 属于离子晶体，其晶格结点上的质点是(　　)，晶格质点间的作用力是离子键。

48. CsCl 的单元晶胞属立方晶系，(　　)晶格。

49. 根据原子轨道性质，原子轨道重叠可分为：正重叠，形成成键分子轨道；负重叠，形成(　　)分子轨道。

50. 门捷列夫发明周期律时，仅知 63 种元素，现已发现 112 种元素。其中非金属元素有 22 种，金属元素有 90 种。金属和非金属元素的根本区别在于(　　)不同。

51. 用硫酸亚铁铵容量法测定钢铁中钒，试样溶解后在室温条件下，用(　　)将 $V^{4+}$ 氧化至 $V^{5+}$。以 N-苯代邻氨基苯甲酸作指示剂，用亚铁标准溶液滴定至由桃红色转变为黄绿色为终点。

52. 供制取试样用的,从铸锭或加工产品上切取的产品部分称为(　　)。

53. 铝及铝合金用于制备化学分析试样所选取的样品应清洁、无油污、无包覆层、无(　　)。

54. 易破碎的铁合金化学分析试验样的重量应不小于(　　)。

55. 钢铁中钼的硫氰酸盐直接光度法,常用的还原剂有氯化亚锡、抗坏血酸、(　　)。

56. 用硫酸亚铁铵容量法测定钢铁中钒,试样溶解后在(　　)条件下氧化 $V^{4+}$ 为 $V^{5+}$。

57. 铬是耐酸钢及耐热钢中不可缺少的合金元素,当铬含量大于 12%时称为(　　)。

58. 在实际分析工作中,常用混合酸作溶剂,如盐酸加双氧水溶解(　　),王水溶解高合金钢。

59. 滴定分析通常用于测定含量在(　　)以上的组分。有时也可以通过富集测定微量组分。

60. 偶氮氯膦Ⅲ光度法测定稀土总量,比色后器皿要立即清洗干净以防(　　)。

61. 分光光度法利用(　　)可以获得纯度较高的单色光。

62. 邻二氮杂菲光度法测定铝合金中的铁,加入盐酸羟胺的目的是(　　)。

63. 在 0.5～4 N 的盐酸和硫酸混合酸介质中,Ti(Ⅵ)与二安替吡啉甲烷形成(　　)可溶性络合物。

64. EDTA 滴定铝合金中锌的适宜酸度为(　　)。

65. 普通黄铜是指(　　)的合金。

66. 偶氮氯膦Ⅰ光度法测定镁时,用三乙醇胺掩蔽(　　)。

67. 碘量法测定铜的适宜酸度为(　　)。

68. 络合滴定法测定锡时,为了防止(　　)可采用先加入过量的 EDTA 标准溶液,使其与锡络合完全,然后用标准金属离子进行返滴定。

69. 络合滴定法测定锡,加入六次甲基四胺调节溶液的酸度在(　　)。

70. EDTA 滴定法测定锡青铜中铅,加入亚铁氰化钾目的是(　　)。

71. EDTA 滴定法测定锡青铜中锌,加入氯化钡和硫酸钾混合液目的是(　　)。

72. 用于钢铁中碳测定常用的燃烧炉有(　　)、高频炉和电弧炉。

73. 普通分光光度法的测定波长可由(　　)来选择,若无干扰时则选最大吸收波长为入射波长。

74. 高锰酸光度法测定锰时,足够量的 $H_3PO_4$ 存在的作用是(　　),是 $MnO_4^-$ 的稳定剂,络合 $Fe^{3+}$,避免其黄色干扰。

75. $SF_4$ 的空间构型是(　　)。

76. 发射光谱分析根据接受光谱辐射方式不同分为三种:(　　)法、摄谱法和光电法。

77. 电化学分析法是利用物质的(　　)及电化学性质来进行分析的方法。

78. 使电流通过电介质溶液而引起(　　)的过程叫做电解,根据电极上得到的金属沉积物的变量来测量物质含量的分析方法为电解分析法。

79. 服从正态分布的随机误差具有以下四个特征:(　　)、单峰、有界和抵偿。

80. 浓溶液示差光度法即用一个比试样溶液(　　)的已知浓度的标准溶液与试样溶液同条件显色作参比溶液,以此调节仪器的透光度读数为 100%,然后测定试样溶液的吸光度。

81. 允许差是(　　)的置信度时，对特定的分析方法和分析项目的特定测定范围而定的。它是化学分析方法的制定允许差的依据和检定该分析方法精度和准确度的衡量标准。

82. 根据待测溶液的(　　)，电位的突变来确定滴定终点的方法又称电容量法。与普通容量法相比，它特别适用于一些有色溶液、浑浊溶液、胶体溶液和化学指示剂终点不明显的溶液滴定。

83. 用分光光度法测量 $A$ 值时，允许 $A$ 的测量范围在(　　)。若试液太浓，$A>1.0$ 时的浓溶液，可采用示差光度法，选一标准溶液浓度比被测溶液稍低，用它作参比调节 $A=0$ 即可。

84. 电解法测定 Cu 量时，外加电压大于(　　)电压时，Cu 就在阴极上析出。

85. 电极电位测定 pH 值是将一个(　　)电极和一个参比电极共同浸入被测溶液中，构成一个电池，其中参比电极电位保持不变，而氢离子指示的玻璃电极随 pH 值的改变而改变。

86. 原子发射光谱是指原子由激发态回到(　　)时因释放能量而产生的原子发射光谱线，相反当原子由基态跃迁到激发态时，要吸收能量，产生原子吸收光谱线。

87. 在进行某一元素测定时，有共存离子干扰，这时常用分离方法有(　　)法、萃取分离法、离子交换分离法和电解分离法。

88. 光电直读光谱分析是在光谱分析过程中，以光电倍增管接受(　　)照射，将光强信号转变为电信号，经放大，从读数系统读出分析结果的方法。

89. 原子吸收定量分析方法有(　　)法、标准加入法、内标法等。

90. ICP 光源整套装置由(　　)和矩管，供气系统以及样品引入系统三大部分组成。

91. 在紫外区测量吸光度，必需采用(　　)比色皿，而在可见光区测量吸光度则应采用玻璃比色皿。

92. 络合物是由中心离子与中性分子或负离子并以(　　)键形成的化合物。

93. 摩尔吸光系数 $\varepsilon$ 是吸光物质在特定波长和溶剂下的一个(　　)常数。

94. 采用丁二肟重量法测定钢中镍时，丁二肟镍在(　　)溶液中不宜久放，否则沉淀会被氧化，形成可溶性的络合物。

95. 水的硬度通常以(　　)和镁的含量计算，水中的阴离子主要是氯离子。

96. 分析方法的标准大致可分为五级，其中，国际级标准代号为(　　)；中国标准代号为 GB；美国标准代号为 ANSI。

97. 红外吸收法碳硫测定的理论依据可近似地用(　　)定律来表述为 $I=I_0\cdot e^{-Kc_1}$。

98. 理化分析技术人员是理化分析的(　　)，必须具备一定的业务知识和业务技能。

99. 真空光电直读光谱仪主要用于(　　)，金属或合金的定量分析。

100. 玻璃器皿的玻璃分为(　　)玻璃和软质玻璃两种。

101. 常用的玻璃量器有(　　)、移液管、滴定管、量筒和量杯。

102. 国家标准规定的实验室用水分为(　　)级。

103. 我国化学试剂分为分析纯、(　　)纯、化学纯和试验试剂。

104. 物质的密度是指在规定温度下(　　)物质的质量。

105. 配制酸或碱溶液时不许在(　　)和量筒中进行。

106. 测定值和真值之差称为(　　)。

107. 系统误差影响分析结果的(　　)，随机误差影响分析结果的精密度。

108. 滴定管刻度不准和试剂不纯都会产生(　　)，滴定时溶液溅出引起的误差是过失误差。

109. 某样品三次分析结果分别是:54.37%、54.41%和 54.44%,其含量的平均值为(　　)。

110. 用来分析的试样必需具有(　　)性和均匀性。

111. 滴定分析法按反应类型可分为(　　)法、氧化还原滴定法、配位滴定法和沉淀滴定法。

112. 在弱碱或弱酸溶液中,pOH 和 pH 之和等于(　　)。

113. 酸碱滴定法可用于测定酸、碱以及(　　)的物质。

114. NaOH 标准溶液可用基准物(　　)和苯二甲酸氢钠来标定。

115. 三氧化二铁中的 Fe 的氧化数是(　　)。

116. 碘量法中用(　　)作指示剂,标定 $Na_2S_2O_3$ 的基准物是 $KCrO_7$。

117. 沉淀称量法中,细颗粒晶形沉淀可用(　　)滤纸过滤。

118. 配位滴定用的标准溶液是(　　),它的化学名称是乙二胺四乙酸二钠盐。

119. 当 $c(1/5KMnO_4)$ = 0.1 mol/L 时,$c(KMnO_4)$ = (　　)mol/L。

120. 在 500 mL NaOH 溶液中含有 0.02 g NaOH,该溶液的 pH = (　　)mol/L。

121. 在 500 mL $H_2SO_4$ 溶液中含有 2.452 g $H_2SO_4$,则 $c(1/2\ H_2SO_4)$ = (　　)mol/L。

122. 莫尔法用(　　)作指示剂,可以测定 $Cl^-$ 和 $Br^-$。

123. 直接碘量法是利用(　　)作标准溶液,可测定一些还原性物质。

124. 间接碘量法是利用碘离子的(　　)作用,与氧化性物质反应生成游离碘,再用 $Na_2S_2O_3$ 标准溶液滴定,从而求出被测物质的含量。

125. 用 $Na_2C_2O_4$ 标准溶液测定 Mn 时,用(　　)作指示剂。

126. $AgNO_3$ 与 NaCl 反应,在等量点时 $Ag^+$ 的浓度为(　　)。(AgCl 溶度积常数 = $1.8 \times 10^{-10}$)。

127. 在含有 $Zn^{2+}$ 和 $Al^{3+}$ 的溶液中加入氨水,$Zn^{2+}$ 生成(　　),$Al^{3+}$ 生成 $Al(OH)_3 \downarrow$。

128. 沉淀称量法是利用(　　)反应,使被测组分转化为难溶化合物,从试样中分离出来。

129. 影响沉淀纯度的主要因素是(　　)和后沉淀现象。

130. 沉淀的同离子效应是指(　　)构晶离子的浓度,从而减小沉淀溶解度的现象。

131. 在光吸收的曲线上,光吸收程度最大处的波长称(　　)。

132. 两种不同颜色的光,按(　　)混合后得到白光,这两种光称为互补光。

133. 摩尔吸光系数越大,溶液的吸光度(　　),分光光度分析的灵敏度越高。

134. 在可见光区,用(　　)作吸收池。

135. 当入射光波长一定时,有色物质浓度为(　　),液层厚度为 1 cm 时的吸光度称为摩尔吸光系数。

136. 透明物质呈现的颜色是(　　),不透明物质呈现的颜色是反射光。

137. 显色剂与显色后生成的有色配合物的(　　)之间的差值称为对比度。

138. 分光光度计由(　　)、单色器、检测器及信号显示与记录等基本单元组成。

139. 玻璃电极对溶液中的(　　)有选择性响应,因此可用于测定溶液的 pH 值。

140. 酸度计是测量溶液(　　)值的,它的敏感元件是玻璃电极。

141. 利用物质的(　　)及电化学性质进行分析的方法称电化学分析方法。

142. 热导检测器中最关键的元件是(　　)元件。

143. 在气相色谱法中常用的载气是(　　)、氮气和氦气。

144. 总硬度是指(　　)的总浓度。

145. 测定氟的水样应用(　　)采集和储存水样。

146. 水中氰化物分为(　　)氰化物和络合氰化物两类。

147. 噪声测试时要求相对湿度(　　)。

148. 分光光度计测定的是(　　)的强度。

149. 成 90°弯角的皮托管也称(　　)皮托管。

150. 湿润的淀粉碘化钾试纸,遇 $Cl_2$ 变(　　)色。

151. 酚酞在酸性溶液中显(　　)色。

152. 甲基橙在酸性溶液中显(　　)色。

153. 湿润的醋酸铅试纸遇硫化氢气体变(　　)色。

154. 用酚酞试纸测溶液酸碱性时,使试纸变红的溶液是(　　)性溶液。

155. 重铬酸钾的固体颜色为(　　)色。

156. 在取浓硫酸时,常常看到瓶口冒白雾,白雾不含(　　)。

157. 在恒熵、恒容、不做非膨胀功的封闭体系中,当热力学函数 $U$ 到达最(　　)值的状态为平衡状态。

158. 已知苯正常的沸点为 353 K,把足够量的苯封闭在一个预先抽真空的小瓶内,当加热到 373 K 时,估算瓶内压力约为(　　)。

159. 在 $N_2(g)$ 和 $O_2(g)$ 共存的体系中加入一种固体催化剂,可生成多种氮的氧化物,则体系的自由度为(　　)。

160. NaCl(s)和含有稀盐酸的 NaCl 饱和水溶液的平衡体系,其独立组分数为(　　)。

161. 水在三相点附近的蒸发热和熔化热分别为 45 kJ/mol 和 6 kJ/mol,则此时冰的升华热为(　　) kJ/mol。

162. 杜瓦(Dewar)瓶常见的用途是(　　)。

163. 在 $Na_2S$ 固体中加入 HCl,反应的主要产物分别是(　　)。

## 二、单项选择题

1. 根据数理统计理论,可以将真值落在平均值的一个指定的范围内,这个范围称为(　　)。

(A)置信系数　　(B)置信界限　　(C)置信度　　(D)置信区间

2. 个别测定值与测定的算术平均值之间的差值称(　　)。

(A)相对误差　　(B)绝对误差　　(C)相对偏差　　(D)绝对偏差

3. 当用氢氟酸挥发 Si 时,应在(　　)器皿中进行。

(A)玻璃　　(B)石英　　(C)铂　　(D)聚四氟乙烯

4. 某厂生产的固体化工产品共计 10 桶,按规定应从(　　)桶中取样。

(A)10　　(B)5　　(C)1　　(D)2

5. 在天平盘上加 10 mg 的砝码,天平偏转 8.0 格,此天平的分度值是(　　)。

(A)0.001 25 g　　(B)0.8 mg　　(C) 0.08 g　　(D) 0.01 g

6. 一组测定结果的精密度很好,而准确度(　　)。

(A)也一定好　(B)一定不好　(C)不一定好　(D)和精密度无关

7. 用酸碱滴定法测定工业醋酸中乙酸含量,应选择(　　)作指示剂。

(A)酚酞　(B)甲基橙　(B)甲基红　(D)甲基红-次甲基蓝

8. 用双指示剂法测定混合碱,加入酚酞指示剂后溶液呈无色,说明该混合碱中只有(　　)。

(A)氢氧化钠　(B)碳酸钠　(C)碳酸氢钠　(D)氢氧化钠和碳酸钠

9. 变色范围为 pH＝4.4～6.2 的指示剂是(　　)。

(A)甲基橙　(B)甲基红　(C)溴酚蓝　(D)中性红

10. 在强酸强碱滴定时,采用甲基橙作指示剂的优点是(　　)。

(A)指示剂稳定　(B)变色明显　(C)不受 $CO_2$ 影响　(D)精密度好

11. 对于 $K_a < 10^{-7}$ 的弱酸,不能在水中直接滴定,但可在(　　)中直接滴定。

(A)酸性溶剂　(B)碱性溶剂　(C)两性溶剂　(D)惰性溶剂

12. 甲酸的 $K_a = 1.8 \times 10^{-4}$,碳酸的 $K_{a1} = 4.2 \times 10^{-7}$,甲酸的酸性(　　)碳酸的酸性。

(A)大于　(B)等于　(C)小于　(D)接近

13. 在醋酸溶液中加入醋酸钠时,$H^+$ 离子浓度将会(　　)。

(A)增大　(B)不变　(C)减小　(D)无法确定

14. 某溶液,甲基橙在里面显黄色,甲基红在里面显红色,该溶液的 pH 是(　　)。

(A)<4.4　(B)>6.2　(C)4.4～6.2　(D)无法确定

15. 用 0.10 mol/L 的 HCl 滴定 0.10 mol/L 的碳酸钠至酚酞终点,碳酸钠的基本单元是(　　)。

(A) 1/3 $Na_2CO_3$　(B)1/2 $Na_2CO_3$　C) $Na_2CO_3$　(D) $2Na_2CO_3$

16. $KMnO_4$ 滴定需在(　　)介质中进行。

(A)硫酸　(B)盐酸　(C)磷酸　(D)硝酸

17. 淀粉是一种(　　)指示剂。

(A)自身　(B) 氧化还原型　(C)专属　(D)金属

18. 氧化还原滴定中,高锰酸钾的基本单元是(　　)。

(A) $KMnO_4$　(B)$1/2KMnO_4$　(C)$1/5KMnO_4$　(D)$1/7\ KMnO_4$

19. 滴定 $FeCl_2$ 时应选择(　　)作标准滴定溶液。

(A) $KMnO_4$　(B)$K_2Cr_2O_7$　(C)$I_2$　(D) $Na_2S_2O_3$

20. 标定 $KMnO_4$ 时用 $H_2C_2O_4$ 作基准物,它的基本单元是(　　)$H_2C_2O_4$。

(A) 1　(B)1/2　(C)1/3　(D)1/4

21. 标定 $I_2$ 标准溶液的基准物是(　　)。

(A)$As_2O_3$　(B) $K_2Cr_2O_7$　(C)$Na_2CO_3$　(D)$H_2C_2O_4$

22. 重铬酸钾法测定铁时,加入硫酸的作用主要是(　　)。

(A)降低 $Fe^{3+}$ 浓度　(B)增加酸度　(C)防止沉淀　(D)变色明显

23. EDTA 的有效浓度[$Y^+$]与酸度有关,它随着溶液 pH 值增大而(　　)。

(A)增大　(B)减小　(C)不变　(D)先增大后减小

24. EDTA 法测定水的总硬度是在 pH＝(　　)的缓冲溶液中进行。

(A)7　(B)8　(C)10　(D)12

25. 用 EDTA 测定 $SO_4^{2-}$ 时,应采取(　　)方法。
(A)直接滴定　(B)间接滴定　(C)返滴定　(D)连续滴定
26. 莫尔法滴定在接近终点时(　　)。
(A)要剧烈振荡　(B)不能剧烈振荡　(C)无一定要求　(D)间隔震荡
27. 用摩尔法测定纯碱中的氯化钠,应选择(　　)作指示剂。
(A)$K_2Cr_2O_7$　(B)$K_2CrO_4$　(C)$KNO_3$　(D)$KClO_3$
28. 用沉淀称量法测定硫酸根含量时,如果称量式是 $BaSO_4$,换算因数是(　　)。
(A)0.171 0　(B)0.411 6　(C)0.522 0　(D)0.620 1
29. 对于溶解度小而又不易形成胶体的沉淀,可以用(　　)洗涤。
(A)蒸馏水　(B)沉淀剂稀溶液　(C)稀盐酸　(D)稀硝酸
30. 盐效应能使沉淀的溶解度(　　)。
(A)增大　(B)减小
(C)不变　(D)增大后又减小
31. 为避免非晶形沉淀形成胶体溶液,可采用(　　)。
(A)陈化　(B)加过量沉淀剂
(C)加热并加入电解质　(D)在稀溶液中沉淀
32. 测定 pH>10 溶液时应选用(　　)。
(A)普通玻璃电极　(B)锂玻璃电极　(C)铂电极　(D)甘汞电极
33. 库仑法测定微量水时,作为滴定剂的 $I_2$ 是在(　　)上产生的。
(A)指示电极　(B)参比电极　(C)电解阴极　(D)电解阳极
34. 普通玻璃电极适合测定 pH=(　　)的溶液酸度。
(A)1～7　(B)7～14　(C)1～10　(D)1～14
35. 电位滴定与容量滴定的根本区别在于(　　)不同。
(A)滴定仪器　(B)指示终点的方向　(C)滴定手续　(D)标准溶液
36. 用电位滴定法测定卤素时,滴定剂为硝酸银,指示电极用(　　)。
(A)银电极　(B)铂电极　(C)玻璃电极　(D)甘汞电极
37. 一束(　　)通过有色溶液时,溶液的吸光度与溶液浓度和液层厚度的乘积成正比。
(A)平行可见光　(B)平行单色光　(C)白光　(D)紫外光
38. 用分光光度法测定时,应选择(　　)波长才能获得最高灵敏度。
(A)平行光　(B)互补光　(C)紫外光　(D)最大吸收峰
39. 某溶液吸收黄光,溶液本身的颜色是(　　)。
(A)蓝色　(B)红色　(C)紫色　(D)绿色
40. 由于分子中价电子的跃迁而产生的吸收光谱称(　　)光谱。
(A)红外吸收　(B)远红外吸收　(C)紫外吸收　(D)原子吸收
41. 摩尔吸光系数的单位是(　　)。
(A) L/(mol·cm)　(B)(mol/L)·cm
(C)mol·cm/L　(D)mol·cm·L
42. 热导检测器用(　　)表示。
(A)FID　(B)ECD　(C) TCD　(D) FPD

43. 用气相色谱法测定空气中氧含量时,应选择( )作固定相。
(A)活性炭 (B)硅胶 (C)活性氧化铝 (D)分子筛
44. 用气相色谱法测定 $O_2$、$N_2$、CO、$CH_4$ 和 HCl 等气体混合物时,应选择( )检测器。
(A)FID (B)TCD (C)ECD (D)FPD
45. 用气相色谱法测定混合气体中的 $H_2$ 含量时,应选择( )作载气。
(A) $H_2$ (B)$N_2$ (C)He (D) $CO_2$
46. 欲测定高聚物是分子量分布,应选用( )色谱。
(A)固液吸附 (B)液液分配 (C)离子交换 (D)凝胶渗透
47. 色谱分析中的相对校正因子是被测组分 $i$ 与参比组分 $s$( )之比。
(A)保留值 (B)峰面值 (C)绝对响应值 (D)绝对校正值
48. 热导检测器有不同的结构型式,灵敏度最高的是( )。
(A)直通式 (B)半扩散式 (C)扩散式 (D)直通式和扩散式
49. 色谱中的归一化法的优点是( )。
(A)不需准确进样 (B)不需校正因子 (C)不需定性 (D)不用标样
50. 测定废水中苯含量时,应采用( )检测器。
(A)TCD (B)FID (C)ECD (D)FPD
51. 下列酸中具有氧化性的是( )。
(A)HCl (B)HAc (C)浓 $H_2SO_4$ (D)$H_3PO_4$
52. 下列酸中酸性最强的是( )。
(A)$H_3PO_4$ (B)HF (C)HAc (D)HCl
53. 下列酸性物质中易挥发的是( )。
(A)$HNO_3$ (B)$H_3PO_4$ (C)$H_2SO_4$ (D)$KHSO_4$
54. 在稀释下列( )酸时,须采用专门的安全预防措施。
(A)HCl (B)$H_3PO_4$ (C)$H_2SO_4$ (D)$HNO_3$
55. 下列( )试剂是酸性熔剂。
(A)$Na_2CO_3$ (B)$K_2S_2O_7$ (C)KOH (D)$Na_2O_2$
56. 经常使用的碱性熔剂是( )。
(A)$Na_2SO_4$ (B)$NaHCO_3$ (C)$BaCl_2$ (D)$Na_2O_2$
57. 进行定量分析过滤时,定性滤纸不能代替定量滤纸是因为( )。
(A)过滤慢 (B)过滤快 (C)灼烧后灰分较多 (D)沉淀漏滤
58. 1 mol $H_2SO_4$ 与 NaOH 完全反应时,NaOH 的质量是( )。
(A)8 g (B)40 g (C)80 g (D)4 g
59. 为提高洗涤效率,采用的洗涤方法是( )。
(A)多量少次 (B)少量多次 (C)多量多次 (D)少量少次
60. 用 HF 处理试样或残渣时,使用的器皿是( )。
(A)石英器皿 (B)玻璃器皿 (C)瓷器皿 (D)铂金器皿
61. $MnO_4^-$ 在下列( )溶液中,能被定量地还原出 $Mn^{2+}$。
(A)弱碱性 (B)中性 (C)强酸性 (D)弱酸性
62. 燃烧碘量法测定钢铁中的硫属于下列( )。

(A)酸碱中和反应 (B)氧化还原反应 (C)置换反应 (D)络合反应

63. 配制 $SnCl_2$溶液时，必须加一定量的(　　)。

(A)$H_2O$ (B)HCl (C)NaOH (D)$HNO_3$

64. 指出用 $Na_2C_2O_4$标定 $KMnO_4$溶液时，使用的指示剂为(　　)。

(A)中型红 (B)酚酞 (C)自身指示剂 (D)二苯胺

65. 一般分光光度分析经常使用的光是(　　)。

(A)复合光 (B)单色光 (C)红外光 (D)紫外光

66. 过硫酸铵银盐法测锰时，加 $AgNO_3$的作用是(　　)。

(A)催化作用 (B)氧化作用 (C)络合作用 (D)置换作用

67. 钢铁的碳硫联合测定过程中，净化氧气管路内置一瓶浓 $H_2SO_4$，它是用以吸收氧气中的(　　)。

(A)$SO_3$ (B)$CO_2$ (C)水和破坏有机物 (D)$SO_2$

68. 常用的酸碱指示剂为(　　)。

(A)铬黑 T (B)甲基橙

(C)苯代磷氨基苯甲酸 (D)溴百里香草酚

69. 下列说法正确的是(　　)。

(A)氢离子浓度等于 pH 值 (B)氢离子浓度的对数等于 pH 值

(C)氢离子浓度的负对数等于 pH 值 (D)氢离子活度等于 pH 值

70. 铂金器皿中存有硅酸盐杂质时，应选用(　　)试剂清除。

(A)$H_2SO_4$ (B)$H_3PO_4$ (C)HF (D)$Na_2B_4O_7$

71. 倾注法过滤沉淀的主要特点是(　　)。

(A)沉淀不易漏过滤纸 (B)缩短过滤时间

(C)沉淀不易溶解 (D)沉淀不易流失

72. 标定碘时，用下列(　　)指示剂。

(A)次甲基蓝 (B)甲基橙 (C)淀粉 (D)百里酚酞

73. 下列各数中，(　　)的“0”不属于有效数字。

(A)1.000 5 (B)0.038 2 (C)0.100 0 (D)0.530

74. 偏差是衡量(　　)的标志。

(A)准确度 (B)精密度 (C)相对误差 (D)绝对误差

75. 下列(　　)试剂适用于精密分析和科研分析。

(A)CP (B)LR (C)GR (D)AR

76. 在进行比色分析时，为使测定具有最大的灵敏度，一般选用(　　)。

(A)最小的吸收波长 (B)适当的吸收波长

(C)最大的吸收波长 (D)任何波段

77. 在重量分析中，定性滤纸灼烧后，灰分小于(　　)的叫无灰滤纸，灰分重量可以免计。

(A)0.000 1 g (B)0.000 3 g (C)0.000 5 g (D)0.000 7 g

78. 下列各数中，(　　)数的“0”不属于有效数字。

(A)5.005 (B)0.088 2 (C)0.400 0 (D)0.250 0

79. 下列指示剂(　　)是络合物指示剂。

(A)中性红 (B)酚酞 (C)钙指示剂 (D)甲基红

80. 下列指示剂(　　)是氧化还原指示剂。

(A)二苯胺磺酸钠 (B)酚酞 (C)甲基橙 (D)甲基红

81. 某二价金属R是氢氧化物。其中氢的质量分数为2.27%,则R的相对原子质量为(　　)。

(A)24 (B)40 (C)56 (D)65

82. 已知X为ⅡA族元素,Y为ⅦA族元素,则由X与Y组成的化合物的化学式是(　　)。

(A)$XY_2$ (B)$X_2Y$ (C)$X_2Y_3$ (D)$X_2Y_5$

83. 下列叙述中正确的是(　　)。

(A)$H_2SO_4$的摩尔质量是98

(B)等质量的$O_2$和$O_3$中所含的氧原子个数相等

(C)等质量的$CO_2$和CO中所含的炭原子个数相等

(D)将98 g $H_2SO_4$溶解于500 mL水中,所得溶液中$H_2SO_4$的物质的量浓度为2 mol/L

84. 在下列物质中,含有分子数目最多的是(　　)。

(A)22.4 L $H_2$(标准状况) (B)$3.01\times10^{23}$个$Cl_2$

(C)$9\times10^{-3}$ kg $H_2O$ (D)600 mL 2 mol/L蔗糖溶液中的溶质

85. 在1 L溶有0.1 mol NaCl和0.1mol $MgCl_2$的溶液中,$Cl^-$的物质的量浓度为(　　)。

(A)0.05 mol/L (B)0.1 mol/L (C)0.2 mol/L (D)0.3 mol/L

86. 在下列反应中,既能放出气体,又不是氧化还原反应的是(　　)。

(A)浓盐酸与二氧化锰共热 (B)石灰石与稀盐酸反应

(C)过氧化钠与水反应 (D)铁与稀硫酸反应

87. 在下列物质中,长期放置在空气中能发生氧化还原反应的是(　　)。

(A)过氧化钠 (B)硫酸钠 (C)碳酸钠 (D)氢氧化钠

88. 在下列反应中,属于离子反应,同时溶液的颜色发生变化的是(　　)。

(A)氯化钡溶液与硫酸钾溶液反应 (B)点燃$H_2$与$Cl_2$的混合物

(C)NaOH溶液与$CuSO_4$溶液反应 (D)Cu与浓硫酸反应

89. 在下列物质的水溶液中分别加入澄清的石灰水后,原溶液中的阴离子和阳离子都减少的是(　　)。

(A)$CuSO_4$ (B)$Ba(NO_3)_2$ (C)$Na_2CO_3$ (D)NaOH

90. 在下列物质中,溶于水后可以生成两种酸的是(　　)。

(A)$SO_2$ (B)$Cl_2$ (C)HCl (D)$CO_2$

91. 直接配制标准溶液时,必须使用(　　)。

(A)分析试剂 (B)保证试剂 (C)基准试剂 (D)优级试剂

92. 一组分析结果的精密度好,但是准确度不好是由于(　　)。

(A)操作失误 (B)记录错误 (C)试剂失误 (D)随机误差大

93. $NH_4Cl$水溶液的pH值(　　)。

(A)大于7 (B)小于7 (C)等于7 (D)接近中性

94. 酸碱滴定中能直接滴定的必要条件是(　　)。

(A)$K_1/K_2$大于等于$10^4$ (B)$K_1/K_2$大于等于$10^5$

(C)$K_1/K_2$ 大于等于 $10^{-8}$　　(D)$K_1/K_2$ 小于等于 $10^5$

95. 氧化是指(　　)的过程。

(A)获得电子　(B)失去电子　(C)与氢结合　(D)失去氧

96. 直接碘量法的指示剂应在(　　)时加入。

(A)滴定开始　(B)滴定中间　(C)接近终点　(D)任意时间

97. 间接碘量法的指示剂应在(　　)时加入。

(A)滴定开始　(B)滴定中间　(C)接近终点　(D)任意时间

98. 配位滴定中使用的指示剂是(　　)。

(A)吸附指示剂　(B)自身指示剂　(C)金属指示剂　(D)酸碱指示剂

99. 用 $NaC_2O_4$标定 $KMnO_4$时,应加热到(　　)。

(A)10℃～60℃　(B)60℃～75℃　(C)75℃～85℃　(D)85℃～100℃

100. 用高锰酸钾法测定铁必须在(　　)溶液中进行。

(A)强酸性　(B)弱酸性　(C)中性　(D)弱碱性

101.《中华人民共和国计量法》规定的计量单位是(　　)。

(A)国际单位制计量单位

(B)国家选定的其他单位

(C)国际单位制计量单位和国家选定的其他单位

(D)国际单位制计量单位和国家选定的单位

102.《中华人民共和国产品质量法》的实施时间是(　　)。

(A)1993 年 1 月 1 日　(B)1993 年 8 月 1 日

(C)1993 年 9 月 1 日　(D)1993 年 10 月 1 日

103. 对生产的产品质量负责的应是(　　)。

(A)生产者　(B)销售者　(C)消费者　(D)都有责任

104.《中华人民共和国标准化法》的实施时间是(　　)。

(A)1989 年 1 月 1 日　(B)1989 年 4 月 1 日

(C)1990 年 4 月 1 日　(D)1990 年 1 月 1 日

105. 下列物质中属于自燃品的是(　　)。

(A)硝化棉　(B)铝粉　(C)硫酸　(D)硝基苯

106. 下列气体中,既有毒性又具有可燃性的是(　　)。

(A)氧气　(B)氮气　(C)一氧化碳　(D)二氧化碳

107. 二甲醚和乙醇是(　　)。

(A)同系物　(B)同分异构体　(C)同素异构体　(D)性质相似的化合物

108. 下列变化中属于化学变化的是(　　)。

(A)空气液化　(B)石油裂化　(C)石油分馏　(D)矿石粉碎

109. 人在容器内工作但不动火时,必须作(　　)。

(A)动火分析　(B)动火分析和氧含量分析

(C)氧含量分析和毒物分析　(D)动火分析和有毒气体分析

110. 二级高空作业的高度是(　　)。

(A)2～5 m　(B)5～10 m　(C)5～15 m　(D)10～20 m

111. 下列溶液中需要避光保存的是(　　)。

(A)KOH　(B)KI　(C)KCl　(D)$KIO_3$

112. 在一定条件下,试样的测定值与真实值之间相符合的程度称为分析结果的(　　)。

(A)误差　(B)偏差　(C)准确度　(D)精密度

113. 一个标准大气压等于(　　)。

(A)133.322 5 Pa　(B)101.325 kPa　(C)760 mmHg　(D)1 033.6 $g/cm^2$

114. 个别测定值与几次平行测定的算术平均值之间的差值称为(　　)。

(A)绝对误差　(B)相对误差　(C)绝对误差　(D)相对偏差

115. 滴定分析中,若怀疑试剂已经失效,可通过(　　)方法验证。

(A)仪器校正　(B)对照分析　(C)空白试验　(D)多次测定

116. 分析天平的分度值是(　　)。

(A)0.01 g　(B)0.001 g　(C)0.000 1 g　(D)0.000 01 g

117. 准确量取溶液 2.00 mL 应使用(　　)。

(A)量筒　(B)量杯　(C)移液管　(D)滴定管

118. 沾污有 AgCl 的容器用(　　)洗涤最合适。

(A)1+1 盐酸　(B)1+1 硫酸　(C)1+1 醋酸　(D)1+1 氨水

119. 为了提高分析结果的准确度,必须(　　)。

(A)消除系统误差　(B)增加测定次数　(C)多人重复操作　(D)增加样品量

120. 用 EDTA 测定水中的钙硬度,选用的指示剂是(　　)。

(A)铬黑 T　(B)酸性铬蓝 K　(C)钙指示剂　(D)紫尿酸胺

121. 用 EDTA 测定 $Al^{3+}$ 时,是用配位滴定中的(　　)滴定法。

(A)直接　(B)间接　(C)返滴定　(D)置换

122. pH=2.00 和 pH=4.00 的两种溶液等体积混合后 pH 是(　　)。

(A)2.3　(B)2.5　(C)2.8　(D)3.2

123. 用 0.1 mol/L 的 HCl 滴定 0.1 mol/L 的 $NH_4OH$ 时,应选用(　　)为指示剂。

(A)甲基橙　(B)甲基红　(C)酚酞　(D)百里酚酞

124. 在含有 $BaSO_4$ 沉淀的饱和溶液中,加入足够的 $KNO_3$,这时 $BaSO_4$ 的溶解度会(　　)。

(A)减小　(B)增大　(B)不变　(D)先减小后增大

125. 快速定量滤纸适用于过滤(　　)沉淀。

(A)非晶形　(B)粗晶形　(C)细晶形　(D)　无定形

126. 用玻璃电极测溶液的 pH,是因为玻璃电极的电位与(　　)呈线性关系。

(A)酸度　(B)H 离子浓度　(C)溶液的 pH　(D)离子强度

127. 某溶液的吸光度 $A=0$,这时溶液的透光度(　　)。

(A)$T=0$　(B)$T=10\%$　(C)$T=90\%$　(D)$T=100\%$

128. 蓝色透明的硫酸铜溶液,它吸收的光是(　　)。

(A)蓝色光　(B)黄色光　(C)白色光　(D)红色光

129. 某溶液本身的颜色是红色,它吸收的颜色是(　　)。

(A)黄色　(B)绿色　(C)青蓝色　(D)紫色

130. 酸度计测定溶液的 pH 时，使用的指示电极是(　　)。

(A)铂电极　(B)银—氯化银电极　(C)玻璃电极　(D)甘汞电极

131. 分光光度测定中，工作曲线弯曲的原因可能是(　　)。

(A)溶液浓度太大　(B)溶液浓度太稀

(C)参比溶液有问题　(D)仪器有故障

132. 721 型分光光度计适用于(　　)。

(A)可见光区　(B)紫外光区　(C)红外光区　(D)都适用

133. 光吸收定律适用于(　　)。

(A)可见光区　(B)紫外光区　(C)红外光区　(D)都适用

134. 有色溶液的摩尔吸光系数越大，则测定的(　　)越高。

(A)灵敏度　(B)准确度　(C)精密度　(D)对比度

135. 减去死去时间的保留时间称为(　　)。

(A)死体积　(B)调整保留时间　(C)调整保留体积　(D)相对保留时间

136. 正确开启气相色谱仪的顺序是(　　)。

(A)先送气后送电　(B)先送电后送气

(C)同时送电送气　(D)怎样开都行

137. 色谱检测器的温度必须保证样品不出现(　　)。

(A)冷凝　(B)升华　(C)分解　(D)汽化

138. 影响热导池灵敏度最主要的因素是(　　)。

(A)池体温度　(B)载气流速　(C)热丝电流　(D)池体形状

139. 为延长色谱柱的使用寿命，对每种固定液都有一个(　　)。

(A)最低使用温度　(B)最高使用温度

(C)最佳使用温度　(D)室温温度

140. 两个色谱能完全分离时的 $R$ 值应当(　　)。

(A)$\geqslant 1.5$　(B)$\geqslant 1.0$　(C)$\leqslant 1.5$　(D)$\leqslant 1.0$

141. 有一天平称量误差为±0.2 mg，如果称取试样为 0.500 0 g，相对误差应为(　　)。

(A)±0.08%　(B)±0.04%　(C)0.02%　(D)±0.02%

142. $NH_4Cl$ 溶液的 pH 值是(　　)。

(A)等于 7　(B)大于 7　(C)小于 7　(D)无法确定

143. 用 0.05 mol NaOH 滴定 0.05 mol $HNO_3$ 时，其等当点时的 pH 值为(　　)。

(A)等于 7　(B)大于 7　(C)小于 7　(D)无法确定

144. $Na_2S_2O_3$ 与 $I_2$ 之间的氧化还原反应必须在(　　)介质中进行。

(A)酸性　(B)碱性或弱碱性　(C)中性或弱酸性　(D)碱性或弱酸性

145. 用万分之一的分析天平称量某样品的重量为(　　)。

(A)0.49 g　(B)0.490 g　(C)0.490 0 g　(D)0.490 00 g

146. 采用 25 mL 的滴定管进行滴定分析时，滴定液的体积为(　　)。

(A)21 mL　(B)21.00 mL　(C)21.000 mL　(D)21.0 mL

147. 标定 NaOH 溶液常用的基准物质为(　　)。

(A)HCl　(B)邻苯二甲酸氢钾　(C)硼砂　(D)碳酸钠

148. 标定 HCl 溶液常用的基准物质为(　　)。
(A)NaOH　(B)碳酸钠　(C)碳酸钙　(D)碳酸氢钙

149. 标定 $KMnO_4$溶液常用的基准物质为(　　)。
(A)草酸钠　(B)碘　(C)硫代硫酸钠　(D)HCl

150. 标定 $Na_2S_2O_3$溶液常用的基准物质为(　　)。
(A)$K_2Cr_2O_7$　(B)碘　(C)EDTA　(D)草酸

151. 当用 0.100 0 mol/L $KMnO_4$溶液在强酸性溶液中作为氧化剂时,它的当量浓度应为(　　)。
(A)0.100 0 N　(B)0.300 0 N　(C)0.500 0 N　(D)0.400 0 N

152. 如果试样溶液有淡黄色时,进行比色测定时,可用(　　)作参比。
(A)试样溶液　(B)蒸馏水　(C)纯试剂　(D)空白液

153. 下列符号代表分析纯的试剂是(　　)。
(A)CP　(B)AR　(C)GR　(D)都不是

154. $CuSO_4$的克当量($CuSO_4$分子量按 160 计算)是(　　)。
(A)80 克　(B)160 克　(C)40 克　(D)20 克

155. 用 EDTA 滴定法测定钙和镁时,选用的指示剂为(　　)。
(A)二甲酚橙　(B)铬黑 T　(C)二苯胺磺酸钠　(D)酚酞

156. 28.003 4、2.527 5、0.005 00 都保留三位有效数字分别是(　　)。
(A)28.0　2.52　0.005 00　(B)28.00　2.53　0.005
(C)28.0　2.53　0.005 00　(D)28.0　2.53　0.005

157. 将 0.012 1、25.64、1.057 82 三数相乘的正确结果是(　　)。
(A)0.32　(B)0.328　(C)0.328 2　(D)0.328 18

158. 下列石油馏分中,不属于轻质油的是(　　)。
(A)汽油　(B)润滑油　(C)轻柴油　(D)喷气燃料

159. 石油产品分类名称 L-HV32 中英文字母 H 的含义是(　　)。
(A)润滑剂　(B)低温抗磨　(C)液压系统用油　(D)黏度等级

160. 下列国外先进标准中,表示美国材料与试验协会标准的是(　　)。
(A)ASTM　(B)IP　(C)ISO　(D)API

161. 下列采样器中适合采取下部样的是(　　)。
(A)底部采样器　(B)沉淀物取样器　(C)全层取样器　(D)加重采样器

162. "无铅 90 号汽油"表示(　　)。
(A)90 号汽油　(B)90 号无铅车用汽油
(C)90 号无铅车用汽油号　(D)90 号车用汽油

163. 在国家标准化委员会批准的对《车用无铅汽油》(GB 17930—1999)技术要求修改中,规定不得人为加入的物质是(　　)。
(A)甲酸　(B)甲醇　(C)甲醛　(D)乙基液

164. 测定汽油馏程时,量取试样,馏出物和残留液体积的温度均要保持在(　　)。
(A)13~18℃　(B)0~1℃　(C)1~4℃　(D)0~10℃

165. 测定汽油雷德蒸汽压时,要确保空气室恒定在(　　)。

(A)0～1℃　　(B)37.8℃　　(C)13～18℃　　(D)37.8℃±0.8℃

## 三、多项选择题

1. 计量器具的标识有(　　)。
(A)有计量检定合格印、证
(B)有中文计量器具名称、生产厂厂名和厂址
(C)明显部位有"CMC"标志和《制造计量器具许可证》编号
(D)有明示采用的标准或计量检定规程
2. 下列误差属于系统误差的是(　　)。
(A)标准物质不合格　　(B)试样未经充分混合　　(C)称量中试样吸潮
(D)称量时读错砝码　　(E)滴定管未校准
3. 我国的法定计量单位是由(　　)组成的。
(A)国际单位制单位　　(B)国家选定的其他计量单位
(C)习惯使用的其他计量单位　　(D)国际上使用的其他计量单位
4. 以下单位不是国际单位制基本单位的是(　　)。
(A)英里　　(B)磅　　(C)市斤　　(D)摩尔
5. 以下用于化工产品检验的器具属于国家计量局发布的强制检定的工作计量器具是(　　)。
(A)分光光度计、天平　　(B)台秤、酸度计
(C)烧杯、砝码　　(D)温度计、量杯
6. 准确度和精密度的关系为(　　)。
(A)准确度高,精密度一定高　　(B)准确度高,精密度不一定高
(C)精密度高,准确度一定高　　(D)精密度高,准确度不一定高
7. 不违背检验工作规定的选项是(　　)。
(A)在分析过程中经常发生异常现象属正常情况
(B)分析检验结论不合格时,应第二次取样复检
(C)分析的样品必须按规定保留一份
(D)所用仪器、药品和溶液应符合标准规定
8. 国家法定计量单位中关于物质的量应废除的单位有(　　)。
(A)摩尔　　(B)毫摩尔　　(C)克分子数　　(D)摩尔数
9. 下列关于校准与检定的叙述正确的是(　　)。
(A)校准不具有强制性,检定则属执法行为
(B)校准的依据是校准规范、校准方法,检定的依据则是按法定程序审批公布的计量检定规程
(C)校准和检定主要要求都是确定测量仪器的示值误差
(D)校准通常不判断测量仪器合格与否,检定则必须作出合格与否的结论
10.(　　)属于一般试剂。
(A)基准试剂　　(B)优级纯　　(C)化学纯　　(D)实验试剂
11.《计量法》是国家管理计量工作的根本法,共6章35条,其基本内容包括(　　)。
(A)计量立法宗旨、调整范围　　(B)计量单位制、计量器具管理

(C)计量监督、授权、认证　(D)家庭自用、教学示范用的计量器具的管理

(E)计量纠纷的处理、计量法律责任

12.《中华人民共和国计量法》于(　　)起施行。

(A)1985 年 9 月 6 日　(B)1986 年 9 月 6 日

(C)1985 年 7 月 1 日　(D)1986 年 7 月 1 日

13. 不违背检验工作规定的选项是(　　)。

(A)在分析过程中经常发生异常现象属正常情况

(B)分析检验结论不合格时,应第二次取样复检

(C)分析的样品必须按规定保留一份

(D)所用仪器、药品和溶液应符合标准规定

14. 法定计量单位的体积单位名称是(　　)。

(A)三次方米　(B)立米　(C)立方米　(D)升

15. 高压气瓶外壳不同颜色代表灌装不同气体,将下列钢瓶颜色与气体对号入座:白色(　　),黑色(　　),天蓝色(　　),深绿色(　　)。

(A)氧气　(B)氢气　(C)氮气　(D)乙炔气

16. 化学纯化学试剂标签颜色为(　　)。

(A)绿色　(B)棕色　(C)红色　(D)蓝色

17. 化学纯试剂可用于(　　)。

(A)工厂的一般分析工作　(B)直接配制标准溶液

(C)标定滴定分析标准溶液　(D)教学实验

18. 化学分析中选用标准物质应注意的问题是(　　)。

(A)以保证测量的可靠性为原则　(B)标准物质的有效期

(C)标准物质的不确定度　(D)标准物质的溯源性

19. 基准物质应具备下列(　　)条件。

(A)稳定　(B)必须具有足够的纯度

(C)易溶解　(D)最好具有较大的摩尔质量

20. 计量法规有(　　)。

(A)《中华人民共和国计量法》

(B)《中华人民共和国计量法实施细则》

(C)《中华人民共和国强制检定的工作计量器具明细目录》

(D)《国务院关于在我国统一实行法定计量单位的命令》

21. 计量检测仪器上应设有醒目的标志。分别贴有合格证、准用证和停用证,它们依次用(　　)颜色表示。

(A)蓝色　(B)绿色　(C)黄色　(D)红色

22. 实验室三级水须检验的项目为(　　)。

(A)pH 值范围　(B)电导率　(C)吸光度

(D)可氧化物质　(E)蒸发残渣

23. 速度单位的法定符号正确的是(　　)。

(A)$m \cdot s^{-1}$　(B)m/s　(C)$ms^{-1}$　(D)$m \cdot s^{-1}$

24. 通用化学试剂包括（ ）。

(A)分析纯试剂 (B)光谱纯试剂 (C)化学纯试剂 (D)优级纯试剂

25. 我国的法定计量单位由（ ）部分组成。

(A)SI 基本单位和 SI 辅助单位

(B)具有专门名称的 SI 导出单位

(C)国家选定的非国际制单位和组合形式单位

(D)十进倍数和分数单位

26. 我国法定计量单位是由（ ）两部分计量单位组成的。

(A)国际单位制和国家选定的其他计量单位

(B)国际单位制和习惯使用的其他计量单位

(C)国际单位制和国家单位制

(D)国际单位制和国际上使用的其他计量单位

27. 我国试剂标准的基准试剂相当于 IUPAC 中的（ ）。

(A)B 级 (B)A 级 (C)D 级 (D)C 级

28. 我国制定《产品质量法》的主要目的是（ ）。

(A)为了加强国家对产品质量的监督管理，促使生产者、销售者保证产品质量

(B)为了明确产品质量责任，严厉惩治生产、销售假冒伪劣产品的违法行为

(C)为了切实地保护用户、消费者的合法权益，完善我国的产品质量民事赔偿制度

(D)以便与其他国家进行产品生产、销售活动

29. 下列气瓶颜色标识是黑色的是（ ）。

(A)氢气 (B)空气 (C)氮气 (D)氧气

30. 下列气体钢瓶外表面颜色是黑色的有（ ）。

(A)氮气瓶 (B)灯泡氩气瓶 (C)氧气瓶 (D)二氧化碳气瓶

31. 一般试剂标签有（ ）。

(A)白色 (B)绿色 (C)蓝色 (D)黄色

32. 以下单位不是国际单位制基本单位的是（ ）。

(A) 英里 (B)磅 (C)市斤 (D)摩尔

33. 在维护和保养仪器设备时，应坚持“三防四定”的原则，即要做到（ ）。

(A)定人保管 (B)定点存放

(C)定人使用 (D)定期检修

34. 我国企业产品质量检验可用下列（ ）标准。

(A)国家标准和行业标准 (B)国际标准

(C)合同双方当事人约定的标准 (D)企业自行制定的标准

35. 标准化工作的任务是（ ）。

(A)制定标准 (B)实施标准 (C)监督标准 (D)修改标准

36. 我国企业产品质量检验可以采取下列（ ）标准。

(A)国家标准和行业标准 (B)国际标准

(C)合同双方当事人约定的标准 (D)企业自行制定的标准

37. 在使用标准物质时必须注意（ ）。

(A)所选用的标准物质数量应满足整个实验计划的使用

(B)可以用自己配制的工作标准代替标准物质

(C)所选用的标准物质稳定性应满足整个实验计划的需要

(D)在分析测试中,可以任意选用一种标准物质

38. 下列标准必须制定为强制性标准的是(　　)。

(A)分析(或检测)方法标准　　(B)环保标准

(C)食品卫生标准　　(D)国家标准

39. 我国国家标准《污水综合排放标准》(GB 8978—1996)中,把污染物在人体中能产生长远影响的物质称为"第一类污染物",影响较小的称为"第二类污染物"。在下列污物中属于第一类污染物的有(　　)。

(A)氰化物　　(B)挥发酚　　(C)烷基汞　　(D)铅

40. 下列属于标准物质必须具备特征的是(　　)。

(A)材质均匀　　(B)性能稳定　　(C)准确定值　　(D)纯度高

41. 1992 年 5 月,我国决定采用《ISO 9000 标准》,同时制定发布了国家标准(　　)等质量管理体系标准。

(A)GB/T 19000—2000　　(B)GB/T 19001—2000

(C)GB/T 19004—2000　　(D)GB/T 24012—1996

42. 按《中华人民共和国标准化法》规定,我国标准分为(　　)。

(A)国家标准　　(B)行业标准　　(C)专业标准

(D)地方标准　　(E)企业标准

43. 标准化工作的任务是(　　)。

(A)制定标准　　(B)组织实施标准

(C)对标准的实施进行监督　　(D)以上选项都是

44. 标准化工作的任务有(　　)。

(A)制定标准　　(B)组织实施标准

(C)对标准的实施进行监督　　(D)实施标准

45. 标准是对(　　)事物和概念所做的统一规定。

(A)单一　　(B)复杂性　　(C)综合性　　(D)重复性

46. 标准物质的主要用途有(　　)。

(A)容量分析标准溶液的定值　　(B)pH 计的定位

(C)色谱分析的定性和定量　　(D)有机物元素分析

47. 标准物质可用于(　　)。

(A)校准分析仪器　　(B)评价分析方法

(C)工作曲线　　(D)制定标准方法

(E)产品质量监督检验　　(F)鉴定新技术

48. 实验室三级水可储存于(　　)。

(A)密闭的专用聚乙烯容器中　　(B)密闭的专用玻璃容器中

(C)密闭的专用金属容器中　　(D)不可储存,使用前制备

49. 采用国际标准和国外先进标准的程度划分为(　　)。

(A)等同采用 (B)等效采用 (C)REF (D)DIN

50. 根据标准的审批和发布的权限及适用范围,下列是正规的标准的有(  )。

(A)国际标准 (B)国家标准 (C)外资企业标准 (D)大学标准

51. 国际标准代号和国家标准代号分别是(  )。

(A)GB (B)GB/T (C)ISO (D)Q/XX

52. 浓硝酸、浓硫酸、浓盐酸等溅到皮肤上,做法正确的是(  )。

(A)用大量水冲洗 (B)用稀苏打水冲洗

(C)起水泡处可涂红汞或红药水 (D)损伤面可涂氧化锌软膏

53. 国际单位制的基本单位包括(  )。

(A)长度和质量 (B)时间和电流

(C)热力学温度 (D)平面角

54. 国际单位制中,下列计量单位名称、单位符号正确且属于基本单位的是(  )。

(A)坎,cd (B)伏特,V

(C)热力学温度,K (D)瓦特,W

55. 国家法定计量单位包括(  )。

(A)常用的市制计量单位 (B)国际单位制计量单位

(C)国际上通用的计量单位 (D)国家选定的其他计量单位

56. 技术标准按产生作用的范围可分为(  )。

(A)行业标准 (B)国家标准 (C)地方标准 (D)企业标准

57. 根据我国标准采用国际标准的程度,分为(  )。

(A)等同采用 (B)等效采用 (C)修改采用 (D)非等效采用

58. 我国的标准分为(  )。

(A)国家标准 (B)行业标准 (C)地方标准 (D)企业标准

59. 我国国家标准《污水综合排放标准》(GB 8978—1996)中,把污染物在人体中能产生长远影响的物质称为"第一类污染物",影响较小的称为"第二类污染物"。在下列污染物中属于第一类污染物的是(  )。

(A)氰化物 (B)挥发酚 (C)烷基汞

(D)铅 (E)化学耗氧量

60. 我国企业产品质量检验可以采取下列(  )标准。

(A)国家标准和行业标准 (B)国际标准

(C)合同双方当事人约定的标准 (D)企业自行制定的标准

61. 下列关于标准的叙述中,不正确的是(  )。

(A)标准和标准化都是为在一定范围内获得最佳秩序而进行的一项有组织的活动

(B)标准化的活动内容指的是制订标准、发布标准与实施标准。当标准得以实施后,标准化活动也就消失了

(C)企业标准一定要比国家标准要求低,否则国家将废除该企业标准

(D)我国国家标准的代号是 GB ××××—××××

62. 下列叙述正确的是(  )。

(A)GB 中华人民共和国强制性国家标准

(B)GB/T 中华人民共和国推荐性标准

(C)HG 推荐性化学工业标准

(D)HG 强制性化学工业标准

63. 下列属于标准物质特性的是(　　)。

(A)均匀性　(B)氧化性　(C)准确性　(D)稳定性

64. 下列属于标准物质应用的(　　)。

(A)仪器的校正　(B)方法的鉴定

(C)实验室内部的质量保证　(D)技术仲裁

65. 下列属于分析方法标准中规范性技术要素的是(　　)。

(A)术语和定义　(B)总则　(C)试验方法　(D)检验规则

66. 下列属于我国标准物质的是(　　)。

(A)化工产品成分分析标准物质　(B)安全卫生标准物质

(C)食品成分分析标准物质　(D)建材成分分析标准物质

67. 下面给出了各种标准的代号,属于国家标准的是(　　)。

(A)HG/T　(B)GB　(C)GB/T　(D)DB/T

68. 已有国家标准和行业标准的,国家鼓励企业制定企业标准,在企业内部适用。该企业标准(　　)。

(A)如果国家标准或行业标准是推荐性标准,制定的企业标准可以更宽松

(B)不管国家标准或行业标准是强制性还是推荐性标准,制定的企业标准均可更宽松

(C)应严于国家标准或行业标准

(D)应严于国家标准而宽于行业标准

69. 制定化工企业产品标准的组成由概述部分、正文部分、补充部分组成,其中正文部分包括(　　)。

(A)封面与首页　(B)目次　(C)产品标准名称

(D)技术要求　(E)引言

70. 质量认证的基本条件是(　　)。

(A)认证的产品必须是质量优良的产品

(B)该产品的组织必须有完善的质量体系并正常进行

(C)通过实验室认可的化验室

(D)完备的质量报告体系

71. 属于化学试剂中标准物质的特征是(　　)。

(A)组成均匀　(B)性质稳定

(C)化学成分已确定　(D)辅助元素含量准确

72. 不违背检验工作的规定的选项是(　　)。

(A)在分析过程中经常发生异常现象属于正常情况

(B)分析检验结论不合格时,应第二次取样复检

(C)分析的样品必须按规定保留一份

(D)所用的仪器、药品和溶液必须符合标准规定

73. 计量器具的检定标识为绿色,说明(　　)。

(A)合格,可使用　　(B)不合格应停用
(C)检测功能合格,其他功能失效　　(D)没有特殊意义
74. 计量研究的内容是(　　)等。
(A)量和单位　　(B)计量器具　　(C)法规　　(D)测量误差
75. 产品质量的监督检查包括(　　)。
(A)国家监督　　(B)社会组织监督
(C)生产者监督　　(D)消费者监督
76. 产品质量特性值的波动在规定的范围之内是(　　)。
(A)不合格品　　(B)合格品　　(C)优等品　　(D)以上选项都是
77. 电器设备着火,先切断电源,再用合适的灭火器灭火。合适的灭火器是指(　　)。
(A)四氯化碳灭火器　　(B)干粉灭火器
(C)二氧化碳灭火器　　(D)泡沫灭火器
78. 分析检验人员一般应(　　)。
(A)熟悉掌握所承担的分析、检验任务的技术标准、操作规程
(B)认真填写原始记录,对测定数据有分析能力
(C)能按操作规程正确使用分析仪器、设备
(D)根据分析项目要求,查找分析方法
79. 在二级反应中,对反应速度产生影响的因素是(　　)。
(A)温度、浓度　　(B)压强、催化剂
(C)相界面、反应物特性　　(D)分子扩散、吸附
80. 用相关电对的电位可判断氧化还原反应的一些情况,它可以判断(　　)。
(A)氧化还原反应的方向　　(B)氧化还原反应进行的程度
(C)氧化还原反应突跃的大小　　(D)氧化还原反应的速度
81. 化学检验工应遵守的规则有(　　)。
(A)遵守操作规程,注意安全
(B)努力学习,不断提高基础理论水平和操作技能
(C)认真负责,实事求是,坚持原则,一丝不苟地依据标准进行检验和判定
(D)遵纪守法,不谋私利,不徇私情
82. 化学检验工职业素质主要表现在(　　)等方面。
(A)职业兴趣　　(B)职业能力　　(C)职业个性　　(D)职业情况
83. 化学检验工专业素质的内容有(　　)。
(A)努力学习,不断提高基础理论水平和操作技能
(B)掌握化学基础知识和分析化学知识
(C)掌握标准化计量质量基础知识
(D)掌握电工基础知识和计算机操作知识
84. 化学检验人员应具备(　　)。
(A)正确选择和使用分析中常用的化学试剂的能力
(B)制定标准分析方法的能力
(C)使用常用的分析仪器和设备并具有一定的维护能力

(D)高级技术工人的水平

85. 化学检验室质量控制的内容包括(　　)。

(A)试剂和环境的控制　　(B)样品的采取、制备、保管及处理控制

(C)标准操作程序、专门的实验记录　　(D)分析数据的处理

(E)计量器具的检定和校准　　(F)工作人员的培训和考核

(G)经常的质量监督与检查

86. 化验室检验质量保证体系的基本要素包括(　　)。

(A)检验过程质量保证　　(B)检验人员素质保证

(C)检验仪器、设备、环境保证　　(D)检验质量申诉和检验事故处理保证

87. 建立实验室质量管理体系的基本要求包括(　　)。

(A)明确质量形成过程　　(B)配备必要的人员和物质资源

(C)形成检测有关的程序文件　　(D)检测操作和记录

88. 下列(　　)属于化学检验工职业守则内容。

(A)爱岗敬业　　(B)认真负责　　(C)努力学习　　(D)遵守操作规程

89. 下列属于化学检验工职业守则内容的是(　　)。

(A)爱岗敬业,工作热情主动

(B)认真负责,实事求是,坚持原则,一丝不苟地依据标准进行检验和判定

(C)努力学习,不断提高基础理论水平和操作技能

(D)遵纪守法,热爱学习

90. 下面所述内容属于化学检验工职业道德的社会作用的是(　　)。

(A)调节职业交往中从业人员内部以及从业人员与服务对象之间的关系

(B)有助于维护和提高本行业的信誉

(C)促进本行业的发展

(D)有助于提高全社会道德水平

91. 职业守则包括(　　)。

(A)遵守操作规程,注意安全

(B)认真负责,实事求是,坚持原则,一丝不苟地依据标准进行检验和判定

(C)努力学习,不断提高基础理论水平和操作技能

(D)遵守实验室的纪律

92. 属于化学检验工的职业守则内容的是(　　)。

(A)爱岗敬业,工作热情主动

(B)实事求是,坚持原则,依据标准进行检验和判定

(C)遵守操作规程,注意安全

(D)熟练的职业技能

(E)化验室组织与管理(化验室的环境与安全)

93. 在实验室中,皮肤溅上浓碱液时,在用大量水冲洗后继而应(　　)。

(A)用5%硼酸处理　　(B)用5%小苏打溶液处理

(C)用2%醋酸处理　　(D)用1∶5 000 $KMnO_4$ 溶液处理

94. 高压瓶的正确使用是(　　)。

(A)化验室用的高压气瓶要制定管理制度和使用规程
(B)使用高压气瓶的人员要正确操作
(C)开气阀时速度要快
(D)开关气阀时要在气阀接管的侧面
95. 乙炔气瓶要用专门的乙炔减压阀,使用时要注意(　　)。
(A)检漏
(B)二次表的压力控制在 0.5 MPa 左右
(C)停止用气进时,先松开二次表的开关旋钮,后关气瓶总开关
(D)先关乙炔气瓶的开关,再松开二次表的开关旋钮
96. 高压气瓶的使用正确的是(　　)。
(A)使用高压气瓶的人员,必须定期检查高压气瓶
(B)开关高压气瓶阀时,应站在气阀出口接管的侧面
(C)用络扳手顺时针打开总阀,再逆时针缓慢打开稳压阀
(D)开关阀速度要快
97. 实验室中皮肤沾上浓碱时立即用大量水冲洗,然后用(　　)处理。
(A)5%硼酸溶液　　(B)5%小苏打溶液
(C)2%乙酸溶液　　(D)0.01%高锰酸钾溶液
98. 下列有关实验室安全知识说法正确的有(　　)。
(A)稀释硫酸必须在烧杯等耐热容器中进行,且只能将水在不断搅拌下缓缓注入硫酸
(B)有毒、有腐蚀性液体操作必须在通风厨内进行
(C)氰化物、砷化物的废液应小心倒入废液缸,均匀倒入水槽中,以免腐蚀下水道
(D)易燃溶剂加热应采用水浴加热或沙浴,并避免明火
(E)灼热的物品不能直接放置在实验台上,各种电加热及其他温度较高的加热器都应放在石棉板上
99. 严禁用沙土灭火的物质有(　　)。
(A)苦味酸　　(B)硫磺　　(C)雷汞　　(D)乙醇

## 四、判 断 题

1. 我国的安全生产方针是安全第一,预防为主。(　　)
2. 新工人进行岗位独立操作前,必须进行安全技术考核。(　　)
3. 实验室使用煤气时应先给气,后点火。(　　)
4. 系统误差可通过增加测定次数来减少。(　　)
5. 随机误差可用空白试验来消除。(　　)
6. 精密度高的测定结果一定准确。(　　)
7. 仪器误差可以用对照试验的方法来校正。(　　)
8. 0.024 30 是四位有效数字。(　　)
9. 将 15.456 5 修约成整数是 15。(　　)
10. 试样中铁含量的两次平行测定结果是 0.045%和 0.046%,则平均值为 0.045%。(　　)
11. 被油脂沾污的玻璃仪器可用铬酸洗液清洗。(　　)

12. 量筒和移液管都可用烘箱干燥。(　)

13. 天平的水准泡位置与称量结果无关。(　　)

14. 滴定管读数时应双手持管,保持与地面垂直。(　)

15. 能导电的物质是电解质,不能导电的物质一定是非电解质。(　)

16. 物质的量相同的两种酸,他们的质量百分浓度不一定相同。(　)

17. 滴定管、移液管和容量瓶的标称容量一般是指 15 ℃时的容积。(　)

18. 国标中的强制性标准,企业必须执行;而推荐性标准,国家鼓励企业自愿采用。(　)

19. 偶然误差就是偶然产生的误差,没有必然性。(　)

20. 盐酸标准溶液可以用邻苯二甲酸氢钾来标定。(　)

21. 用无水碳酸钠标定盐酸时,常用酚酞作指示剂。(　)

22. 指示剂颜色变化的转折点称为等量点。(　)

23. 酸碱滴定中指示剂的变色范围一定要全部在滴定曲线的突跃范围内。(　)

24. 在所有的容量分析中,滴定速度慢一些总比快一些好。(　)

25. 直接碘量法是用 $I_2$ 作标准溶液,以淀粉为指示剂的氧化还原滴定法。(　)

26. 中性溶液中不存在 $H^+$ 和 $OH^-$。(　)

27. 甲基红指示剂的酸型色是红色,碱型色是黄色。(　)

28. 0.1 mol/L 醋酸溶液的酸性比 0.1 mol/L HCl 溶液的酸性强。(　)

29. 金属指示剂的变色范围与溶液的 pH 值无关。(　)

30. 对于多元弱酸,只有 $K_{a1}/K_{a2} \geqslant 10^5$ 时,才能进行分步滴定。(　)

31. 某溶液的 pH=0.0,它的氢离子浓度$[H^+]=0$。(　)

32. 将 $c(H_2SO_4)=0.1$ mol/L 的硫酸溶液与 $c(NaOH)=0.1$ mol/L 的氢氧化钠溶液等体积混合后,溶液的 pH=7.0。(　)

33. 欲配制 0.1%的指示剂溶液 50 mL,可以用上皿天平称量指示剂。(　)

34. 滴定度是指每毫升标准溶液相当于被测物质的浓度。(　)

35. 提高配位滴定选择的途径,主要是加入掩蔽剂,降低干扰离子的浓度。(　)

36. 高锰酸钾测定双氧水是在碱性溶液中进行的,$H_2O_2$ 是氧化剂。(　)

37. 佛尔哈德法用 $K_2CrO_4$ 作指示剂,用 $AgNO_3$ 作滴定剂。(　)

38. 标定 $AgNO_3$ 的基准物是 $Na_2CO_3$。(　)

39. 在含有 $BaSO_4$ 沉淀的饱和溶液中,加入一些 $Na_2SO_4$ 溶液,则溶液中 $Ba^{2+}$ 的浓度会降低。(　)

40. 直接碘量法指淀粉指示剂在滴定开始时加入,终点时的颜色变化是蓝色变为无色。(　)

41. 两种适当颜色的光,按一定的强度比例混合后得到白光,这两种颜色的光称为互补光。(　)

42. 配有玻璃电极的酸度计能测定任何溶液的 pH 值。(　)

43. 单色光通过有色溶液时,溶液浓度增加一倍时,透光度则减少一倍。(　)

44. 单色光通过有色溶液时,吸光度与溶液浓度呈正比。(　)

45. 电位分析法使用的指示电极有玻璃电极、离子选择电极、金属电极和银—氯化银电极。(　)

46. 气相色谱仪由气路单元、分析单元、检测器单元、温控单元和数据处理单元等组成。(  )

47. 气相色谱最基本的定量方法是归一化法、内标法和外标法。(  )

48. 调整保留时间是减去死时间的保留时间。(  )

49. 热导检测器中最关键的元件是热丝。(  )

50. 分离非极性组分，一般选用非极性固定液，各组分按沸点顺序流出。(  )

51. 使用72型分光光度计比色时不需要预热。(  )

52. 溶解含碳的各类钢时，常滴加 $HNO_3$ 的目的是控制酸度。(  )

53. 经常采用 $Na_2CO_3$ 和 $K_2CO_3$ 混合熔样，其目的在于提高熔点。(  )

54. $KMnO_4$ 是一个强氧化剂，它的氧化作用与酸度无关。(  )

55. 电导滴定法是滴定过程中利用溶液电导的变化来指示终点的方法。(  )

56. 重量法测硅的关键在于脱水是否完全，使用硫酸脱水最好。(  )

57. 容量法测定氮，试样用碱蒸馏，馏出液以 $H_3BO_3$ 溶液吸收最好。(  )

58. 铝和锌一样，只能溶于酸，不能溶于碱。(  )

59. 碘量法的误差来源主要有二个方面：一是容易挥发，二是碘在酸性溶液里容易被空气氧化。(  )

60. 在测定钢中的铬时，一般根据 $Cr_2O_3$ 的出现来判断铬氧化是否完全。(  )

61. 王水溶解能力强，主要在于它具有更强的氧化能力和络合力。(  )

62. 采用 HCl 和 $H_2O_2$ 溶解含硅较高的试样，能防止硅酸析出。(  )

63. 原子、离子所发射的光谱线是线光谱。(  )

64. 测量溶液的电导，就是测量溶液中的电阻。(  )

65. 原子发射光谱分析和原子吸收光谱分析的原理基本相同。(  )

66. 处理氧化物或硅酸盐可以使用瓷坩埚。(  )

67. 各种沾污会对分析结果造成负误差。(  )

68. 测定金属中的硫时，可以单独使用高氯酸分解试样。(  )

69. 分解试样蒸发冒硫酸烟的时间不易过长，否则生成难溶的 $SO_4^{2-}$ 盐。(  )

70. 用焦硫酸钾熔融试样时，温度不宜过高，加热时间不宜过长。(  )

71. 用焦硫酸钾熔融试样，宜在瓷坩埚中进行。(  )

72. 过氧化钠与碳酸钠混合使用，可减少对坩埚的侵蚀，并防止氧化反应过于激烈。(  )

73. 测定含硅试样用碱性溶剂时，不能使用瓷坩埚。(  )

74. 铵盐混合熔剂分解试样最突出的优点是：不引入金属盐类，本身易分解除去，分解试样能力较相应的酸强。(  )

75. 利用漏斗过滤试样时，加入的液体距滤纸上缘 3 mm 处。(  )

76. 过滤 $BaSO_4$、$CaC_2O_4 \cdot 2H_2O$ 等细晶形沉淀，可以采用较致密的中速滤纸。(  )

77. 滤纸的炭化、灰化过程中，温度必须很高。(  )

78. 洗涤无定形沉淀，多用热的电解质溶液做洗涤剂，如铵盐。(  )

79. 洗涤晶形沉淀，可用蒸馏水做洗涤液。(  )

80. 重量法测硅的关键在于脱水是否完全，使用高氯酸最好。(  )

81. 采用氟硅酸钾法测定硅砂中的二氧化硅时,形成沉淀的温度要高,放置时间宜长。(　　)

82. 硫代硫酸钠可以直接滴定重铬酸钾等强氧化剂,用来定量计算。(　　)

83. 酸碱指示剂是既呈弱酸性又呈弱碱性的两性物质。(　　)

84. 用 EDTA 滴定法测定 Ca、Mg 元素时,选用的指示剂为钙指示剂。(　　)

85. 检测水中的氯离子,一般用 $AgNO_3$ 作滴定剂,通过是否产生乳白色絮状沉淀来判定 $Cl^-$ 的存在。(　　)

86. 灼烧试样用坩埚不必至恒重。(　　)

87. 指示剂用量越多,所指示的终点颜色变化越敏锐。(　　)

88. 摩尔吸光系数越大,表示该化合物对光的吸收能力越大。(　　)

89. 摩尔吸光系数与溶液的浓度及液层的厚度有关。(　　)

90. 甲基橙指示剂由红变黄的 pH 变色范围为 4.0～6.0。(　　)

91. 酚酞指示剂由无色变红色的 pH 变色范围为 7.0～8.0。(　　)

92. 标定碘溶液的浓度,常用硫代硫酸钠标准溶液。(　　)

93. 水玻璃模数大于标准值,说明碱用量大。(　　)

94. 水玻璃模数大于标准值,说明沙子用量大。(　　)

95. 石油产品的机械杂质系指不溶于所用溶剂的物质。(　　)

96. 漆膜的硬度是指漆膜所具有的坚硬性,用以判断涂膜受碰撞和摩擦等外力作用下的损坏程度。(　　)

97. 根据 GB/T 1730—1993 规定,聚氨酯漆膜硬度的测定选用单摆阻尼硬度计检测。(　　)

98. 二氧化碳泡沫灭火器适用于油类着火及高级仪器仪表着火。(　　)

99. 使用高氯酸溶液时,必须带手套。(　　)

100. 常温下遇水能自燃的物质有钾、钠和黄磷。(　　)

101. 利用数字修约规则,保留两位小数 0.253 6,应为 0.26。(　　)

102. 一个样经过 10 次以上的测试,可以去掉一个最大值和一个最小值,然后求平均值。(　　)

103. 随机误差的分布遵从正态分布规律。(　　)

104. 分析天平是指分度值为 0.1 mg/格的天平。(　　)

105. 由于仪器设备有缺陷、操作者不按规程进行操作以及环境等的影响均可引起系统误差。(　　)

106. 固体化工产品的样品制备一般包括粉碎、混合、缩分三个步骤。(　　)

107. 液体物质的密度是指在规定温度下单位体积物质的重量。(　　)

108. 在化工容器或管道内作业,空气中的氧含量必须在 18%～21%之内,否则不准作业。(　　)

109. 用对照分析法可以校正由仪器不够准确所引起的误差。(　　)

110. 某一化工产品是非均相液体,取样人员仅从容器底部放出了代表性样品,送到化验室。(　　)

111. 在电解质溶液中,由于存在着正、负离子,所以能导电。(　　)

112. 用盐酸滴定氨水中的氨含量时,应选择酚酞作指示剂。(　　)

113. 在 pH=0 的溶液中，$H^+$的浓度等于零。(　　)

114. 醋酸钠是强碱弱酸盐，它的水溶液显碱性。(　　)

115. $H_2SO_4$ 是二元酸，用 NaOH 标准溶液滴定时有两个滴定突跃。(　　)

116. 醋酸溶液稀释后，其 pH 值增大。(　　)

117. 由于 $KMnO_4$ 性质稳定，可作基准物直接配制成标准溶液。(　　)

118. 由于 $K_2Cr_2O_7$ 容易提纯，干燥后可作为基准物直接配制标准液，不必标定。(　　)

119. 间接碘量法要求在暗处静置，是为防止 $I_2$ 被氧化。(　　)

120. 配制 $I_2$ 标准溶液时，应加入过量的 KI。(　　)

121. 间接碘量法滴定时速度应较快，不要剧烈振荡。(　　)

122. 配位滴定法指示剂称为金属指示剂，它本身是一种金属离子。(　　)

123. 莫尔滴定可用来测定试样中的碘离子含量。(　　)

124. EDTA 与金属离子配位时，不论金属离子的价态如何，都能进行 1∶1 的配位，没有分级配位现象。(　　)

125. 佛尔哈德法是以 $NH_4CNS$ 为标准滴定溶液，铁铵钒为指示剂，在稀硝酸溶液中进行滴定。(　　)

126. EDTA 的酸效应系数 $\alpha_H$ 与溶液的 pH 有关，pH 越大，则 $\alpha_H$ 也越大。(　　)

127. 沉淀称量法中的称量式必须具有确定的化学组成。(　　)

128. 沉淀称量法不需要基准物。(　　)

129. 沉淀称量法中，沉淀式和称量式是两种不同的物质。(　　)

130. 在含有 $BaSO_4$ 沉淀的饱和溶液中，加入 $KNO_3$，能减少 $BaSO_4$ 的溶解度。(　　)

131. 分光光度计的单色器，其作用是把光源发出的复合光分解成所需波长的单色光。(　　)

132. 不同浓度的高锰酸钾溶液，他们的最大吸收波长也不同。(　　)

133. 物质呈现不同的颜色，仅与物质对光的吸收有关。(　　)

134. 有色物质的吸光度 $A$ 是透光度 $T$ 是倒数。(　　)

135. 标准氢电极是常用的指示电极。(　　)

136. 用玻璃电极测量溶液的 pH 时，必须首先进行定位校正。(　　)

137. 原电池是把电能转化为化学能的装置。(　　)

138. 氢火焰检测器的气源有三种：载气 $N_2$、燃气 $H_2$ 和助燃气空气。(　　)

139. 气固色谱用固体吸附剂作固定相，常用的固体吸附剂有活性炭、氧化铝、硅胶、分子筛和高分子微球。(　　)

140. 热导检测器的桥电路电流高，灵敏度也高，因此使用的桥电流越高越好。(　　)

141. 色谱柱的寿命与操作条件有关，当分离度下降时说明柱子失效。(　　)

142. 液相色谱中，固定相的极性比流动相的极性强时，称为正相液相色谱。(　　)

143. 载体的酸洗主要是为了中和载体表面的碱性吸附点，同时除去载体表面的金属铁等杂质。(　　)

144. 选择高效液相色谱所用的流动相时，除了考虑分离因素外，还要受检测器的限制。(　　)

145. 相对校正因子不受操作条件的影响，只随检测器的种类而改变。(　　)

146. 绝对响应值和绝对校正因子不受操作条件的影响，只随检测器的种类而改变。(　　)

147. 热导检测器必须严格控制工作温度，而其他检测器则要求不太严格。(    )

148. 色谱定量时，用峰高乘以半峰宽为峰面积，则半峰宽是指峰底宽度的一半。(    )

149. 相对响应值不但与检测器的种类有关，而且受操作条件的影响。(    )

150. 只要检测器种类相同，不论使用载气是否相同，相对校正因子必然相同。(    )

151. 滴定时，溶液的流出速度可快可慢。(    )

152. 试管可以直接放在火上加热管内的液体，比色管不可以。(    )

153. 干燥器常用的干燥剂有无水氯化钙、变色硅胶、浓硫酸等。(    )

154. 凡见光会分解的试剂，与空气接触易氧化的试剂及易挥发的试剂应贮存于棕色瓶中。(    )

155. 喷灯火焰出口处，温度最高。(    )

156. 洗涤带有磨口的器皿时，不要用去污粉擦洗磨口部位。(    )

157. 配制硫酸、磷酸、硝酸、盐酸溶液时，都采用水倒入酸中的方式。(    )

158. 测定某油品 40 ℃运动黏度时，温度计选择 0～50 ℃的范围。(    )

159. 测定油品凝点的环境温度可降为仪器的最低点。(    )

160. 从高温炉中取出样品时，应先拉下电闸，再打开炉门，开关炉门速度要快。(    )

161. 气体容量法测生铁、碳钢、中低合金中的碳，选用的助溶剂一般为 Sn、Cu、CuO。(    )

162. 721 型分光光度计接通电源，不需预热即可进行比色测定。(    )

163. 为减小误差称量时使用同一组砝码时，应先用带点的，然后用不带点的。(    )

164. 产生共沉淀现象的主要原因是表面吸附造成混晶、包藏现象。(    )

165. 银坩埚可以分解和灼烧含硫的物质。(    )

## 五、简 答 题

1. 产生随机误差的主要因素有哪些？
2. 什么是滴定剂？什么是指示剂？
3. 什么是标准溶液？有几种配制方法？
4. 标定标准溶液的方法有哪几种？
5. 什么是基准物？基准物应具备哪些条件？
6. 什么是缓冲溶液？缓冲溶液的 pH 值由什么决定？
7. 滴定管为什么要进行校正？怎样进行校正？
8. 什么是滴定分析法？
9. 什么是配位滴定法？
10. 什么是沉淀滴定法？
11. 什么是酸碱滴定曲线？它的突跃范围与酸(碱)的强度及溶液的浓度有什么关系？
12. 金属离子与 EDTA 的配合物在结构上有什么特点？
13. 金属指示剂应具备什么条件？
14. 什么是金属指示剂的“封闭”现象？怎样避免这种现象？
15. 酸碱滴定时为什么要用混合指示剂？
16. 什么是标准电极电位？怎样判断氧化剂和还原剂的强弱？

17. 什么叫显色反应？影响显色反应的因素有哪些？

18. 我国强制性标准包括哪些范围？

19. 什么叫相对密度？

20. 为什么增加平行测定的次数能减少随机误差？

21. 简述滴定分析法对化学反应的要求。

22. 碘量法要求在什么样的酸度下进行？为什么？

23. 简述水的总硬度和钙硬度的测定原理。

24. 说明摩尔法和佛尔哈德法的适用范围有什么不同？

25. 0.01 mol/L HCl 滴定 0.01 mol/L NaOH 时用什么指示剂？为什么？

26. 简述影响沉淀溶解的因素。

27. 间接碘量法中如何防止碘的挥发？

28. 什么是摩尔吸光系数？

29. 在分光光度分析中消除干扰的方法有哪些？

30. 什么是玻璃电极的碱差和钠差？

31. 举例说明离子选择电极的种类。

32. 库仑分析法有哪些优点？

33. 色谱分析中采用归一法的必要条件是什么？

34. 什么是相对保留值？

35. 气相色谱中怎样选择热导和氢焰检测器的温度？

36. 用内标法定量时，对内标物有何要求？

37. 色谱分析中进样量过多或过少时有什么影响？

38. 气相色谱中常用的固体固定相有哪几种？

39. 液相色谱中，什么叫等度洗脱和梯度洗脱？

40. 用 $H_2S$ 来沉淀溶液中的某些金属离子，存在控制 pH 值的问题。当溶液的 pH 值增加时，$[S^{2-}]$是增加还是减小？请说明理由。

41. 酸碱溶剂论的大意是什么？

42. 氧化还原反应的实质是什么？

43. 金属与电解质溶液导电，本质上有什么不同？

44. 离子独立移动定律的中心内容是什么？

45. 什么叫电池的电动势？为什么测量时需用对消法？

46. 为什么电动势不能直接用电压表来测量？

47. 现行的电极电势是绝对值吗？它是怎样确定下来的？

48. 金属防腐有哪些方法？

49. 什么叫阴极保护？

50. 什么叫化学反应速率？什么叫瞬时速率？

51. 表示反应速率有几种方法？各种方法的关系怎样？

52. 反应级数为整数的一定是基元反应，对吗？某化学反应为 A＋B══C，则该反应为双分子反应，对吗？

53. 说明蒸馏时加沸石的基本原理。

54. 金属原子半径、离子半径、共价半径和范德华半径有何不同？

55. 请简述盖斯定律。

56. 简要解释反应物间所有的碰撞并不是全部有效的。

57. 试简述国家标准规定的实验用水等级。

58. 实验室常见试剂的规格是什么？

59. 引起试剂变质的因素主要有哪些？

60. 请简述电感耦合等离子体光源(ICP)中的等离子体的含义。

61. 为什么要提出对比状态？

62. 什么叫状态？什么叫过程？什么叫途径？

63. 只有知道反应中的微观经历后，才能将热力学应用于化学之中，对吗？为什么？

64. 什么是化学热力学？

65. 隔离系统是客观存在的吗？

66. 绝热过程与等熵过程是一回事吗？

67. 海水到了摄氏零下几度还不结冰，是何道理？

68. 试由原子结构说明共价键半径、金属半径和范德华半径的变化规律。

69. $Al(C_2H_5)_3$ 在汽油中常生成二聚体，试说明其键型和结构。

70. 试述晶体的特征。

## 六、综 合 题

1. 采用校准曲线法测定钢铁中锰的含量，测得的数据如下表 1，绘制校准曲线，试求试样中锰的百分含量。

表 1

| 样品编号 | $\omega_{Mn}$(%) | 光谱强度 |
|---|---|---|
| 标 1 | 0.12 | 1 240 |
| 标 2 | 0.24 | 2 500 |
| 标 3 | 0.37 | 3 702 |
| 标 4 | 0.51 | 5 230 |
| 标 5 | 0.62 | 6 540 |
| 样品 A | | 3 600 |
| 样品 B | | 1 880 |

2. 采用 ICP 等离子光谱分析法测定硅时，欲配制 100.00 ppm 硅标准溶液 1 L，需称取结晶硅(99.999%)多少克？怎样配制(简述配制方法)？

3. 采用 ICP 等离子光谱法分析合金钢中钛时，用钴作内标，欲使 50 mL 分析溶液中含 5.0 μg/mL 钴，需加入多少 mL 100 ppm 钴标准溶液？

4. 采用原子发射光谱法测定某样品中铝时，以镁作内标线，测得的数据如下表 2，绘制校准曲线，试求溶液 A、B 中铝的浓度分别为多少？

表 2

| 样品编号 | 铝的浓度(mg/mL) | 光谱强度 |
|---|---|---|
| 标样 1 | 0.15 | 4 280 |
| 标样 2 | 0.28 | 8 000 |
| 标样 3 | 0.41 | 11 500 |
| 标样 4 | 0.50 | 15 000 |
| 标样 5 | 0.58 | 21 000 |
| 试样 A | | 10 050 |
| 试样 B | | 20 000 |

5. 光电直读法测定某试样中 C 的含量，5 次的测定值为：0.832%、0.836%、0.841%、0.825%、0.829%，试计算此结果的平均偏差、相对平均偏差、标准偏差和相对标准偏差。

6. 发射光谱法测定铜合金标样中 Zn(标样值 1.83%)，3 次测定值分别为 1.82%、1.81%、1.84%，试计算分析值的绝对误差和相对误差各是多少？

7. 发射光谱法测定钢铁中的铜时，5 次测定值为：0.41%、0.43%、0.40%、0.41%、0.42%，用极差估算其标准偏差。

8. 确定下列数据的有效数字：(1)2.048；(2)0.012 3；(3)0.002 80；(4)$4.3\times10^{8}$；(5)$1.06\times10^{-4}$；(6)0.60%；(7)0.000 6%；(8)59.00。

9. 计算下列结果：

(1)1.76+1.89+0.59　　(2)1.76×1.89×0.59　　(3)$\frac{h}{2\pi}$($h$ 为 Plank 常数)

10. 将下列各数保留成三位有效数字：(1)1.236 7；(2)1.234 8；(3)2.045 0；(4)0.417 5；(5)0.024 451。

11. 某溶液中 $H^+$ 浓度为 0.01 mol/L，求此溶液 $OH^-$ 的浓度和 pH 值。

12. 用邻苯二甲酸氢钾为基准物标定某一 NaOH 溶液，邻苯二甲酸氢钾称取量为 0.418 2 g，滴定时用去 NaOH 溶液 20.20 mL，计算此 NaOH 溶液的物质的量浓度。

13. 试计算 0.150 0 N $K_2Cr_2O_7$ 溶液对 Fe、FeO 的滴定度。(已知：$M_{Fe}=55.85$ g/mol $M_{FeO}=71.85$ g/mol)

14. 37.23%的 HCl 的密度为 1.19 g/cm³，求 HCl 溶液的物质的量浓度。

15. 称取含铬钢样 0.500 0 g，经处理后，滴定用去 0.020 0 mol/L 硫酸亚铁铵标液 20.00 mL，计算铬的百分含量。($M_{Cr}=52$ g/mol)

16. 欲配制 HCl 溶液 1 000 mL，$c$ (HCl)=0.120 0 mol/L，需要取 $c_1$ (HCl)=0.500 0 mol/L 溶液多少 mL？

17. 配制 500 mL $H_2SO_4$ 标准溶液 $c(H_2SO_4)$=0.500 0 mol/L，问需要密度为 1.84 g/mL、含量为 98%的浓 $H_2SO_4$ 多少 mL？($M_{H_2SO_4}=98$ g/mol)

18. 欲配制 1∶2 HCl 溶液 150 mL，如何配制？

19. $K_2Cr_2O_7$ 溶液对 Fe 的滴定度为 0.005 483 g/mL，求 $K_2Cr_2O_7$ 溶液的物质的量浓度为多少？(已知 Fe 的原子量 55.85)

20. 有一 KOH 溶液 22.58 mL，能中和纯草酸($H_2C_2O_4\cdot2H_2O$)0.300 0 g，求该 KOH 溶液的摩尔浓度？(已知：$M_{H_2C_2O_4\cdot2H_2O}=126.1$ g/mol)

21. 在一次滴定中，取 25.00 mL NaOH 溶液，用去 0.125 0 N HCl 溶液 32.14 mL，求该 NaOH 溶液的物质的量浓度。

22. 试述 BCO 光度法测定合金铸铁中的铜，酸度和温度对显色反应的影响。

23. 准确称取含铁样品 0.100 0 g，经操作将其铁以氢氧化铁形式沉淀，再灼烧成三氧化二铁，得到三氧化二铁的重量为 0.079 8 g，求样品中铁的百分含量。(铁的原子量 55.84，氧原子量 16)

24. 称取硅酸盐试样 0.500 0 g，经处理得到不纯的二氧化硅 0.284 5 g，再用氢氟酸处理，使二氧化硅以氟化硅的形式逸出，残渣灼烧后称重 0.001 5 g，求试样中二氧化硅的百分含量。

25. 称取含锰量为 0.46%的标准钢样 0.500 0 g，经过溶解氧化，用 $NaNO_2$-$Na_3AsO_3$ 标准溶液滴定，消耗了 10.80 mL，求 $NaNO_2$-$Na_3AsO_3$ 标准溶液对锰的滴定度。

26. 称取含铁样品 0.200 0 g，用酸处理后，以 $T_{Fe/K_2Cr_2O_7}=0.004\ 500$ g/mL 的 $K_2Cr_2O_7$ 标准溶液滴定亚铁，消耗了 12.00 mL，计算试样中铁的百分含量。

27. 称取某物体的重量为 2.431 g，而物体的真实重量为 2.430 g，它们的绝对误差和相对误差分别是多少？

28. 已知 $M_{K_2Cr_2O_7}=294.18$ g/mol，$E_{K_2Cr_2O_7}$ 是多少？(在酸性介质中作为氧化剂)，欲配制 0.100 0 N $K_2Cr_2O_7$ 溶液 1 000 mL，测定含铁样品中的铁，需称取纯 $K_2Cr_2O_7$ 多少克？

29. 称取黄铜试样 0.500 0 g，按操作方法处理后，稀释至 250 mL，吸取 25 mL，按分析方法滴定时用去 0.020 0 mol/L HEDTA 溶液 14.20 mL，计算黄铜中锌的百分含量。(已知 $M_{Zn}=65.38$ g/mol)

30. 用重量法分析铁矿石中含铁量，称取试样为 0.500 0 g，铁形成 $Fe(OH)_3$，沉淀经灼烧称得灼烧物质量为 0.319 4 g，求该铁矿石中含铁量。(已知：$M_{Fe}=55.85$ g/mol，$M_O=16$ g/mol)

31. 将 0.12 mol/L HCl 与 0.10 mol/L $NaNO_2$ 溶液等体积混合，溶液的 pH 值是多少？若将 0.10 mol/L HCl 与 0.12 mol/L $NaNO_2$ 溶液等体积混合，溶液的 pH 值又是多少？

32. 测定某钢样中铬和锰，称样 0.800 0 g，试样经处理后得到含 $Fe^{3+}$、$Cr_2O_7^{2-}$、$Mn^{2+}$ 的溶液。在 $F^-$ 存在下，用 $KMnO_4$ 标准溶液滴定，使 Mn(Ⅱ)变为 Mn(Ⅲ)，消耗 0.005 mol/L $KMnO_4$ 标准溶液 20.00 mL。再将该溶液用 0.040 00 mol/L $Fe^{2+}$ 标准溶液滴定，用去 30.00 mL。此钢样中铬和锰的质量分数各为多少？

33. 以铬黑 T 为指示剂，在 pH＝9.60 的 $NH_3$-$NH_4Cl$ 缓冲溶液中，0.02 mol/L EDTA 溶液滴定同浓度的 $Mg^{2+}$，当铬黑 T 发生颜色转变时，$\Delta pM$ 值为多少？

34. 某吸光物质 X 的标准溶液浓度为 $1.0\times10^{-3}$ mol/L，其吸光度 $A=0.699$，一含 X 的试液在同一条件下测量的吸光度为 $A=1.000$。如果以标准溶液为参比($A=0.000$)，试问：(1)试液的吸光度为多少？(2)用两种方法所测试液的 $T$ 各是多少？

35. 当试液中二价响应离子的活度增加 1 倍时，该离子电极电位变化的理论值为多少？

# 化学检验工(初级工)答案

## 一、填 空 题

1. 仪器误差　2. 全员　3. 第三方　4. 反应物或生成物物质

5. 化合反应　6. 相互交换成分　7. 置换反应　8. 复分解反应

9. 离子键　10. 强　11. 温度　12. 氧化

13. 0.000 1　14. 灵敏度　15. 官能团　16. 氧含量

17. 等量点　18. 0.3　19. 浓度　20. 1.0

21. 弱酸或弱碱　22. 增大　23. $H_3O^+$　24. $NH_4^+$

25. 接近终点　26. 总浓度　27. 6.5～10.5　28. 立即过滤不要

29. 偏低　30. 法拉第定律　31. 0.103 7 mol/L　32. 6.5～10.5

33. 偏向得失电子多的一方　34. 中速　35. 快速

36. 慢速　37. 胶体保护剂　38. 有机溶剂　39. 白色 CuCl

40. NaOH　41. 12.4　42. $O_2+4H^++4e \longrightarrow 2H_2O$

43. 盐的水解　44. T 型　45. 最大

46. HClO、$HClO_2$、$HClO_3$、$HClO_4$　47. $Ba^{2+}$和$O^{2-}$　48. 简单立方

49. 反键　50. 原子结构　51. $KMnO_4$　52. 样品

53. 氧化皮　54. 50 g　55. 硫脲　56. 室温

57. 不锈钢　58. 低合金钢　59. 0.1%　60. 空白增大

61. 分光器　62. 还原$Fe^{3+}$为$Fe^{2+}$　63. 黄色　64. pH＝5.0～5.5

65. 铜和锌　66. Fe 和 Al　67. pH＝3～4　68. 锡的水解

69. pH＝5～6　70. 掩蔽锌和少量镍、锰　71. 掩蔽铅

72. 管式炉　73. 吸收曲线　74. 使 Mn(Ⅱ)顺利地氧化为 Mn(Ⅶ)

75. 变形四面体　76. 看谱　77. 电学　78. 氧化还原

79. 对称　80. 稍低　81. 95%　82. 电导

83. 0.2～0.7　84. 实际分解　85. 氢离子指示　86. 基态

87. 沉淀分离　88. 分析谱线　89. 标准曲线　90. 高频发生器

91. 石英　92. 配位　93. 特征　94. 碱性

95. 钙　96. ISO　97. 朗伯-比尔　98. 主要技术力量

99. 钢铁的炉前快速分析　100. 硬质　101. 容量瓶

102. 三　103. 优质　104. 单位体积　105. 细口瓶

106. 误差　107. 准确度　108. 系统误差　109. 54.41%

110. 代表　111. 酸碱滴定　112. 14　113. 能与酸碱起反应

114. 草酸　115. ＋3　116. 淀粉　117. 慢速

118. EDTA　119. 0.02　120. 11.0　121. 0.100 0
122. $K_2CrO_4$　123. $I_2$　124. 还原　125. $MnO_4$
126. $(K_{sp})^{1/2}$　127. $Zn(NH_3)_4^{2+}$　128. 沉淀　129. 共沉淀
130. 增大　131. 最大吸收波长　132. 一定比例　133. 越大
134. 玻璃　135. 1 mol/L　136. 透射光　137. 最大吸收波长
138. 光源　139. $H^+$活度　140. pH　141. 电学
142. 热敏　143. 氢气　144. 钙和镁　145. 聚乙烯瓶
146. 简单　147. 小于80%　148. 吸收光　149. 标准
150. 蓝　151. 无　152. 橙红　153. 黑
154. 碱　155. 橙红　156. $H_2SO_4$　157. 小
158. 178.1 kPa　159. 3　160. 2　161. 51
162. 盛液氮　163. $H_2S$和NaCl

## 二、单项选择题

| | | | | | | | | |
|---|---|---|---|---|---|---|---|---|
| 1. B | 2. D | 3. C | 4. A | 5. A | 6. C | 7. A | 8. C | 9. B |
| 10. C | 11. B | 12. A | 13. C | 14. C | 15. C | 16. A | 17. C | 18. C |
| 19. B | 20. B | 21. A | 22. B | 23. A | 24. C | 25. D | 26. A | 27. B |
| 28. B | 29. A | 30. A | 31. C | 32. B | 33. D | 34. C | 35. B | 36. A |
| 37. B | 38. D | 39. A | 40. C | 41. A | 42. C | 43. D | 44. B | 45. B |
| 46. D | 47. D | 48. A | 49. A | 50. B | 51. C | 52. D | 53. A | 54. C |
| 55. B | 56. D | 57. C | 58. C | 59. B | 60. D | 61. C | 62. B | 63. B |
| 64. C | 65. B | 66. A | 67. C | 68. B | 69. C | 70. D | 71. B | 72. C |
| 73. B | 74. B | 75. C | 76. C | 77. A | 78. B | 79. C | 80. A | 81. C |
| 82. A | 83. B | 84. D | 85. D | 86. B | 87. A | 88. A | 89. D | 90. B |
| 91. C | 92. C | 93. B | 94. B | 95. B | 96. A | 97. C | 98. C | 99. C |
| 100. A | 101. C | 102. C | 103. A | 104. B | 105. A | 106. C | 107. B | 108. B |
| 109. C | 110. C | 111. B | 112. C | 113. B | 114. C | 115. B | 116. C | 117. C |
| 118. D | 119. A | 120. C | 121. C | 122. A | 123. B | 124. B | 125. A | 126. C |
| 127. D | 128. B | 129. C | 130. C | 131. A | 132. A | 133. D | 134. A | 135. B |
| 136. A | 137. A | 138. C | 139. B | 140. A | 141. B | 142. C | 143. A | 144. C |
| 145. C | 146. B | 147. B | 148. B | 149. A | 150. A | 151. C | 152. A | 153. B |
| 154. A | 155. B | 156. C | 157. B | 158. B | 159. C | 160. A | 161. A | 162. B |
| 163. B | 164. A | 165. B | | | | | | |

## 三、多项选择题

| | | | | | |
|---|---|---|---|---|---|
| 1. ABCD | 2. AE | 3. AB | 4. ABC | 5. AB | 6. AD |
| 7. BCD | 8. CD | 9. ABD | 10. BCD | 11. ABCE | 12. D |
| 13. BCD | 14. CD | 15. DCAB | 16. D | 17. AD | 18. ABCD |
| 19. ABD | 20. ABC | 21. BCD | 22. ABDE | 23. AB | 24. ACD |

25. ABCD 26. A 27. CD 28. ABC 29. BC 30. ABD
31. BC 32. ABC 33. ABD 34. ABD 35. ABC 36. ABD
37. AC 38. BC 39. CD 40. ABC 41. ABC 42. ABDE
43. D 44. ABC 45. D 46. ABCD 47. ABCDEF 48. AB
49. ABC 50. AB 51. AC 52. ABC 53. ABC 54. BD
55. BD 56. ABCD 57. ACD 58. ABCD 59. CD 60. ABD
61. ABC 62. AB 63. ACD 64. ABCD 65. ABC 66. ACD
67. BC 68. C 69. ABCE 70. ABC 71. AB 72. BCD
73. A 74. ABD 75. ABD 76. B 77. ABC 78. ABCD
79. ABC 80. ABC 81. ABCD 82. ABCD 83. BCD 84. AC
85. ABCDEFG 86. ABCD 87. ABC 88. ABCD 89. ABC 90. ABCD
91. ABC 92. ABC 93. AC 94. ABD 95. ABD 96. AB
97. AC 98. BD 99. AC

**四、判 断 题**

1. √ 2. √ 3. × 4. × 5. × 6. × 7. × 8. √ 9. √
10. × 11. √ 12. × 13. × 14. × 15. × 16. √ 17. × 18. √
19. × 20. × 21. × 22. × 23. × 24. × 25. √ 26. × 27. √
28. × 29. × 30. √ 31. × 32. × 33. × 34. × 35. × 36. ×
37. × 38. × 39. √ 40. √ 41. √ 42. × 43. × 44. × 45. √
46. √ 47. √ 48. √ 49. √ 50. √ 51. √ 52. × 53. × 54. ×
55. √ 56. × 57. √ 58. × 59. √ 60. × 61. × 62. √ 63. √
64. √ 65. × 66. × 67. × 68. × 69. √ 70. √ 71. √ 72. √
73. √ 74. √ 75. × 76. √ 77. × 78. √ 79. × 80. √ 81. ×
82. × 83. √ 84. × 85. √ 86. × 87. × 88. × 89. × 90. ×
91. × 92. √ 93. × 94. √ 95. √ 96. √ 97. × 98. √ 99. ×
100. √ 101. × 102. × 103. √ 104. √ 105. × 106. √ 107. × 108. √
109. √ 110. × 111. √ 112. × 113. × 114. √ 115. × 116. √ 117. ×
118. √ 119. √ 120. √ 121. √ 122. × 123. × 124. √ 125. √ 126. √
127. √ 128. √ 129. × 130. × 131. √ 132. × 133. × 134. × 135. ×
136. √ 137. × 138. √ 139. √ 140. × 141. √ 142. √ 143. √ 144. √
145. √ 146. × 147. √ 148. × 149. × 150. × 151. × 152. √ 153. √
154. √ 155. × 156. √ 157. × 158. × 159. × 160. √ 161. √ 162. √
163. × 164. √ 165. ×

**五、简 答 题**

1. 答:测量时环境温度(1 分)、湿度和气压的微小波动(1 分),仪器性能的微小变化(1 分),分析人员处理试样时的微小差别(1 分),及其他的不确定因素都能带来随机误差(1 分)。

2. 答:滴定剂是滴加到被测物溶液中的已知标准浓度的溶液(2.5 分);指示剂是指示滴定终点的外加试剂(2.5 分)。

3. 答:标准溶液是滴定分析中用的已知准确浓度的溶液(3 分)。有直接配制法(1 分)和标定法(1 分)。

4. 答:用基准物标定(1 分);用已知准确浓度的标准溶液标定(2 分);用已知准确含量的标准样品标定(2 分)。

5. 答:基准物是用来标定标准溶液浓度的基准试剂(1 分)。纯度高(1 分);组成与化学式相符(1 分);化学性质稳定(1 分);易溶于水(1 分)。

6. 答:缓冲溶液是能维持溶液酸度基本不变的溶液(2 分)。它的 pH 值由组成它的弱酸或弱碱的电离常数决定(1 分),即 $pH=pK_a\pm1$ 或 $pOH=pK_b\pm1$(2 分)。

7. 答:滴定管标示的容积和真实的容积之间会有误差,因此要进行校正(2 分)。校正的方法是,正确放出某刻度的蒸馏水(1 分),称量其质量(1 分),根据该温度下水的密度计算出真实容积(1 分)。

8. 答:将已知准确浓度的标准溶液滴加到被测物质的溶液中,直到化学反应完全为止(3 分),根据标准溶液的浓度和用量计算被测物质的含量(2 分)。

9. 答:以配位反应为基础(1 分),利用配位剂或金属离子的标准溶液进行滴定的滴定分析方法(4 分)。

10. 答:以沉淀反应为基础(1 分),利用沉淀剂标准溶液进行滴定的滴定分析法(4 分)。

11. 答:被滴溶液的 pH 值随标准溶液的滴入量而变化(1 分),溶液的 pH 值和标准溶液体积的关系曲线称滴定曲线(2 分)。随着酸碱强度的增大和浓度的增加,滴定曲线的突跃范围也增大(2 分)。

12. 答:不论金属离子的价态如何,都按 1∶1 配位(1 分);配合物都是环状,非常稳定(2 分);金属离子的价态越高,配合物越稳定(2 分)。

13. 答:金属离子与指示剂形成配合物的颜色必须与指示剂的颜色有明显区别(1 分);金属离子与指示剂形成配合物要具有一定的稳定性(1 分);有良好的选择性(1 分);显色反应要灵敏迅速(1 分);易溶于水(1 分)。

14. 答:封闭指示剂与某些金属离子形成极稳定的配合物(1.5 分),过量的 EDTA 也不能将指示剂游离出来(1.5 分),必须加入配位能力更强的配位剂,掩蔽干扰离子(2 分)。

15. 答:混合指示剂是由指示剂和指示剂,或指示剂和一种惰性染料混合而成(2 分)。它利用颜色互补的原理(1 分),使指示剂的变色范围缩小(1 分),指示终点更敏锐(1 分)。

16. 答:在氧化还原电对中,氧化剂和还原剂物质的量浓度为 1 mol/L 时的电位叫标准电极电位(2 分)。标准电极电位越高时,其氧化剂的氧化能力越强(1.5 分);电位越低时,其还原剂的还原能力越强(1.5 分)。

17. 答:把无色的被测物质转化成有色化合物的反应叫显色反应(1 分)。显色剂的用量(1 分);溶液的酸度(1 分);显色温度(1 分);显色时间(1 分)。

18. 答:为保障人体健康、人身和财产安全的标准和法律(2.5 分),行政法规规定要强制执行的标准,都属于强制性标准范围(2.5 分)。

19. 答:相对密度是指在 20 ℃时(1 分),一定体积的液体或固体物质(1 分)与等体积(1 分)的纯水 4 ℃(1 分)时的质量之比(1 分)。

20. 答:随机误差服从正态分布的统计规律(2 分),大小相等方向相反的误差出现的几率相等(1 分),测定次数多时正负误差可以抵消,其平均值越接近真值(2 分)。

21. 答:必须按一定的反应方程式定量完成,无副反应(2 分);反应速度要快(1.5 分);有适当的方法确定终点(1.5 分)。

22. 答:在中性或弱酸性溶液中进行(2 分)。酸性强时 $I^-$ 容易被空气氧化(1.5 分),碱性强时 $I_2$ 能发生歧化反应(1.5 分)。

23. 答:在 pH=10 的缓冲溶液中(1.5 分),以铬黑 T 为指示剂(1.5 分),用 EDTA 滴定 $Ca^{2+}$、$Mg^{2+}$ 总量(2 分)。

24. 答:摩尔法只适用于氯化物和溴化物(2 分);佛尔哈德法可以测定 $Cl^-$、$Br^-$、$I^-$、$CNS^-$ 和 $Ag^+$(2 分),以及 $C_2O_4^{2-}$、$PO_4^{3-}$、$CrO_4^{2-}$、$S^{2-}$ 等(1 分)。

25. 答:酸和碱的浓度减少 10 倍(1 分),滴定突跃液减少 2 个 pH 单位(1 分),即 5.03～8.7(1 分),不能用甲基橙,只能用甲基红(2 分)。

26. 答:影响溶解度的因素主要是:同离子效应(1 分)、盐效应(1 分)、酸效应(1 分)、配位效应(1 分);其次如温度、溶剂的极性、沉淀的颗粒和结构等也影响沉淀的溶解度(1 分)。

27. 答:加入过量的 $I^-$,增加 $I_2$ 的溶解度(2 分);使用有磨口的碘量瓶,并加水封(1.5 分);在较低温度下滴定,不要剧烈摇动(1.5 分)。

28. 答:摩尔吸光系数指有色溶液浓度为 1 mol/L,透光液层厚度为 1 cm 时的透光度(5 分)。

29. 答:控制显色条件(1 分);加入掩蔽剂(1 分);利用氧化还原反应改变干扰离子的价态(1 分);选择适当的测量条件(1 分);利用校正系数(0.5 分);采用预先分离等(0.5 分)。

30. 答:用普通玻璃测定 pH>10 的溶液时(1 分),电极电位与溶液的 pH 值之间将偏离线性关系(2 分),测得值偏低(1 分),这就是钠差或碱差(1 分)。

31. 答:离子选择电极可分为原电极和敏化电极两类(1 分)。原电极包括晶体膜电极和非晶体膜电极(2 分);敏化电极包括气敏电极和酶电极(2 分)。

32. 答:库仑分析法的灵敏度和准确度都很高(2 分);取消了标准溶液(1 分);特别适用于微量分析(1 分);容易实现分析自动化(1 分)。

33. 答:样品中的所有组分必须出峰(2 分);各组分分离较好(1.5 分);要已知校正因子(1.5 分)。

34. 答:相对保留值指在相同操作条件下(1 分),被测组分与参比组分的调整保留值之比(4 分)。

35. 答:检测器的温度不能低于柱温,防止样品冷凝(2 分);氢焰检测器不能低于 100 ℃,防止蒸汽冷凝(2 分);热导检测器温度太高时灵敏度降低(1 分)。

36. 答:内标物必须是样品中不存在的组分(1 分);与样品互溶又不起化学反应(1 分);其峰的位置近被测组分又能完全分开(1 分);已知校正因子(1 分);纯度要高(1 分)。

37. 答:进样量过多会使峰形变坏,柱效降低(2.5 分);进样量太少使微量组分检测不出来(2.5 分)。

38. 答:固体固定相是由固体吸附剂组成的固定相(2.5 分)。活性炭类(0.5 分);活性氧化铝(0.5 分);硅胶(0.5 分);分子筛(0.5 分);高分子微球等(0.5 分)。

39. 答:等度洗脱——用单一的或组成不变的流动相连续洗脱的过程(2.5 分)。

梯度洗脱——用组成连续变化的流动相进行洗脱的过程(2.5 分)。

40. 答:$H_2S$在水中解离存在如下平衡:

$H_2S \rightleftharpoons 2H^+ + S^{2-}$ (2分)

溶液pH值增加(1分),[$H^+$]降低(1分),上述平衡朝右边移动(1分),故[$S^{2-}$]增大。

41. 答:凡在溶剂中能生成该溶剂的特征阳离子的物质叫做酸(2.5分),而能生成该溶剂的特征阴离子的物质叫做碱(2.5分)。

42. 答:氧化还原反应实质是电子转移(2分)。电子从强还原剂转移到强氧化剂(2分),从而产生新的弱氧化剂和弱还原剂(1分)。

43. 答:金属导电,是金属中的自由电子定向移动(2分);电解质导电,是电解质溶液中的阴阳离子(向相反方向)定向移动(2分)。即在金属和电解质溶液中,是由不同微粒来承担导电任务的(1分)。

44. 答:电解质溶液在无限稀释时,离子运动彼此独立,互不影响(2分)。

具体于摩尔电导率,则电解质的极限摩尔电导率是无限稀释阴阳离子的无限稀释摩尔电导率之和(1.5分),且在一定温度时每种离子的无限稀释摩尔电导率的值一定(1.5分)。

45. 答:在无电流通过时,电池正、负极的电势差就是电池电动势(2分)。测量电动势时要用对消法(1分),原因是测电动势时通过电池的电流应为零,即无电流通过电池,对消法能满足这一要求(2分)。

46. 答:如直接用电压表测电池电动势,这时有电流通过电池,所测得的电压不是电动势,而是电池外电路的电势差(2分)。这个电势包括电池电流通过时的电动势及电池的内阻上的电压(1分)。可逆电动势要求电流为零,用电压表测量时通过电池的电流不为零,与电池无电流通过时的电动势并不相同(2分)。

47. 答:现行的电极电势不是绝对值而是一个相对值(2.5分)。其值是相对于标准氢电极确定的(2.5分)。

48. 答:金属防腐有以下一些方法:金属表面加装非金属涂层(如油漆等)或金属镀层(1分),牺牲阳极(1分)、阴极保护(1分),加入缓腐剂,在金属表面形成钝化膜等(2分)。

49. 答:将被保护的金属接在直流电源的负极上(1分),正极接石墨或废铁(1分),并与腐蚀介质(做电解液)构成一个电解池(1分),使得被保护金属在电解池中作阴极(1分)而使其免受腐蚀的方法叫阴极保护(1分)。

50. 答:化学反应速率指某一化学反应单位时间内反应物浓度的减少或生成物浓度的增加(3分)。某一时段内各时刻的反应速率不一定相同(1分),某一时刻的反应速率就是瞬时速率(1分)。

51. 答:两种方法(1分)。一种是指反应物的消耗速率或生成物的生成速率(1分)。另一种反应速率由反应进度定义(1分)。前一种反应速率除以其系数(绝对值)即变为后一种反应速率(2分)。

52. 答:(1)这种说法错误(1分)。很多复合反应的反应级数也是整数(1分)。

(2)不正确(1分)。该反应如是基元反应,则为双分子反应(1分);如是复合反应,则反应的分子数要由构成复合反应的基元反应决定(1分)。

53. 答:沸石的孔中储气使沸腾初始时即产生较大气泡(2分),气泡(凹液面)一开始产生即有较大蒸气压(1.5分),不至于通过升高温度来提高微小气泡中的蒸气压而使气泡逸出,从而避免暴沸(1.5分)。

54. 答:在不同键型的晶体中,两个原子(或离子)之间的距离可看成是两个原子(或离子)之间相互键型的半径之和(2 分)。由此测算出的同一种元素的金属原子半径(0.5 分)、离子半径(0.5 分)、共价半径(0.5 分)和范德华半径(0.5 分)是不同的,大小不等(1 分)。

55. 答:一个化学反应若满足定容无非体积功或等压无非体积功的条件(3 分),则反应无论经过怎样不同的具体步骤,其总反应热效应数值相同(2 分)。

56. 答:由于某些参加碰撞的分子所具有的能量小于活化能(2 分),有些分子在碰撞时的取向不合适(2 分),因此所有碰撞不可能全有效(1 分)。

57. 答:国家标准规定的实验用水分为三级(0.5 分):

(1)一级水,基本上不含有溶解或胶态离子杂质及有机物,它可以用二级水经进一步加工处理而制得;(1.5 分)

(2)二级水,可含有微量的无机、有机或胶态杂质,可采用蒸馏、反渗透或去离子后再行蒸馏等方法制备;(1.5 分)

(3)三级水,适用于一般实验室实验工作,它可以采用蒸馏、反渗透或去离子等方法制备。(1.5 分)

58. 答:优级纯(GR),为一级品,又称保证试剂,杂质含量低(1 分);分析纯(AR),为二级品,质量略低于优级纯,杂质含量略高(1 分);化学纯(CP),为三级品,质量较分析纯差,但高于实验试剂(1.5 分);实验试剂(LR),为四级品,杂质含量更高,但比工业品纯度高(1.5 分)。

59. 答:(1)空气对试剂有影响 (1 分);

(2)光线对试剂有影响 (1 分);

(3)温度对试剂有影响 (1.5 分);

(4)湿度对试剂有影响 (1.5 分)。

60. 答:等离子体目前一般指电离度超过 0.1%被电离了的气体(2 分),这种气体不仅含有中性原子和分子(1 分),而且含有大量的电子和离子(1 分),且电子和正离子的浓度处于平衡状态,从整体来看是处于中性的(1 分)。

61. 答:有了对比状态这一概念后,才会有对比状态原理(1.5 分),从而使得普遍化压缩因子图成为可能(1.5 分),使对实际气体的研究更加方便(2 分)。

62. 答:状态是系统热力学性质的综合表现(2 分);过程是系统所发生的变化(1.5 分);途径是实现过程的具体步骤(1.5 分)。

63. 答:不对(1 分)。热力学研究大量分子的平均行为,不涉及物质的微观结构(2 分),将热力学应用于化学,也不必要知道反应的微观经历(1 分),而仅需知道物质的整体性质及其变化(1 分)。

64. 答:化学热力学是将热力学规律应用到化学中(2 分),研究化学变化(1 分)及与化学有关的物理变化(1 分)基本规律的科学(1 分)。

65. 答:自然界中不存在隔离系统(2 分)。如一个容器内物质要成为隔离系统,则该容器必须要完全绝热及绝对刚性的以保证无能量交换(2 分)。实际上,完全绝热和绝对刚性的材料现在还没有(1 分)。

66. 答:不是一回事(1 分),只有可逆绝热过程才是等熵过程(1 分)。不可逆绝热过程 $\Delta S=0$(2 分),就不是等熵过程(1 分)。

67. 答:海水是水中溶有盐,是溶液(2 分),其凝固点低于纯溶剂水的凝固点(0 ℃)(3 分)。

68. 答:共价半径是两原子间共价键长的一半(1.5 分);金属半径是彼此紧邻两金属原子核间距离的一半(1.5 分);范德华半径是两原子靠范德华引力而相互接触时核间距的一半(2 分)。

69. 答:三乙基铝是缺电子分子(1 分)。每个 Al 原子 $sp^3$ 杂化,与四个乙基配位成一个四面体(1 分)。二聚体为两个四面体共一条棱(1 分)。每一共用的乙基桥联两个 Al 原子,成为一个缺电子的三中心键(1 分)。二聚体中有两个这样的三中心桥键(1 分)。

70. 答:晶体的特征具体有以下几点:自范性(1 分);各向异性与均匀性(1 分);固定熔点(1 分);对称性(1 分);对 X 射线产生衍射效应(1 分)。

**六、综 合 题**

1. 答:(1)绘制校正曲线(如图 1)(6 分)

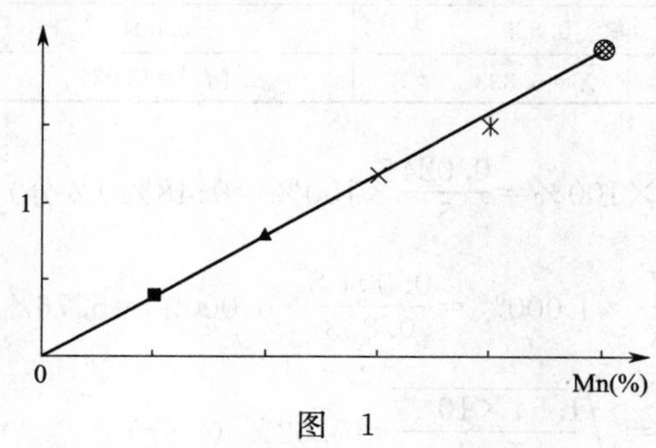


图 1

(2)从校正曲线上查得:

样品 A 含 Mn:0.36% (2 分);

样品 B 含 Mn:0.18% (2 分)。

2.解:100.0 ppm=100.0 mg/L=0.100 0 g/L (1 分)

$W_{Si}=0.100\ 0\times\frac{100}{99.99}=0.100\ 0$ g (3 分)

配制方法:准确称取 0.100 0 g 结晶硅于铂坩中(1 分),采用碱熔剂($Na_2CO_3$)(1 分),在马辐炉(950 ℃)(1 分)熔融后用热水浸取(1 分),返回稀盐酸介质中(1 分),定容后置于塑料瓶中贮存(1 分)。

3.解:根椐题意:50 mL 分析溶液中含钴量为:$W_{Co}=5.0\times50=250\ \mu g$ (4 分)

故 $V_{Co}=250\div100=2.50$ mL (4 分)

答:需加入 2.50 mL 100 ppm 钴标液 (2 分)。

4.解:(1)绘制校准曲线(如图 2)(6 分)

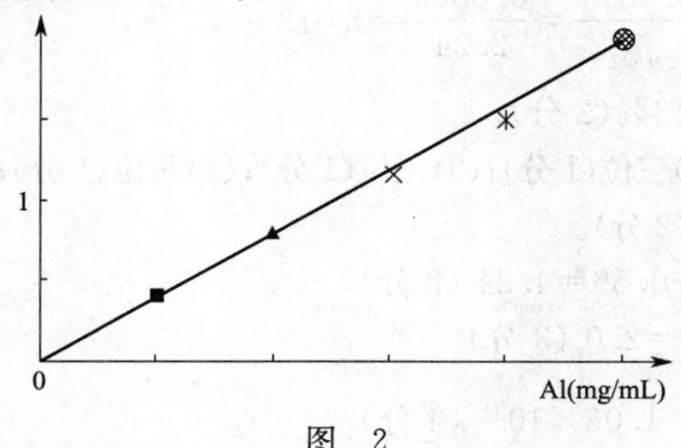


图 2

(2)从校准曲线上查得：

试样 A 含 Al:0.40 mg/mL (2 分)；

试样 B 含 Al:0.57 mg/mL (2 分)。

5.解：将给出的分析数据列表如表 1(2 分)：

表 1

| 分析次数 | $\omega_C$(%) | 偏差 $d_i=X_i-\overline{X}$ | $d_i^2$ |
|---|---|---|---|
| 1 | 0.832 | −0.001 | $1\times10^{-6}$ |
| 2 | 0.836 | +0.003 | $9\times10^{-6}$ |
| 3 | 0.841 | +0.008 | $6.4\times10^{-5}$ |
| 4 | 0.825 | −0.004 | $6.4\times10^{-5}$ |
| 5 | 0.829 | −0.004 | $1.6\times10^{-5}$ |
|  | $\overline{X}=0.833$ | $\sum\lvert d_i\rvert=0.024$ | $\sum d_i^2=1.54\times10^{-4}$ |

平均偏差：$\bar{d}=\dfrac{\sum|d_i|}{n}\times100\%=\dfrac{0.024}{5}\times100\%=0.48\%$ (2 分)

相对平均偏差：$\bar{d}_r=\dfrac{\bar{d}}{\overline{X}}\times1\ 000‰=\dfrac{0.004\ 8}{0.833}\times1\ 000‰=5.76‰$ (2 分)

标准偏差：$S=\sqrt{\dfrac{\sum d_i^2}{n-1}}=\sqrt{\dfrac{1.54\times10^{-4}}{5-1}}=0.62\%$ (2 分)

相对标准偏差即变异系数 $CV$：

$CV=\dfrac{S}{\overline{X}}\times100\%=\dfrac{0.006\ 2}{0.833}\times100\%=0.74\%$ (2 分)

答：此结果的平均偏差是 0.48%，相对偏差是 5.76‰，标准偏差是 0.62%，变异系数是 0.74%。

6.解：三次测定的平均值：$\overline{X}=\dfrac{1.82\%+1.81\%+1.84\%}{3}=1.82\%$ (3 分)

绝对误差：$E=\overline{X}-T=1.82\%-1.83\%=-0.01\%$ (3 分)

相对误差：$RE=\dfrac{E}{T}\times100\%=\dfrac{-0.01}{1.83}\times100\%=-0.55\%$ (3 分)

答：绝对误差和相对误差各为−0.01%和−0.55% (1 分)。

7.解：极差：$R=0.43\%-0.40\%=0.03\%$ (3 分)

标准偏差：$S\approx\dfrac{R}{\sqrt{n}}=\dfrac{0.03\%}{\sqrt{5}}=\dfrac{0.03\%}{2.24}=0.013\%$ (5 分)

答：其标准偏差为 0.013%(2 分)。

8.解：(1)四位(1 分)；(2)三位(1 分)；(3)三位(1 分)；(4)两位(1 分)；(5)三位(1 分)；(6)两位(1 分)；(7)一位(2 分)；(8)四位(2 分)。

9.解：(1)$1.76+1.89+0.59=4.24$ (3 分)

(2)$1.76\times1.89\times0.59=2.0$ (3 分)

(3)$\dfrac{h}{2\pi}=\dfrac{6.626\times10^{34}}{2\times3.14}=1.06\times10^{34}$ (4 分)

10.解:(1)1.24(2分);(2)1.23(2分);(3)2.05(2分);(4)0.418(2分);(5)0.024 5(2分)。

11.解:$[H^+]=0.01=10^{-2}$ mol/L(1分);$[OH^-]=\frac{10^{-14}}{[H^+]}=\frac{10^{-14}}{10^{-2}}=10^{-12}$ mol/L (4分)

$pH=-\lg[H^+]=-\lg 10^{-2}=2$ (3分)

答:$OH^-$的浓度为$10^{-12}$ mol/L,pH值为2(2分)。

12.解:由公式 $N \cdot V=\frac{W}{E}\times 1\,000$ (4分)

$N=\frac{W\times 1\,000}{E\cdot V}=\frac{0.418\,2\times 1\,000}{204.2\times 20.20}=0.101\,4$ mol/L (5分)

答:NaOH溶液的浓度为0.101 4 mol/L(1分)。

13.解:(1)每毫升$K_2Cr_2O_7$标准溶液相当于Fe的毫克当量数为:

$N_{K_2Cr_2O_7}\times 1=\frac{T}{\frac{E_{Fe}}{1\,000}}$ (1分)

在反应中$Fe^{2+}\longrightarrow Fe^{3+}$(1分),故$E_{Fe}=55.85$ g (1分)

所以:$T_{Fe/K_2Cr_2O_7}=\frac{N_{K_2Cr_2O_7}\cdot E_{Fe}}{1\,000}=\frac{0.150\,0\times 55.85}{1\,000}=0.008\,378$ g/mL (2分)

(2)同理,每毫升$K_2Cr_2O_7$标准溶液相当于Fe的毫克当量数为:

$N_{K_2Cr_2O_7}\times 1=\frac{T}{\frac{E_{FeO}}{1\,000}}$ (1分)

$E_{FeO}=\frac{M_{FeO}}{1}=\frac{71.85}{1}=71.85$ g (1分)

$T_{FeO/K_2Cr_2O_7}=\frac{N_{K_2Cr_2O_7}\cdot E_{FeO}}{1\,000}=\frac{0.150\,0\times 71.85}{1\,000}=0.010\,78$ g/mL (3分)

答:溶液对Fe、FeO的滴定度分别为0.008 378 g/mL和0.010 78 g/mL。

14.解:每升HCl溶液含纯的HCl的质量为1 000×1.19×37.23%=443.04 g (4分)

$M_{HCl}=36.45$ g/mol

$c(HCl)=\frac{443.04}{36.45\times 1}=12.15$ mol/L (5分)

答:HCl溶液的物质的量浓度为12.15 mol/L (1分)。

15.解:用$(NH_4)_2Fe(SO_4)_2$标定时六价铬变为三价 (1分)

每毫升摩尔毫克当量铬相当的克数为$\frac{Cr}{3\,000}=\frac{52}{3\,000}$ (2分)

$c((NH_4)_2Fe(SO_4)_2)=0.020\,0$ mol/L (1分),$V=20.00$ mL,$G=0.500\,0$ g

$\omega_{Cr}=\frac{c\cdot V\cdot \frac{52}{3\,000}}{C_r}\times 100\%=\frac{20.00\times 0.020\,0\times \frac{52}{3\,000}}{0.500\,0}\times 100\%=1.39\%$ (5分)

答:铬的含量为1.39% (1分)。

16. 解:$c_1(HCl)=0.500\,0$mol/L,$V=1\,000$ mL,$c(HCl)=0.120\,0$ mol/L

$c_1(\text{HCl})\cdot V_1=c(\text{HCl})\cdot V$ (4 分)，$V_1=\dfrac{V\cdot c(\text{HCl})}{c_1(\text{HCl})}=\dfrac{0.120\,0\times 1\,000}{0.500\,0}=240.00$ mL (5 分)

答:应取 $c_1(\text{HCl})=0.500\,0$ mol/L 溶液 240.00 mL (1 分)。

17. 解:$M_{H_2SO_4}=98.00$ g/mol，$c(H_2SO_4)=0.500\,0$ mol/L

$V=500$ mL，$\rho=1.84$ g/mL，$A\%=98\%$ (3 分)

$V=\dfrac{M\cdot C\cdot V}{\rho\cdot A\%\times 1\,000}=\dfrac{98.00\times 0.500\,0\times 500}{1.84\times 0.98\times 1\,000}=13.58$ (mL) (6 分)

答:应取浓 $H_2SO_4$ 13.58 mL (1 分)。

18.解:设取浓 HCl $x$ mL，用水量 $2x$ mL(2 分)，按比例浓度定义：

$x+2x=150$ (2 分)，$x=50$ mL (2 分)

配制方法为量取 100 mL 水于烧杯中(2 分)，加入浓 HCl 50 mL，混匀即可(2 分)。

19.解:$c(K_2Cr_2O_7)=\dfrac{T_{Fe/K_2Cr_2O_7}}{E_{Fe}}\times 1\,000=\dfrac{0.005\,483\times 1\,000}{55.85}=0.098\,17$ mol/L (8 分)

答:$K_2Cr_2O_7$ 溶液的物质的量浓度为 0.098 17 mol/L (2 分)。

20.解:反应式:$H_2C_2O_4+2OH^-=C_2O_4^{2-}+2H_2O$ (6 分)

$c(\text{KOH})=\dfrac{W_{H_2C_2O_4\cdot 2H_2O}}{\dfrac{M_{H_2C_2O_4\cdot 2H_2O}}{2\,000}\times V_{KOH}}=\dfrac{0.300\,0}{\dfrac{126.1}{2\,000}\times 22.58}=0.210\,7$ mol/L (3 分)

答:KOH 的摩尔浓度为 0.210 7 mol/L (1 分)。

21. 解:由公式 $N_1\cdot V_1=N_2\cdot V_2$(5 分)

$N_{NaOH}=\dfrac{N_{HCl}\cdot V_{HCl}}{1\cdot V_{NaOH}}=\dfrac{0.125\,0\times 32.14}{25.00}=0.160\,7$ mol/L(4 分)

答:NaOH 的物质的量浓度为 0.160 7 mol/L(1 分)。

22. 答:显色反应的适宜酸度应为 pH=7～10(1 分)，当 pH<6.5 时，不能形成络合物(1 分)；而当 pH>10 时，络合物的蓝色迅速消退(1 分)。铜含量较高时，宜在 pH=9.1～9.5 显色(1 分)；而铜含量较低时，在 pH=8.3～9.8 范围内显色均可(1 分)。显色温度在 10℃～25℃对反应无影响(1 分)，夏天室温过高时，加氨水后应以流水冷却，再显色(1 分)。冬天室温较低，可利用氨水中和产生的热量，立即加 BCO 溶液显色(1 分)。室温高时，显色速度快，但显色液稳定性较差(0.5 分)；室温低时，显色速度慢，但色泽较稳定(0.5 分)，因此必须根据显色温度的不同，正确掌握好读数时间(1 分)。

23. 解:$Fe_2O_3$中含有 Fe 的量为:$\dfrac{2Fe}{Fe_2O_3}=\dfrac{2\times 55.84}{159.7}$(4 分)

所以 $\omega_{Fe}=\dfrac{0.079\,8\times\dfrac{2\times 55.84}{159.7}}{0.100\,0}\times 100\%=55.81\%$(5 分)

答:样品中铁的含量为 55.81%(1 分)。

24. 解:纯净的 $SiO_2$的重量 $W_{SiO_2}=0.284\,5-0.001\,5=0.283\,0$ g(3 分)

$\omega_{SiO_2}=\dfrac{0.283\,0}{0.500\,0}\times 100\%=56.60\%$(5 分)

答:二氧化硅的含量为 56.60%(2 分)

25. 解:已知:标样含锰 0.46%,则 0.500 0 g 标样含锰量=0.500 0×0.46%(4 分)

$V$=10.80 mL

$$T_{Mn/NaNO_2\text{-}Na_3AsO_3}=\frac{0.500\ 0\times 0.46\%}{10.80}=0.000\ 213\ g/mL(5\ 分)$$

答:$NaNO_2$-$Na_3AsO_3$标准溶液对锰的滴定度为 0.000 213 g/mL(1 分)。

26. 解:已知:$G$=0.200 0 g,$V$=12.00 mL,$T_{Fe/K_2Cr_2O_7}$=0.004 500 g/mL

铁的重量为 0.004 500×12.00(4 分)

$$\omega_{Fe}=\frac{0.004\ 500\times 12.00}{0.200\ 0}\times 100\%=27.00\%(4\ 分)$$

答:试样中铁的含量为 27.00%(2 分)。

27. 解:绝对误差=2.431−2.430=0.001 g(4 分)

$$相对误差=\frac{0.001}{2.430}\times 100\%=0.041\%(4\ 分)$$

答:绝对误差是 0.001 g,相对误差 0.041%(2 分)。

28. 解:反应式:$Cr_2O_7^{2-}+6Fe_2^{+}+14H^{+}=\!=\!=2Cr^{3+}+6Fe^{3+}+7H_2O$(4 分)

$$E_{K_2Cr_2O_7}=\frac{M_{K_2Cr_2O_7}}{6}=\frac{294.18}{6}=49.03(g/moL)(2\ 分)$$

$$W=\frac{N_{K_2Cr_2O_7}\cdot V_{K_2Cr_2O_7}\cdot E_{K_2Cr_2O_7}}{100\ 0}=\frac{0.100\ 0\times 1\ 000\times 49.03}{1\ 000}=4.903(g)(3\ 分)$$

答:称取纯 $K_2Cr_2O_7$ 4.903g(1 分)。

$$29.\ 解:\omega_{Zn}=\frac{V_{HEDTA}\cdot C_{HEDTA}\cdot \frac{M_{Zn}}{1\ 000}}{G}\times 100\%(5\ 分)$$

$$即:\frac{\frac{14.20}{1\ 000}\times 0.020\ 0\times 65.38}{0.500\ 0\times\frac{25}{250}}\times 100\%=37.14\%(4\ 分)$$

答:黄铜中锌的含量为 37.14%(1 分)。

30. 解:经灼烧后得到 $Fe_2O_3$ 为 0.319 4 g;$2Fe\rightarrow Fe_2O_3$(3 分)

$$\omega_{Fe}=\frac{W_{Fe_2O_3}\times\frac{2Fe}{Fe_2O_3}}{G}\times 100\%=\frac{0.319\ 4\times\frac{111.7}{159.7}}{0.500\ 0}\times 100\%=44.68\%(6\ 分)$$

答:该铁矿石中铁含量为 44.68%(1 分)。

31. 解:0.12 mol/L HCl 与 0.10 mol/L $NaNO_2$ 等体积混合后,剩余 HCl 的浓度为 0.02/2=0.01 mol/L (1 分)

$HNO_2$的浓度为 0.05 mol/L,$cK_a=10^{-3.29}$

$[NO_2^-]=c(HNO_2)\delta(NO_2^-)=0.05\times 10^{-3.29}/(10^{-2}+10^{-3.29})=0.003$(2 分)

因为 $c(HNO_2)<20[NO_2^-]$

所以$[H^+]=[(10^{-2}-10^{-3.29})+0.05\times(10^{-2}-10^{-3.29})^2+4\times 10^{-3.29}\times 0.01)]\div 2$

=0.012 mol/L(1 分)

即 pH=1.92(1 分)

又 0.10 mol/L HCl 与 0.12 mol/L $NaNO_2$ 等体积混合后，剩余 $NaNO_2$ 的浓度为 0.01 mol/L(2 分)，$HNO_2$的浓度为 0.05 mol/L

组成缓冲溶液 $pH = pK_a + \lg(0.01/0.05)$

即 pH=2.59(3 分)

答:混合后溶液的 pH 值分别为 1.92 和 2.59。

32. 解:有关反应如下：

$MnO_4^- + 4Mn^{2+} \longrightarrow 5Mn^{3+}$ (2 分)

$Cr_2O_7^{2-} + 6Fe^{2+} \longrightarrow 2Cr^{3+} + 6Fe^{3+}$ (2 分)

$Mn^{3+} + Fe^{2+} \longrightarrow Mn^{2+} + Fe^{3+}$ (2 分)

所以 $\omega_{Mn} = 0.005\,000 \times 20.00 \times 4 \times 55/(1\,000 \times 0.800\,0) = 2.75\%$(2 分)

$\omega_{Cr} = (2/6) \times 0.0400\,0 \times (30.00 - 0.005\,000 \times 20.00 \times 5)/(1\,000 \times 0.800\,0)$
$= 0.49\%$(2 分)

答:铬和锰的质量分数分别为 0.49%和 2.75%。

33. 解:查得 $\lg K_{MgY} = 8.7$，$pH = 9.60$，$\lg\alpha_{Y(H)} = 0.75$，$[Mg^{2+}]_{ep} = 5.0$

因为 $\lg K'_{MgY} = 8.7 - 0.75 = 7.95$(5 分)

$[Mg^{2+\prime}]_{sp} = (0.01/10^{7.95})^{1/2} = 10^{-4.98}$(3 分)

所以 $\Delta pM = 5.0 - 4.98 = 0.02$(2 分)

答:$\Delta pM$ 的值为 0.02。

34. 解:已知 $c_s = 1.0 \times 10^{-3}$ mol/L，$A_s = 0.699$，$A_X = 1.00$

当以标准溶液为参比时，试液的吸光度为：

$A'_X = A_X - A_s = 1.000 - 0.699 = 0.301$(4 分)，又因 $A = -\lg T$

所以 $T_1 = 0.1 = 10\%$(2 分)，$T_2 = 0.5 = 50\%$(2 分)

答:用两种方法所测试液的 $T$ 分别为 10%和 50%(2 分)。

35. 解:对于二价相应离子，离子电极电位服从 Nernst 方程

$E = 常数 + (0.0591/2) \times \lg\alpha$(5 分)

当离子活度增加 1 倍时，电位变化的理论值是

$\Delta E = \frac{0.059\,1}{2}/(\lg 2\alpha - \lg\alpha) = 0.008\,9$ V(5 分)

答:该离子电极电位变化的理论值为 0.008 9 V。

# 化学检验工(中级工)习题

## 一、填 空 题

1. 国产 pH 试纸分为广泛 pH 试纸和(　　)pH 试纸两种。
2. 测定油品运动黏度用温度计最小分度值为(　　)℃。
3. 由一批物料中取得具有代表性的部分样品的步骤,称为试样的(　　)。
4. 制备试样一般包括四个步骤:粉碎、过筛、混匀、(　　)。
5. 为便于试样的分解,经粉碎的耐火材料应全部通过(　　)目筛孔。
6. 为便于试样的分解,经粉碎的铁合金应全部通过(　　)目筛孔。
7. 除氢氟酸、氢氧化钠、外热的(　　)也会对玻璃器皿产生明显的腐蚀。
8. 按四分法缩分得到的最后试样,在捣碎过程中,一定要(　　)通过规定的筛网。
9. 欲使试样有代表性,除了采样必须合理外,试样的(　　)也同样重要。
10. 金属或合金中磷的测定必须采用(　　)酸分解试样,以免磷生成 $PH_3$逸出。
11. 各种沾污会对分析结果造成(　　)误差。
12. 矿石试样分解一般采用(　　)。
13. 在用碳酸钠熔融试样时,加入氢氧化钠可以(　　)熔点并稍提高分解能力。
14. 指示剂正好发生颜色转变点称为滴定(　　)。
15. 当滴入的标准溶液与被测定的物质定量反应完全时,称为(　　),它一般根据指示剂的变色来确定。
16. 电光天平标尺向右边跑,说明(　　)边重。
17. 实验室用纯水的常用制备方法有(　　)和蒸馏法。
18. 在容量分析中,配制氢氧化钠标准溶液必须用煮沸过的蒸馏水,目的是为了(　　)。
19. 为了防止汞蒸汽中毒,应在实验室墙(　　)端,装排风扇。
20. 酸碱指示剂的选择原则是指示剂变色范围部分或全部落在滴定的(　　)。
21. 用纯水洗玻璃仪器时,使其既干净又节约用水的方法,是(　　)。
22. 溶液的颜色与滤光片的颜色关系为(　　)。
23. 吸光度 $A$ 与透光率 $T$ 成(　　)关系。
24. 氢是重要的能源,可做成燃料电池,氢氧燃料电池正极反应是(　　)。
25. 腐蚀性药品进入眼睛内时,应(　　),然后送医急诊。
26. 氧气钢瓶是(　　)色。
27. 氮气钢瓶是(　　)色。
28. 氢气钢瓶是(　　)色。
29. 氨气钢瓶是(　　)色。
30. 有机溶剂或化学药品起火时,应用(　　),或沙子覆盖燃烧物不可用水灭火。

31. 把已萃取溶解在有机相中的化合物，重新转化为亲水性物质而从有机相中返回到水溶液中的过程叫(　　)。

32. 试写出 1-丁烯的同分异构体(　　)。

33. 根据烃基的不同，硝基化合物可分为脂肪族硝基化合物和(　　)。

34. 苯与苯的同系物的通式可以表达为(　　)。

35. 滴定终点与等当点不一定恰好符合，由此而造成的分析误差称为(　　)。

36. 计量检定必须执行(　　)规程。

37. 计量器具底计量检定分为强制检定和(　　)两种。

38. 气体试样取样前必须用被测气体多次置换(　　)。

39. 天平、滴定管等计量仪器，使用前必须经过(　　)后才能使用。

40. 试验中误差底种类有随机误差、过失误差和(　　)。

41. 减少随机误差的方法是(　　)。

42. 抽样必须遵循的通则是随机取样和(　　)，而且要具有一定的数量。

43. 常压下采取气体试样，通常用改变(　　)位置的方法引入气体试样。

44. 采取气体试样时，常用的封闭液是氯化钠和(　　)的酸性溶液。

45. 液体物料比较均匀，对于静止液体应在(　　)采取，流动液体应在不同时间采取。

46. "物质的量"的单位是摩尔，符号是(　　)。

47. 在分析检验工作中，不准使用(　　)、无标志的或标志不清的试剂或溶液。

48. 作动火分析时，现场氧含量应在 18%～21%范围内，超过(　　)时不准动火。

49. 在硫酸铜溶液中，加入铜屑和适量的盐酸，加热反应物，用水稀释后，有(　　)沉淀生成。

50. 用一种(　　)试剂即可区别下列三种离子：$Cu^{2+}$、$Zn^{2+}$和 $Hg^{2+}$。

51. 采样的基本原则是使采得的样品具有充分的(　　)。

52. 强制性国家标准代号为(　　)。

53. 推荐性国家标准代号为(　　)。

54. 由于蒸馏水不纯引起的系统误差属于(　　)误差。

55. 测定值与(　　)之间的差值称为绝对误差。

56. 绝对误差在真值中所占的百分数称为(　　)。

57. 滴定的终点和等量点不一致时，两者之间的差值称为(　　)。

58. 分析天平是根据(　　)原理设计的一种称量用的精密仪器。

59. 滴定管可分为(　　)滴定管和碱式滴定管。

60. 弱电解质溶液的电离度与浓度有关，浓度越大电离度(　　)。

61. 酸碱指示剂本身都是有机(　　)或有机弱碱。

62. 常温下，0.01 mol/L 盐酸溶液中的氢氧根离子浓度(　　)mol/L。

63. 基准物质无水 $Na_2CO_3$ 可用来标定(　　)标准溶液。

64. 配位滴定用的 EDTA，它的化学名称是(　　)。

65. 碘量法可分为直接碘量法和(　　)碘量法。

66. 碘量法滴定要求在(　　)或弱酸性介质中进行。

67. 氧化还原滴定法是以(　　)反应为基础的滴定分析法。

68. 标定 $Na_2S_2O_3$标准溶液的基准物质是(　　)。

69. 用硝酸银标准溶液直接滴定氯离子的方法称为(　　)。

70. 在滴定分析中,选择指示剂的依据是滴定曲线的(　　)。

71. 空气中 $SO_2$的体积百分浓度为 0.02%,则体积浓度为(　　)。

72. 滴定分析用标准溶液的浓度常用物质的量浓度和(　　)来表示。

73. 气体分析时 $CO_2$用(　　)吸收剂。

74. 配位滴定时,溶液的 pH 值(　　)则 EDTA 的配位能力越强。

75. 光吸收定律适用于单色平行光及(　　)溶液。

76. 光吸收定律的表达式是:$A=$(　　)。

77. 以测定指示电极的电极电位为基础的分析方法称为(　　)。

78. 用酸度计测定溶液的 pH 值时,指示电极是玻璃电极,参比电极是(　　)电极。

79. 能斯特方程表示的是(　　)与溶液中离子浓度之间的定量关系。

80. 可见光波长范围是从 400 nm 到(　　)nm。

81. 有色化合物的摩尔吸光系数 $\varepsilon$ 越大时,测定的灵敏度(　　)。

82. 某有色溶液符合光吸收定律,它的浓度增大后,它的最大吸收波长(　　)。

83. 色谱固定相按物态大体上可分为(　　)固定相和液体固定相。

84. 气相色谱法用的流动相是(　　)。

85. 色谱检测器能把色谱柱流出的各组分及其量的变化转化成易于测量的(　　)。

86. 分析天平为精密的计量仪器,它必须具有灵敏性、变动性和(　　)性。

87. 重量分析中影响沉淀溶解度的主要因素有同离子效应、酸效应、盐效应和(　　)效应。

88. 当溶液的 pH 改变时,酸碱指示剂由于结构的改变而发生(　　)的改变。

89. 误差是测定值和真实值之间的差值,而偏差是测定值和(　　)之间的差值。

90. 系统误差包括方法误差、试剂误差、(　　)误差和操作误差。

91. 天平零点有波动造成的误差是(　　)误差。

92. 未烘干的基准物质碳酸钠用来标定盐酸溶液引起的误差是(　　)误差。

93. 络合物是由中心离子与中性分子或负离子并以(　　)键形成的化合物。

94. 摩尔吸光系数 $\varepsilon$ 是吸光物质在特定波长和溶剂下的一个(　　)常数。

95. 吸光光度法是基于物质对光的(　　)性吸收而建立的分析方法。

96. 金属指示剂 EBT 使用的 pH 值范围为(　　)。

97. XO 使用的 pH 值范围为(　　)。

98. PAN 使用的 pH 值范围为(　　)。

99. 氯化亚锡还原磷钼蓝光度法测定钢铁中磷时,用(　　)氧化。

100. 钢铁中锰的测定,均使 $Mn^{2+}$ 氧化成 $Mn^{7+}$ 后进行氧化还原滴定或比色测定,氧化锰时,酸度应小于(　　)N。

101. 在 0.1 N 氢氧化钠水溶液中滴加酚酞时,溶液呈现(　　)色。

102. 在 0.1 N 盐酸溶液中,滴加酚酞时,溶液(　　)色。

103. 利用物质受到热能或电能等的激发后所发射出的特征光谱线来进行定性或定量分析的方法称为(　　)法。

104. 有色溶液最容易吸收的色光，是与它本身颜色呈(　　)的光。

105. 重量分析按分离方法的不同，可分为四类：(1)萃取重量法；(2)气化重量法；(3)电解重量法；(4)(　　)。

106. 碘量法测定硫时，试样在高温沪中通氧燃烧，S转化成$SO_2$并被水吸收成(　　)。

107. 试样分解方法可分为溶解分解法和(　　)法。

108. 容量器皿在读数前必须有(　　)。

109. 铂器皿使用的温度不可超过(　　)℃。

110. 铂器皿高温加热时不可与(　　)接触。

111. 含六价铬的废水应将(　　)后再稀释排放。

112. 配制硫酸水溶液时，应该慢慢将硫酸倒入(　　)中。

113. 在光电直读光谱分析时，样品燃烧欠佳的原因：一般由于样品有气孔，氩气漏气，样品表面(　　)，试样在试样架上位置不正确等。

114. 控样修正的目的是(　　)。

115. 单点标准化适合于(　　)，单点标准化样品的数值最好在校准曲线的中部或上半部。

116. 二氧化钛属于(　　)氧化物。

117. $Fe(OH)_3$、$Co(OH)_3$、$Ni(OH)_3$都能与盐酸反应，其中属于中和反应的是(　　)。

118. $Cr^{3+}$、$Mn^{2+}$、$Fe^{2+}$、$Fe^{3+}$、$Co^{2+}$和$Ni^{2+}$，能在氨水溶液中形成氨合物的有(　　)。

119. 变色硅胶含有(　　)成分，干燥时呈蓝色，吸水后变粉红色。

120. 橘子汁的pH为2.8，它的$[H^+]$浓度是(　　)mol/L。

121. 在配合物$[Co(NH_3)(en)_2Cl]Cl_2$中，络离子的电荷数为(　　)。

122. 在配合物$[Co(NH_3)(en)_2Cl]Cl_2$中，中心离子的配位数为(　　)。

123. 在地壳中，元素含量最高的是(　　)，其次是Si。

124. 盛$Ba(OH)_2$溶液的瓶子，在空气中放置一段时间后，内壁蒙有一层白色薄膜，这是(　　)，若除去这层薄膜，应采用盐酸来洗涤。

125. 如果不慎将黄磷沾到皮肤上，可用(　　)溶液冲洗，利用磷的还原性来解毒。

126. 所有金属中熔点最低的金属是(　　)。

127. 稀土元素的主要氧化数是(　　)，但是某些镧系金属，如Ce、Pr，除此之外还可呈现(　　)。

128. 某碳氢化合物的经验式是$CH_2$，且其密度与氮气的密度相等，该化合物的分子式是(　　)。

129. KCN是剧毒的物质，在水中有明显的(　　)现象，所以在配制时常在水溶液中先加入适量的KOH来阻止HCN生成。

130. 在水中可以存在的最强的质子酸是(　　)，最强的质子碱$OH^-$。

131. 用(　　)的方法可分离提纯沸点很高的物质以及那些在正常沸点下容易分解或易被空气氧化的物质，因为在减压时，液体的沸点会降低。

132. 在$Na_2S_2O_3$固体中加入HCl，反应的主要产物分别是(　　)。

133. 在$HgCl_2$溶液中逐滴加入$SnCl_2$溶液，最先生成的是白色沉淀；继续加入$SnCl_2$，沉淀颜色变为(　　)。

134. 商品 NaOH 中通常含有杂质(　　),可用 $BaCl_2$ 来检验其存在。

135. 在 Be 和 Mg 的化合物中,$Be^{2+}$ 的配位数通常是 4,而 $Mg^{2+}$ 的配位数为(　　)。

136. 间接法配制标准溶液,常采用与其他标准溶液比较和(　　)两种方法来确定其准确浓度。

137. 选择指示剂的主要依据是滴定突跃范围,用 0.1mol/L NaOH 滴定邻苯二甲酸($pK_{a1}=2.95$,$pK_{a2}=5.41$)应采用(　　)作指示剂。

138. 用佛尔哈德法测定 NaI,若先加入过量 $AgNO_3$,在加入铁铵钒指示剂,会使测定结果(　　)(偏高,偏低,无影响);用此法测定 NaBr,若终点颜色过深,会使测定结果偏低。

139. 二甲酚橙常在 pH(　　)的酸性溶液中使用,若用它做滴定 $Pb^{2+}$ 的指示剂,终点时溶液的颜色将由橙红色变为亮黄色。

140. 滴定管的读数误差为 0.01 mL,若滴定时用去标准溶液 10.00 mL,相对误差为(　　)。

141. 银一氯化银电极的电极符号是(　　)。

142. 用库伦滴定法测定 $S_2O_3^{2-}$ 含量,试液中 KI 的作用是(　　)。

143. 根据极谱波的对数分析图对于可逆极谱波,对数分析曲线的斜率为(　　)。

144. 溶出伏安法包括(　　)和溶出两个过程。按照溶出时电极反应不同有阳极反向溶出伏安法和阴极反向溶出伏安法两种。

145. 荧光光谱中,荧光物质的刚性越(　　),共平面性越大有利于荧光发射。

146. 测定 pH 时,玻璃电极的球泡应全部(　　)溶液中。

147. 油类物质应(　　)采样,不允许在实验室内分样。

148. 浓硫酸接触木质器皿时,会使接触面变黑,这是由于浓硫酸具有(　　)。

149. 将 pH=11 的水溶液稀释(　　)倍,则得 pH=9 的水溶液。

150. 气温高时,氢氧化钠一氰化钾配制后,被放置(　　)天后才能使用,否则将会影响测定结果。

151. 当大气中被测组分浓度较高或者所用分析方法和灵敏时,(　　)采取少量样品就可满足分析需要。

152. pH 定义为水中氢离子活度的(　　)。

153. 如有汞液散落在地上要立即将(　　)撒在汞面上以减少汞的蒸发量。

154. 严禁在实验室内饮食和吸烟,不准用(　　)做饮食用具。

155. 大多数氧化剂遇酸能发生(　　)。

156. 有固定位置的精密仪器用毕后,除关闭电源,还应(　　),以防长期带电损伤仪器,造成触电。

157. 氰化物常用作铬合剂,滴定钙镁时作隐蔽剂,大多数氰化物是(　　),严禁入口。

158. 不准在(　　),如烧杯、三角瓶之类的容器中加热和蒸发易燃液体。

159. 衡量实验室内测定结果质量的主要指标是(　　)和准确度。

160. 我国的法定计量单位以(　　)的单位为基础,同时选用了一些非国际单位制单位所构成。

161. 电极法测定水的 pH 值是以玻璃电极为指示电极,(　　)电极为参比电极。

162. 在进行水的 pH 值测量时,甘汞电极中的饱和氯化钾液面必须(　　)待测液面。

163. 测定样品 pH 值时，先用(　　)认真冲洗电极，再用水样冲洗。

164. 测定 pH 值时，为减少空气和水样中(　　)的溶入或挥发，在测定水样之前，不应提前打开水样瓶。

165. 我国地表水环境质量标准中，一类水质的总砷不能超过(　　)mg/L。

166. 组成石油的元素主要是(　　)。

167. 发动机燃料包括(　　)。

168. 重铬酸钾的固体颜色为(　　)色。

169. 在取浓硫酸时，常常看到瓶口冒白雾，白雾不含(　　)。

170. 在油罐内规定的位置上或者是在泵送操作期间在规定的管线中取得的试样，称为(　　)。

171. 已知苯正常的沸点为 353 K，把足够量的苯封闭在一个预先抽真空的小瓶内，当加热到 373 K 时，估算瓶内压力约为(　　)。

172. 在 $N_2(g)$和 $O_2(g)$共存的体系中加入一种固体催化剂，可生成多种氮的氧化物，则体系的自由度为(　　)。

173. 蒸馏结束后，以装入试样量为 100%减去馏出液体和残留物的体积分数之和，所得之差值称为(　　)。

174. 测定汽油较多项目时，雷德蒸气压应是试样检验的第一试验，这样可以防止(　　)。

175. NaCl(s)和含有稀盐酸的 NaCl 饱和水溶液的平衡体系，其独立组分数为(　　)。

## 二、单项选择题

1. 采用 $Na_2CO_3$ 与 $K_2CO_3$ 混合起来熔解的目的在于(　　)。

(A)提高熔点　(B)降低熔点　(C)降低成本　(D)加快反应速度

2. 下面哪种物质能直接配制标准溶液(　　)。

(A)$KMnO_4$　(B)$K_2Cr_2O_7$　(C)$Na_2S_2O_3$　(D)$I_2$

3. $K_2Cr_2O_7$ 法测定 Fe 时，可使用哪种指示剂(　　)。

(A)二苯胺磺酸钠　(B)淀粉

(C)邻二氮杂菲—亚铁　(D)铬黑 T

4. 含结晶水的标准物质失去部分结晶水，用它制标准溶液计算出值比真实浓度(　　)。

(A)高　(B)低　(C)一样　(D)不一定

5. 下面哪种物质在水溶液中呈现酸性(　　)。

(A)$NH_4NO_3$　(B)NaAc　(C)$NH_4Ac$　(D)KAc

6. 光电倍增管适用的波长范围为(　　)。

(A)160～700 nm　(B)300～700 nm　(C)160～300 nm　(D)160～400 nm

7. 内标法是以测量谱线的(　　)来进行光谱定量分析的方法。

(A)绝对强度　(B)相对强度　(C)强度比　(D)强度差

8. 光电直读光谱仪用凹面光栅作为色散元件，因为它的(　　)简单，光能量损失少。

(A)检测系统　(B)光学系统　(C)放大系统　(D)计算系统

9. 根据数理统计理论，可以将真值落在平均值的一个指定的范围内，这个范围称为(　　)。

(A)置信系数 (B)置信界限 (C)置信度 (D)置信率

10. 个别测定值与测定的算术平均值之间的差值称(　　)。

(A)相对误差 (B)绝对误差 (C)相对偏差 (D)绝对偏差

11. 当用氢氟酸挥发 Si 时,应在(　　)器皿中进行。

(A)玻璃 (B)石英 (C)铂 (D)聚四氟乙烯

12. 某厂生产的固体化工产品共计 10 桶,按规定应从(　　)桶中取样。

(A)10 (B)5 (C)1 (D)2

13. 在天平盘上加 10 mg 的砝码,天平偏转 8.0 格,此天平的分度值是(　　)。

(A)0.001 25 g (B)0.8 mg (C)0.08 g (D)0.01 g

14. 一组测定结果的精密度很好,而准确度(　　)。

(A)也一定好 (B)一定不好 (C)不一定好 (D)和精密度无关

15. 用酸碱滴定法测定工业醋酸中乙酸含量,应选择(　　)作指示剂。

(A)酚酞 (B)甲基橙

(C)甲基红 (D)甲基红—次甲基蓝

16. 用双指示剂法测定混合碱,加入酚酞指示剂后溶液呈无色,说明该混合碱中只有(　　)。

(A)氢氧化钠 (B)碳酸钠

(C)碳酸氢钠 (D)氢氧化钠和碳酸钠

17. 变色范围为 pH=4.4～6.2 的指示剂是(　　)。

(A)甲基橙 (B)甲基红 (C)溴酚蓝 (D)中性红

18. 在强酸强碱滴定时,采用甲基橙作指示剂的优点是(　　)。

(A)指示剂稳定 (B)变色明显 (C)不受 $CO_2$ 影响 (D)精密度好

19. 对于 $K_a<10^{-7}$ 的弱酸,不能在水中直接滴定,但可在(　　)中直接滴定。

(A)酸性溶剂 (B)碱性溶剂 (C)两性溶剂 (D)惰性溶剂

20. 甲酸的 $K_a=1.8\times10^{-4}$,碳酸的 $K_{a1}=4.2\times10^{-7}$,甲酸的酸性(　　)碳酸的酸性。

(A)大于 (B)等于 (C)小于 (D)接近

21. 在醋酸溶液中加入醋酸钠时,氢离子浓度将会(　　)。

(A)增大 (B)不变 (C)减小 (D)无法确定

22. 某溶液,甲基橙在里面显黄色,甲基红在里面显红色,该溶液的 pH 是(　　)。

(A)<4.4 (B)>6.2 (C)4.4～6.2 (D)无法确定

23. 用 0.10 mol/L 的 HCl 滴定 0.10 mol/L 的碳酸钠至酚酞终点,碳酸钠的基本单元是(　　)。

(A)$1/3Na_2CO_3$ (B)$1/2Na_2CO_3$ (C)$Na_2CO_3$ (D)$2Na_2CO_3$

24. $KMnO_4$ 滴定需在(　　)介质中进行。

(A)硫酸 (B)盐酸 (C)磷酸 (D)硝酸

25. 淀粉是一种(　　)指示剂。

(A)自身 (B)氧化还原型 (C)专属 (D)金属

26. 氧化还原滴定中,高锰酸钾的基本单元是(　　)。

(A)$KMnO_4$ (B)$1/2KMnO_4$ (C)$1/5KMnO_4$ (D)$1/7KMnO_4$

27. 滴定 $FeCl_2$ 时应选择(　　)作标准滴定溶液。
(A)$KMnO_4$　(B)$K_2Cr_2O_7$　(C)$I_2$　(D)$Na_2S_2O_3$
28. 标定 $KMnO_4$ 时用 $H_2C_2O_4$ 作基准物,它的基本单元是(　　)$H_2C_2O_4$。
(A)1　(B)1/2　(C)1/3　(D)1/4
29. 标定 $I_2$ 标准溶液的基准物是(　　)。
(A)$As_2O_3$　(B)$K_2Cr_2O_7$　(C)$Na_2CO_3$　(D)$H_2C_2O_4$
30. 重铬酸钾法测定铁时,加入硫酸的作用主要是(　　)。
(A)降低 $Fe^{3+}$ 浓度　(B)增加酸度　(C)防止沉淀　(D)变色明显
31. EDTA 的有效浓度[$Y^+$]与酸度有关,它随着溶液 pH 值增大而(　　)。
(A)增大　(B)减小　(C)不变　(D)先增大后减小
32. 用 EDTA 测定 $SO_4^{2-}$ 时,应采取(　　)方法。
(A)直接滴定法　(B)间接滴定法　(C)返滴定　(D)连续滴定
33. 莫尔法滴定在接近终点时(　　)。
(A)要剧烈振荡　(B)不能剧烈振荡　(C)无一定要求　(D)不震荡
34. 用摩尔法测定纯碱中的氯化钠,应选择(　　)作指示剂。
(A)$K_2Cr_2O_7$　(B)$K_2CrO_4$　(C)$KNO_3$　(D)$KClO_3$
35. 用沉淀称量法测定硫酸根含量时,如果称量式是 $BaSO_4$,换算因数是(　　)。
(A)0.171 0　(B)0.411 6　(C)0.522 0　(D)0.620 1
36. 下列化合物有离子键的是(　　)。
(A)NaOH　(B)$CH_2Cl$　(C)$CH_4$　(D)CO
37. 对具有一定黏度的液体加热,则黏度(　　)。
(A)增大　(B)不变　(C)变小　(D)不一定
38. 下列物质着火时,不能用水灭火的是(　　)。
(A)苯　(B)纸张　(C)纤维板　(D)煤粉
39. 标有草绿色加白道的滤毒罐能防止(　　)气体中毒。
(A)$Cl_2$　(B)CO　(C)$SO_2$　(D)HCN
40. GB/T 19000 系列标准是(　　)。
(A)推荐性标准　(B)管理标准
(C)推荐性的管理性的国家标准　(D)强制性国家标准
41. 装 $AgNO_3$ 标准滴定溶液应使用(　　)滴定管。
(A)白色酸式　(B)白色碱式　(C)茶色酸式　(D)茶色碱式
42. 测定挥发分时要求相对误差≤±0.1%,规定称样量为 10 g,应选用(　　)。
(A)上皿天平　(B)工业天平　(C)分析天平　(D)半微量天平
43. 某厂生产化工产品共计 250 桶,按规定应至少从(　　)桶取样制备后测定。
(A)10 桶　(B)19 桶　(C)25 桶　(D)250 桶
44. 用酸碱滴定法测定工业氨水,应选(　　)作指示剂。
(A)酚酞　(B)甲基红—次甲基蓝
(C)中性红　(D)百里酚酞
45. 用双指示剂法测定混合碱时,加入酚酞指示剂后溶液呈无色,说明混合碱中不存在

(　　)。

(A)NaOH　(B)$Na_2CO_3$

(C)$NaHCO_3$　(D)NaOH 和 $Na_2CO_3$

46. 将 50 mL 浓硫酸和 100 mL 水混合的溶液浓度表示为(　　)。

(A)(1+2)$H_2SO_4$　(B)(1+3)$H_2SO_4$　(C)50% $H_2SO_4$　(D)33.3% $H_2SO_4$

47. 测定蒸馏水的 pH 值时,应选用(　　)的标准缓冲溶液。

(A)pH=3.56　(B)pH=4.01　(C)pH=6.86　(D)pH=9.18

48. pH=1.00 的 HCl 溶液和 pH=2.00 的 HCl 溶液等体积混合后,溶液的 pH=(　　)。

(A)1.26　(B)1.50　(C)1.68　(D)1.92

49. 0.1 mol/L 的 HCl 和 0.1 mol/L 的 HAc($K_a=1.8\times10^{-5}$)等体积混合后 pH=(　　)。

(A)1.0　(B)1.3　(C)1.5　(D)2.0

50. 暂时硬水煮沸后的水垢主要是(　　)。

(A)$CaCO_3$　(B)$MgCO_3$

(C)$Mg(OH)_2$　(D)$CaCO_3$ 和 $MgCO_3$

51. 非水溶剂中的碱性溶剂能使溶质的碱性(　　)。

(A)增强　(B)不变　(C)减弱　(D)有时强有时弱

52. 在非水溶剂中滴定碱时,常用的滴定剂是(　　)。

(A)$HClO_4$　(B)$HNO_3$　(C)$H_2SO_4$　(D)HCl

53. 滴定很弱有机碱时,应选用(　　)作溶剂。

(A)水　(B)乙二胺　(C)冰醋酸　(D)苯

54. 在 $H_2S$ 的饱和溶液中加入 $CuCl_2$,则溶液的 pH 值(　　)。

(A)增大　(B)不变　(C)减小　(D)无法确定

55. 氧化还原滴定中,硫代硫酸钠的基本单元是(　　)。

(A)$Na_2S_2O_3$　(B)1/2 $Na_2S_2O_3$　(C)1/3 $Na_2S_2O_3$　(D)1/4 $Na_2S_2O_3$

56. 将 4.90 g $K_2Cr_2O_7$ 溶于水定容到 500 mL,$c(1/6\ K_2Cr_2O_7)$=(　　)。

(A)0.2 mol/L　(B)0.1 mol/L　(C)0.5 mol/L　(D)0.05 mol/L

57. 作为氧化还原基准物,$As_2O_3$ 的基本单元是(　　)$As_2O_3$。

(A)1　(B)1/2　(C)1/3　(D)1/4

58. 在下列反应中,$CH_3OH$ 的当量单元是(　　):$CH_3OH+6MnO_4+8OH^+=6MnO_4^{2-}+CO_3^{2-}+6H_2O$。

(A)$CH_3OH$　(B)1/2 $CH_3OH$　(C)1/3 $CH_3OH$　(D)1/6 $CH_3OH$

59. 有机物属于烷烃的是(　　)。

(A)(苯环结构式)　(B)$CH_3Cl$　(C)$CH_4$　(D)$C_2H_2$

60. 有机物属于醇类的是(　　)。

(A)$CH_3CH_2COOH$　(B)$CH_3CH_2OH$　(C) $H-\overset{\overset{\displaystyle O}{\|}}{C}-H$　(D) $CH_3-\overset{\overset{\displaystyle O}{\|}}{C}-CH_3$

61. 弱碱滴定时所生成盐水解后，溶液的酸度是(　　)。

(A)强碱性　(B)弱碱性　(C)酸性　(D)中性

62. 盐类溶解于水中使水溶液呈碱性的是(　　)。

(A)$NaCl$　(B)$CH_3COONa$　(C)$Na_2SO_4$　(D)$NH_4NO_3$

63. 碱缓冲溶液中加入少量的酸或碱，溶液酸度的改变是(　　)。

(A)加少量碱，酸度变小　(B)加少量酸，酸度变大

(C)加少量酸或碱，酸度不变　(D)加少量碱，碱度变大

64. 一强酸性溶液通常选用的基准物质是(　　)。

(A)氢氧化物　(B)无水碳酸钠　(C)重铬酸钾　(D)醋酸钠

65. 标准溶液进行标定，浓度值通常取小数点后(　　)有效数字。

(A)二位　(B)四位　(C)五位　(D)三位

66. 采用重量分析法时，为使沉淀完全，沉淀剂用量是(　　)。

(A)等量　(B)过量　(C)少量　(D)大量

67. 根据溶液中 $Ba^{2+}$ 和 $SO_4^{2-}$ 的溶度积大小，指出在(　　)情况下，沉淀不断析出。

(A)$[Ba^{2+}][SO_4^{2-}]<K_{sp}$　(B)$[Ba^{2+}][SO_4^{2-}]=K_{sp}$

(C)$[Ba^{2+}][SO_4^{2-}]>K_{sp}$　(D)$[Ba^{2+}][SO_4^{2-}]$为某一常数

68. 下列化合物命名不正确的是(　　)。

(A)$Fe_3O_4$ 四氧化三铁　(B)$Na_2O_2$ 过氧化钠

(C)$H_3BO_3$ 硼酸　(D)$HClO_3$ 高氯酸

69. 加入下列(　　)试剂可使 $Ba(OH)_2$ 和 $Zn(OH)_2$ 分开。

(A)$CH_3COONa$　(B)$NaOH$　(C)$HCl$　(D)$Na_2SO_4$

70. 指出下列属于复分解反应的是(　　)。

(A)$Zn+2HCl = ZnCl_2+H_2\uparrow$

(B)$Cu+AgNO_3 = Cu(NO_3)_2+2Ag$

(C)$FeS+H_2SO_4$(稀)$= FeSO_4+H_2S$

(D)$2NaHCO_3 \xlongequal{\triangle} Na_2CO_3+H_2O+CO_2\uparrow$

71. 配制 pH 值为 10 左右的缓冲溶液，可选用(　　)。

(A)NaAc 和 HAc　(B)NaCl 和 HAc

(C)$NH_3$ 和 $NH_4Cl$　(D)$NH_4Ac$ 和 HAc

72. 下列叙述不正确的是(　　)。

(A)硝酸俗称“硝镪水”，是一种强氧化剂

(B)浓硫酸具有强烈的吸水性、还原性，溶于水时放出大量热

(C)氢氧化钠能吸收空气中的二氧化碳生成碳酸钠

(D)纯净的氯化钠不潮解

73. 某一反应物在某一瞬间的浓度为 2 mol/L，1 min 后其浓度为 1.8 mol/L，则这 1 min 内的化学反应速度为(　　)。

(A)1.8 mol/(L·min)　(B)0.2 mol/(L·min)

(C)2.0 mol/(L·min)　(D)0.1 mol/(L·min)

74. 下列反应属于置换反应的是(　　)。

(A)$Cu(OH)_2 \xlongequal{\triangle} CuO+H_2O$　(B)$CaO+H_2O = Ca(OH)_2$

(C)$AgNO_3+NaCl = AgCl\downarrow+NaNO_3$　(D)$Zn+2HCl = ZnCl_2+H_2\uparrow$

75. 化学平衡的条件是(　　)。

(A)在可逆反应中,正、逆反应速度相等

(B)在可逆反应中,正、逆反应速度停止

(C)在可逆反应中,反应物与生成物相等

(D)在可逆反应中,逆反应速度大于正反应速度

76. 水溶液中氢离子和氢氧根离子浓度的乘积在一定温度下总是一个常数,称为水的离子积常数,该常数是(　　)。

(A)$1\times10^{-14}$　(B)$1\times10^{-7}$　(C)$1\times10^{-12}$　(D)$1\times10^{-13}$

77. 指出下列说法正确的是(　　)。

(A)盐类都溶于水　(B)一般金属氧化物易溶于酸

(C)酸性氧化物都溶于水　(D)碱性氧化物都溶于水

78. 下列分子式中(　　)是丙酮的分子式。

(A)$CH_3CHO$　(B)$CH_3CH_2OH$　(C)$CH_3COCH_3$　(D)$CH_3COOH$

79. 在常温下为无色具有特殊刺激性气味的气体,37%～40%水溶液俗称福尔马林的是下列(　　)物质。

(A)HCHO　(B)$CH_3OH$　(C)$CH_3CHO$　(D)$CH_3COOH$

80. 指出波长在(　　)范围内的为紫色光。

(A)200～400 nm　(B)400～500 nm　(C)500～600 nm　(D)600～800 nm

81. 分光光度分析法中使用的光是(　　)。

(A)复合光　(B)单色光　(C)紫外光　(D)红外光

82. 配制盐酸溶液 $c(HCl)=0.1$ mol/L,配 500 mL,应取浓度为 1 mol/L 的盐酸溶液(　　)。

(A)25 mL　(B)40 mL　(C)50 mL　(D)20 mL

83. 配制重铬酸钾溶液 $c(1/6K_2Cr_2O_7)=0.2$ mol/L,配 500 mL,应取 $K_2Cr_2O_7$(　　)。($K_2Cr_2O_7$ 分子量:294.18)

(A)49.03 g　(B)4.903 g　(C)0.490 3 g　(D)29.42 g

84. 某一钢样,测定其中的铜含量,该含量预计范围是 0.005%～0.10%,那么分析方法最佳的是(　　)。

(A)电解重量法测铜　(B)火焰原子吸收法测铜

(C)分光光度法测铜(新亚铜灵萃取法)　(D)碘量法测铜

85. 检验 $Fe^{3+}$ 离子常用的试剂是(　　)。

(A)$NH_4SCN$　(B)NaOH　(C)HCl　(D)$Na_2CO_3$

86. 下列反应是氧化还原反应的是(　　)。

(A)三氧化二铁和盐酸的反应　(B)碘和亚硫酸的反应

(C)氢氧化铜加热的反应　(D)氢氧化钠和三氯化铁的反应

87. 下列表示氧化亚铁的是(　　)。

(A)$Fe_2O$　(B)$Fe_2O_3$　(C)$FeO_2$　(D)FeO

88. 一个电子排布为 $1s^22s^22p^63s^23p^64s^2$ 的元素最高价态是(　　)。

(A)+2　(B)+4　(C)+3　(D)+5

89. 一个元素外层电子排布为 $3s^23p^5$,该元素为(　　)。

(A)活泼的金属元素　(B)较活泼的金属元素

(C)活泼的非金属元素　(D)较活泼的非金属元素

90. 下列物质属于正丙醇的是(　　)。

(A)$CH_3CH_2OH$　(B)$CH_3CHOH\text{-}CH_3$

(C)$CH_3CH_2CH_2OH$　(D)$CH_3CH_2OHCH_2$

91. 下列物质是乙醚的是(　　)。

(A)$CH_3—O—CH_3$　(B)$CH_3CH_2OCH_2CH_3$

(C)$CH_3═CH—O—CH_2CH_3$　(D)$CH_3COOC_2H_5$

92. 用硝酸银标准溶液滴定 $Cl^-$ 离子,采用铬酸钾为指示剂,滴定时应在下列哪种溶液中进行(　　)。

(A)强酸性　(B)弱酸性　(C)中性或弱碱性　(D)强碱性

93. 某溶液 pH 值为 4,氢离子浓度为(　　)。

(A)0.000 1 mol/L　(B)0.000 4 mol/L

(C)0.4 mol/L　(D)0.004 mol/L

94. $1.0\times10^{-5}$ mol/L NaOH 溶液的 pH 值为(　　)。

(A)5.0　(B)9.0　(C)12.0　(D)14.0

95. 下列金属不能与盐酸起反应的是(　　)。

(A)Al　(B)Sn　(C)Ni　(D)Hg

96. 当一个化学反应达到平衡状态时,增加反应物的浓度,下列叙述正确的是(　　)。

(A)反应向着增加反应物浓度方向移动

(B)反应向着减少生成物浓度方向移动

(C)反应向着增加生成物浓度方向移动

(D)反应已达到平衡状态不会再改变

97. 下列各数字中,“0”是有效数字的是(　　)。

(A)2.000 5　(B)0.052 5　(C)0.04%　(D)$6.23\times10^{-2}$

98. 下列物质中,(　　)是酸。

(A)HCOOH　(B)$CH_3CH_2CH_2CH_2OH$

(C)$CH_2═CH_2—CH_3$　(D)$CH_2═CH_2$

99. 指出下列酸中,酸性最强的是(　　)。

(A)$H_3PO_4$　(B)HF　(C)$HNO_3$　(D)HAc

100. 称取试样 0.200 g,经容量法测定以下四个结果,根据有效数字处理运算原则,确定最合理的是(　　)。

(A)12.346%　(B)12.3%　(C)12.34%　(D)12.35%

101. 计算机的输出设备是(　　)。

(A)键盘 (B)显示器 (C)扫描仪 (D)光盘驱动器

102. 下面几个计量误差的定义中,国际通用定义是(　　)。

(A)含有误差的量值与其真值之差

(B)计量结果减去被计量的(约定)真值

(C)计量结果加上被计量的(约定)真值

(D)计量器具的示值与实际值之差

103. 数 0.010 10 的有效数字位数是(　　)。

(A)6 位 (B)5 位 (C)3 位 (D)4 位

104. 计量的(约定)真值减去计量结果是(　　)。

(A)计量误差 (B)修正值 (C)示值 (D)系统误差

105. 下列容积计量单位的符号中,属于我国法定计量单位符号的是(　　)。

(A)C (B)ml (C)$ft^3$ (D)L

106. 法定计量单位的长度单位符号是(　　)。

(A)mum (B)nm (C)$^0$A (D)mm

107. 国际单位制的长度单位符号是(　　)。

(A)cm (B)n mile (C)ft (D)es

108. 强制检定的计量器具是指(　　)。

(A)强制检定的计量标准

(B)强制检定的工作计量器具

(C)强制检定的计量标准和强制检定的工作计量器具

(D)强制检定的标准

109. 计量器具在检定周期内抽检不合格的(　　)。

(A)由检定单位出具检定结果通知书

(B)由检定单位出具测试结果通知书

(C)应注销原检定证书或检定合格印、证

(D)协商处理

110. 计量标准经负责考核的单位认定考核合格的,由(　　)审查后发给计量标准考核证书,并确定有效期。

(A)主持考核的政府计量行政部门 (B)本单位

(C)上级领导机关 (D)当地政府部门

111. 验电笔要经常请电工校验,它的绝缘电阻小于(　　)兆欧,禁止使用。

(A)1 (B)2 (C)3 (D)4

112. 锰铁中锰的测定,我们选择的分析方法是(　　)。

(A)火焰原子吸收法 (B)高碘酸钾氧化光度法

(C)电位滴定法 (D)亚砷酸钠—亚硝酸钠容量法

113. 下列代码为国际级标准代码的是(　　)。

(A)ANS2 (B)GB (C)ISO (D)BS

114. 采用氢氟酸分解含硅的铁合金试样,在下列(　　)器皿中进行是正确的。

(A)瓷坩锅 (B)铂金坩锅 (C)镍坩锅 (D)石英坩锅

115. 络合滴定中所选用的指示剂,有时在等当点附近没有引起颜色的变化,这种现象称为指示剂的(　　)。

(A)僵化　(B)封闭　(C)氧化变质　(D)被还原

116. 要保持溶液的 pH 值在 4～6 之间,选择下列(　　)缓冲溶液最佳。

(A)三乙醇胺及盐酸混合液　(B)六次甲基四胺与盐酸混合液

(C)醋酸—醋酸钠溶液　(D)氨—氯化铵溶液

117. 能够掩蔽铜、银和汞的掩蔽剂是(　　)。

(A)氰化物　(B)过氧化氢　(C)柠檬酸　(D)硫代硫酸钠

118. 丁二酮肟法测定钢铁中镍,通常在氨性介质中用(　　)作掩蔽剂。

(A)柠檬酸铵　(B)酒石酸　(C)草酸　(D)氟化钠

119. 下列物质中可用直接法配制标准溶液的物质有(　　)。

(A)$KMnO_4$　(B)$KBrO_3$　(C)$Na_2EDTA$　(D)NaOH

120. 铂金电极的浸洗使用的试剂应该是(　　)。

(A)稀硝酸　(B)王水

(C)盐酸与氧化剂的混合物　(D)溴水

121. 下列化合物绝不能在银器皿中熔融操作的是(　　)。

(A)碳酸盐　(B)过氧化物　(C)硫化物　(D)氢氧化物

122. 下列(　　)熔剂不可以在石英器皿中进行烘干或熔融操作。

(A)碱金属碳酸盐　(B)碳酸氢钾　(C)焦硫酸钾　(D)硫代硫酸钠

123. 光电倍增管在加上高压后千万注意不得受强光照射,否则(　　)。

(A)分析结果偏低　(B)分析结果偏高

(C)容易使光电管老化　(D)产生过大电流烧坏光电倍增管

124. 光电比色计和光电分光光度计的区别在于(　　)。

(A)光源不同　(B)单色器不同　(C)检测器不同　(D)比色池不同

125. 玻璃电极是一种对氢离子具有高度选择性的指示电极,可用于测定pH值,但不能在(　　)中使用。

(A)含有氧化剂的溶液　(B)含有还原剂的溶液

(C)含有氟离子的溶液　(D)含有氯离子的溶液

126. 光电倍增管适用的波长范围(　　)。

(A)160～700 nm　(B)300～700 nm　(C)160～300 nm　(D)200～700 nm

127. 采用下列无机酸,能使 Fe、Al、Cr 表面形成氧化膜而钝化,阻止溶解继续进行的酸是(　　)。

(A)HCl　(B)浓 $H_2SO_4$　(C)稀 $H_2SO_4$　(D)稀 $HNO_3$

128. 硫酸亚铁铵容量法测定钢中钒,在高锰酸钾氧化钒之前加入 2 mL 硫酸亚铁铵的目的是(　　)。

(A)为调整溶液中 $Fe^{2+}$ 的浓度,增强氧化能力

(B)为调整溶液中 $Fe^{2+}$ 的浓度,增强还原能力

(C)为了避免高价铬的干扰,还原高价铬为低价铬

(D)为了避免溶液中其他的干扰元素

129. 配制 $SnCl_2$ 溶液时必须加入一定量的(　　)。
(A) HAc　(B) HCl　(C) $HNO_3$　(D) $H_2SO_4$
130. 用容量法测定钢铁中铬时,采用亚铁铵盐作为标准滴定溶液是由于(　　)。
(A)亚铁铵盐反应速度快　(B)亚铁铵盐还原性强
(C)亚铁铵盐在空气中稳定　(D)亚铁铵盐很容易配制标准液
131. 变色酸光度法测定钢铁中的钛,变色酸与四价钛的适宜显色酸度为(　　)。
(A)中性　(B)弱酸性　(C)酸性　(D)碱性
132. 铂金器皿内遇有不溶于水的碱性金属氧化物时,选用(　　)试剂清除。
(A) $Na_2O_2$　(B) $KNO_3$　(C) $K_2S_2O_7$　(D) NaOH
133. 下列酸中最具有络合性质的是(　　)。
(A) HCl　(B) HAc　(C) $H_3PO_3$　(D) $HNO_3$
134. 铝与铬天青 S 形成紫红色的络合物时溶液的酸度是(　　)。
(A)中性　(B)强酸性　(C)弱酸性　(D)弱碱性
135. 铬天青 S 光度法测定钢铁中铝,参比溶液是(　　)。
(A)试剂空白　(B)褪色空白　(C)水空白　(D)平行操作空白
136. 氢火焰检测器用(　　)表示。
(A) FID　(B) ECD　(C) TCD　(D) FPD
137. 电子扑获检测器用(　　)表示。
(A) FID　(B) ECD　(C) TCD　(D) FPD
138. 火焰光度检测器用(　　)表示。
(A) FID　(B) ECD　(C) TCD　(D) FPD
139. EDTA 法测定水的钙硬度是在 pH=(　　)是缓冲溶液中进行。
(A) 7　(B) 8　(C) 10　(D) 12
140. 下列在水中酸性最大的是(　　)。
(A) HF　(B) HCl　(C) HBr　(D) HI
141. 用碳酸钠标定盐酸时,如碳酸钠未经充分干燥,则所得盐酸的物质的量浓度将会(　　)。
(A)过高　(B)过低
(C)没有影响　(D)与碳酸钠含水量成反比
142. 下列含氧酸中酸性最弱的是(　　)。
(A) $HClO_3$　(B) $HBrO_3$　(C) $H_2SeO_4$　(D) $H_6TeO_6$
143. 在水溶液中,Cu(I)的存在形态是(　　)。
(A)水合物　(B)可溶性 $Cu^+$ 盐　(C)难溶物　(D)配合物
144. 下列关于卤化银的叙述中错误的是(　　)。
(A)都具有感光性　(B)都是离子化合物
(C)溶解度随卤素原子序数增大而减小　(D)颜色由浅变深
145. 金属钛具有优越的抗腐蚀性能,原因在于(　　)。
(A)钛本身不活跃,难与氧气、水、$H^+$ 或 $OH^-$ 反应
(B)钛与杂质形成腐蚀电池时,金属钛是阴极

(C)钛本身虽然活跃，但其表面容易形成钝化膜

(D)钛酰离子 $TiO^{2+}$ 是一种缓蚀剂

146. 五氧化二钒的主要用途是做(　　)。

(A)吸附剂　(B)表面活性剂　(C)催化剂　(D)氧化剂

147. 五氧化二钒溶于盐酸产生氯气，这说明五氧化二钒是(　　)。

(A)碱性氧化剂　(B)酸性氧化剂　(C)催化剂　(D)氧化剂

148. 金属锰的氧化物中，酸性最强的是(　　)。

(A)MnO　(B)$Mn_2O_7$　(C)$Mn_2O_3$　(D)$Mn_3O_4$

149. 在碱金属中，只有(　　)可与氮气作用形成宝石红色晶体。

(A)Li　(B)Na　(C)K　(D)Rb

150. 保存 $SnCl_2$ 水溶液必须加入 Sn 粒的目的是防止 $SnCl_2$(　　)。

(A)被水解　(B)被氧化　(C)歧化　(D)被还原

151. 为干燥 $H_2S$ 气体，可用的干燥剂有(　　)。

(A)$P_2O_5$　(B)$H_2SO_4$　(C)$CaCl_2$　(D)CaO

152. 人体内缺乏(　　)元素引起肝坏死。

(A)Ca　(B)Co　(C)Se　(D)Zn

153. 人体内缺乏(　　)元素引起侏儒症。

(A)Ca　(B)Co　(C)Se　(D)Zn

154. $Ag_2Cr_2O_4$ 在 0.01 mol/L $AgNO_3$ 溶液中的溶解度与在 0.01 mol/L $K_2CrO_4$ 溶液中的溶解度相比(　　)。

(A)前者小于后者　(B)后者小于前者　(C)二者相等　(D)无法判断

155. pH=1 和 pH=3 的两种强电解质溶液等体积混合后溶液的 pH 值为(　　)。

(A)1.0　(B)1.5　(C)2.0　(D)1.3

156. 金属铜呈面心立方体结构，每一个单位晶胞中含铜原子数为(　　)。

(A)4　(B)6　(C)8　(D)12

157. 配制 $FeCl_3$ 溶液时，必须加入(　　)。

(A)足量的水　(B)盐酸　(C)碱　(D)氯气

158. 某反应物在一定条件下的平衡转化率为 50%，当加入催化剂时，若反应条件不变，此时的平衡转化率为(　　)。

(A)大于 50%　(B)等于 50%　(C)小于 50%　(D)0

159. 硼珠试验呈蓝色，表示存在(　　)。

(A)Na　(B)Mg　(C)Ni　(D)Co

160. 硼酸 $H_3BO_3$ 是(　　)。

(A)一元酸　(B)二元酸　(C)三元酸　(D)多元酸

161. 下列金属中，导电性最好的是(　　)。

(A)Ni　(B)Cr　(C)W　(D)Au

162. 下列物质在水溶液中，氧化性最强的是(　　)。

(A)HClO　(B)$HClO_3$　(C)$KClO_4$　(D)$KClO_3$

163. 下列物质中，既溶于过量 NaOH，又溶于氨水的是(　　)。

(A)$Ag_2O$　(B)$Mn(OH)_2$　(C)$Al(OH)_3$　(D)$Zn(OH)_2$

164. 下列物质中，溶于氨水但不溶于 NaOH 溶液的是(　　)。

(A)$Ag_2O$　(B)$Mn(OH)_2$　(C)$Al(OH)_3$　(D)$Zn(OH)_2$

165. 下列物质中，溶于 NaOH 但不溶于氨水的是(　　)。

(A)$Ag_2O$　(B)$Mn(OH)_2$　(C)$Al(OH)_3$　(D)$Zn(OH)_2$

166. 沸点最高的酸是(　　)。

(A)硫酸　(B)磷酸　(C)高氯酸　(D)硝酸

167. 下列储存试剂的方法中(　　)是错误的。

(A)$AgNO_3$ 密封于塑料瓶中　(B)$P_2O_5$ 存放于干燥器中

(C)$SnCl_2$ 密封于棕色玻璃瓶中　(D)$H_2SO_4$ 储存在玻璃瓶中

168. 碘几乎不溶于水，所以配制时应加入过量的某种试剂，存放于紧闭的某种试剂瓶中，这种试剂和试剂瓶颜色应该是(　　)。

(A)水　棕色　(B)KI　白色　(C)KI　棕色　(D)水　白色

169. 变色硅胶在干燥时为(　　)色。

(A)蓝　(B)粉红　(C)白　(D)黑

170. 一般常用 $Na_2CO_3$ 和 $K_2CO_3$ 混合熔剂熔样，其目的在于(　　)。

(A)提高熔点　(B)增大熔样范围　(C)降低熔点　(D)降低反应速度

171. 在实验室皮肤溅上浓碱液时，在用大量水冲洗后继而应用(　　)处理。

(A)5%硼酸　(B)5%小苏打溶液

(C)2%碳酸氢钠溶液　(D)20%盐酸

172. 为预防和急救酸类烧伤，下列(　　)做法是正确的。

(A)使用高氯酸工作时带胶皮手套　(B)使用氢氟酸时带线手套

(C)被酸类烧伤时用 2%HAc 洗涤　(D)被酸类烧伤时用 2% $NaHCO_3$ 洗涤

173. 滴定分析中，一般利用指示剂颜色的突变来判断等当点的到达，在指示剂变色时停止滴定，这一点称为(　　)。

(A)等当量　(B)滴定分析　(C)滴定　(D)滴定终点

174. "滴定度"是指(　　)。

(A)每毫升标准溶液相当的基准物质组分的质量

(B)每毫升标准溶液相当的标准物质组分的质量

(C)每毫升标准溶液相当的已知物质组分的质量

(D)每毫升标准溶液相当的待测物质组分的质量

175. 其中(　　)反应的氧化剂与还原剂的物质的量之比为 3∶2。(提示：配平氧化还原反应离子方程式)

(A)$Ce^{4+} + AsO_3^{+} + H_2O \longrightarrow Ce^{3+} + AsO_3^{3+} + H^+$

(B)$CrO_2^- + H_2O_2 + OH^- \longrightarrow CrO_4^{2-} + H_2O$

(C)$MnO_4^- + C_2O_4^{2-} + H^+ \longrightarrow Mn^{2+} + CO_2 + H_2O$

(D)$BrO_3^+ + I^- + H^+ \longrightarrow Br^- + I_2 + H_2O$

## 三、多项选择题

1. 实验室三级水可用以下(　　)办法来进行制备。

(A)蒸馏 (B)静置 (C)过滤
(D)离子交换 (E)电渗析

2. 实验室三级水可贮存于以下(　　)。
(A)密闭的专用聚乙烯容器中 (B)密闭的专用玻璃容器中
(C)密闭的金属容器中 (D)密闭的瓷容器中

3. 实验室三级水用于一般化学分析试验,可以用于储存三级水的容器有(　　)。
(A)带盖子的塑料水桶 (B)密闭的专用聚乙烯容器
(C)有机玻璃水箱 (D)密闭的专用玻璃容器

4. 实验室用水的制备方法有(　　)。
(A)蒸馏法 (B)离子交换法 (C)电渗析法 (D)电解法

5. 实验室用水是将源水采用(　　)等方法,去除可溶性、不溶性盐类以及有机物、胶体等杂质,达到一定纯度标准的水。
(A)蒸馏 (B)离子交换 (C)电渗析 (D)过滤

6. 实验室制备纯水的方法很多,通常多用(　　)。
(A)蒸馏法 (B)离子交换法 (C)亚沸蒸馏法 (D)电渗析法

7. 实验室中皮肤上浓碱时立即用大量水冲洗,然后用(　　)处理。
(A)5%硼酸溶液 (B)5%小苏打溶液
(C)2%乙酸溶液 (D)0.01%高锰酸钾溶液

8. 使用下列(　　)试剂时必须在通风橱中进行,如不注意都可能引起中毒。
(A)浓硝酸 (B)浓盐酸 (C)浓高氯酸
(D)浓氨水 (E)稀硫酸

9. 使用乙炔钢瓶气体时,管路接头不可以用的是(　　)。
(A)铜接头 (B)锌铜合金接头 (C)不锈钢接头 (D)银铜合金接头

10. 洗涤下列仪器时,不能使用去污粉洗刷的是(　　)。
(A)移液管 (B)锥形瓶 (C)容量瓶 (D)滴定管

11. 洗涤下列仪器时,不能用去污粉洗刷的是(　　)。
(A)烧杯 (B)滴定管 (C)比色皿 (D)漏斗

12. 下列(　　)组容器可以直接加热。
(A)容量瓶、量筒、三角瓶 (B)烧杯、硬质锥形瓶、试管
(C)蒸馏瓶、烧杯、平底烧瓶 (D)量筒、广口瓶、比色管

13. 下列玻璃仪器中,可以用洗涤剂直接刷洗的是(　　)。
(A)容量瓶 (B)烧杯 (C)锥形瓶 (D)酸式滴定管

14. 下列陈述正确的是(　　)。
(A)国家规定的实验室用水分为三级
(B)各级分析用水均应使用密闭的专用聚乙烯容器
(C)三级水可使用密闭的专用玻璃容器
(D)一级水不可贮存,使用前制备

15. 下列各种装置中,能用于制备实验室用水的是(　　)。
(A)回馏装置 (B)蒸馏装置 (C)离子交换装置 (D)电渗析装置

16. 下列关于瓷器皿的说法中,正确的是(　　)。
(A)瓷器皿可用作称量分析中的称量器皿
(B)可以用氢氟酸在瓷皿中分解处理样品
(C)瓷器皿不适合熔融分解碱金属的碳酸盐
(D)瓷器皿耐高温
17. 下列关于气体钢瓶的使用正确的是(　　)。
(A)使用钢瓶中气体时,必须使用减压器　(B)减压器可以混用
(C)开启时只要不对准自己即可　(D)钢瓶应放在阴凉、通风的地方
18. 下列可以直接加热的常用玻璃仪器为(　　)。
(A)烧杯　(B)容量瓶　(C)锥形瓶　(D)量筒
19. 下列(　　)规格电炉是常规的电炉的是(　　)。
(A)500 W　(B)700 W　(C)1 000 W　(D)2 000 W
20. 下列情况下,导致试剂质量增加是(　　)。
(A)盛浓硫酸的瓶口敞开　(B)盛浓盐酸的瓶口敞开
(C)盛固体苛性钠的瓶口敞开　(D)盛胆矾的瓶口敞开
21. 下列溶液中,需储放于棕色细口瓶的标准滴定溶液有(　　)。
(A)$AgNO_3$　(B)$Na_2S_2O_3$　(C)NaOH　(D)EDTA
22. 下列物质中,不能用标准强碱溶液直接滴定的是(　　)。
(A)盐酸苯胺 $C_6H_5NH_2 \cdot HCL$($C_6H_5NH_2$ 的 $K_b=4.6\times10^{-10}$)
(B)邻苯二甲酸氢钾(邻苯二甲酸的 $K_a=2.9\times10^{-6}$)
(C)$(NH_4)_2SO_4$($NH_3 \cdot H_2O$ 的 $K_b=1.8\times10^{-5}$)
(D)苯酚($K_a=1.1\times10^{-10}$)
23. 下列物质着火,不宜采用泡沫灭火器灭火的是(　　)。
(A)可燃性金属着火　(B)可燃性化学试剂着火
(C)木材着火　(D)带电设备着火
24. 三级水储存于(　　)。
(A)不可储存,使用前制备　(B)密闭的、专用聚乙烯容器
(C)密闭的、专用玻璃容器　(D)普通容器即可
25. 下列氧化物有剧毒的是(　　)。
(A)$Al_2O_3$　(B)$As_2O_3$　(C)$SiO_2$　(D)硫酸二甲酯
26. 下列有关毒物特性的描述正确的是(　　)。
(A)越易溶于水的毒物其危害性也就越大
(B)毒物颗粒越小、危害性越大
(C)挥发性越小、危害性越大
(D)沸点越低、危害性越大
27. 下列有关高压气瓶的操作正确的选项是(　　)。
(A)气阀打不开用铁器敲击　(B)使用已过检定有效期的气瓶
(C)冬天气阀冻结时,用火烘烤　(D)定期检查气瓶、压力表、安全阀
28. 下列有关用电操作正确的是(　　)。

(A)人体直接接触及电器设备带电体
(B)用湿手接触电源
(C)在使用电气设备时经检查无误后开始操作
(D)电器设备安装良好的外壳接地线

29. 下面有关废渣的处理正确的是(　　)。
(A)毒性小稳定,难溶的废渣可深埋地下　(B)汞盐沉淀残渣可用焙烧法回收汞
(C)有机物废渣可倒掉　(D)AgCl 废渣可送国家回收银部门

30. 需贮于棕色磨口塞试剂瓶中的标准溶液为(　　)。
(A)$I_2$　(B)$Na_2S_2O_3$　(C)HCl　(D)$AgNO_3$

31. 严禁用沙土灭火的物质有(　　)。
(A)苦味酸　(B)硫磺　(C)雷汞　(D)乙醇

32. 一般化学分析实验使用的纯水制备采用(　　)。
(A)电渗析法　(B)蒸馏法　(C)多次蒸馏　(D)离子交换法

33. 仪器、电器着火时不能使用的灭火剂为(　　)。
(A)泡沫　(B)干粉　(C)沙土　(D)清水

34. 以下关于高压气瓶使用、储存管理叙述正确的是(　　)。
(A)充装可燃气体的气瓶,注意防止产生静电
(B)冬天高压瓶阀冻结,可用蒸汽加热解冻
(C)空瓶、满瓶混放时,应定期检查,防止泄漏、腐蚀
(D)储存气瓶应旋紧瓶帽,放置整齐,留有通道,妥善固定

35. 以下操作必须在通风橱中进行的是(　　)。
(A)稀释浓硝酸　(B)稀释浓氢氧化钠　(C)配制 $NO_2$ 气体
(D)配制 $H_2S$ 气体　(E)使用砷化物　(F)蒸发乙醇

36. 易燃烧液体加热时必须在(　　)中进行。
(A)水浴　(B)砂浴　(C)煤气灯　(D)电炉

37. 有关铂皿使用操作正确的是(　　)。
(A)铂皿必须保持清洁光亮,以免有害物质继续与铂作用
(B)灼烧时,铂皿不能与其他金属接触
(C)铂皿可以直接放置于马弗炉中灼烧
(D)灼热的铂皿不能用不锈钢坩锅钳夹取

38. 有害气体在车间大量逸散时,分析员正确的做法是(　　)。
(A)呆在车间里不出去　(B)用湿毛巾捂住口鼻顺风向跑出车间
(C)用湿毛巾捂住口鼻逆风向跑出车间　(D)带防毒面具跑出车间

39. 在采毒性气体时应注意的是(　　)。
(A)采样必须执行双人同行制　(B)应戴好防毒面具
(C)采样应站在上风口　(D)分析完毕球胆随意放置

40. 在实验室中,皮肤溅上浓碱液时,在用大量水冲洗后应再用(　　)处理。
(A)5%硼酸　(B)5%小苏打　(C)2%醋酸　(D)2%硝酸

41. 在实验中,遇到事故采取正确的措施是(　　)。

(A)不小心把药品溅到皮肤或眼内,应立即用大量清水冲洗

(B)若不慎吸入溴氯等有毒气体或刺激的气体,可吸入少量的酒精和乙醚的混合蒸汽来解毒

(C)割伤应立即用清水冲洗

(D)在实验中,衣服着火时,应就地躺下、奔跑或用湿衣服在身上抽打灭火

42. 在试剂选取时,以下操作正确的是(　　)。

(A)取用试剂时应注意保持清洁

(B)固体试剂可直接用手拿

(C)量取准确的溶液可用量筒

(D)再分析工作中,所选用试剂的浓度及用量都要适当

43. $Cl^-$、$Br^-$、$I^-$ 等离子都可在 $HNO_3$ 介质中与 $AgNO_3$ 起反应生成沉淀,但(　　)在加氨水后不溶解而与其他离子分离。

(A)AgCl　　(B)AgBr　　(C)AgI　　(D)$Ag_2SO_4$

44. $Na_2S_2O_3$ 溶液不稳定的原因是(　　)。

(A)诱导作用　　(B)还原性杂质的作用

(C)$H_2CO_3$ 的作用　　(D)空气的氧化作用

45. $Pb^{2+}$、$Bi^{2+}$、$Cu^{2+}$、$Cd^{2+}$ 属于同一组离子,在一定的条件下都能与 $S^{2-}$ 生成硫化物沉淀,在氨性溶液中,(　　)能与氨水生成络合离子而与其他离子分离。

(A)$Cu^{2+}$　　(B)$Pb^{2+}$　　(C)$Bi^{2+}$　　(D)$Cd^{2+}$

46. 根据酸碱质子理论,(　　)是酸。

(A)$NH_4^+$　　(B)$NH_3$　　(C)HAc

(D)HCOOH　　(E)$Ac^-$

47. 化学键有三大类,它们是(　　)。

(A)配位键　　(B)共价键　　(C)离子键　　(D)金属键

48. 利用酸和锌反应制取氢气时,一般选用的酸是(　　)。

(A)稀盐酸　　(B)浓硫酸　　(C)稀硫酸　　(D)浓硝酸

49. 下列离子能与硫酸根离子产生沉淀的是(　　)。

(A)$Hg^{2+}$　　(B)$Fe^{3+}$　　(C)$Ba^{2+}$　　(D)$Sr^{2+}$

50. 下列物质能自燃的有(　　)。

(A)黄磷　　(B)氢化钠　　(C)锂　　(D)硝化棉

51. 下列物质遇水可燃的有(　　)。

(A)钠　　(B)赤磷　　(C)电石　　(D)萘

52. 在 0.2 mol/L HCl 溶液中通入 $H_2S$,能生成硫化物沉淀的是(　　)。

(A)$Ca^{2+}$　　(B)$Ag^+$　　(C)$Na^+$　　(D)$Cu^{2+}$

53. 在 0.3 mol/L 的 HCL 溶液中,$S^{2+}$ 能与下列(　　)生成黑色沉淀。

(A)$K^+$　　(B)$Ag^+$　　(C)$Hg^{2+}$　　(D)$Pb^{2+}$

54. 在 1 273 K 和 98.658 6 kPa 压力下,硫蒸气的密度为 0.597 7 $kg/m^3$,硫蒸气的相对分子质量不正确的是(　　)。

(A)64　　(B)32　　(C)128　　(D)54

55. 在过量 NaOH 中不以沉淀形式存在的是（　　）。

(A)$Al^{3+}$　　(B)$Zn^{2+}$　　(C)$Hg^{2+}$　　(D)$Na^{+}$

56. 在酸性溶液，以下离子不能共存的是（　　）。

(A)$Fe^{2+}$、$Na^{+}$、$SO_4^{2-}$、$Ac^{-}$

(B)$Na^{+}$、$Zn^{2+}$、$K^{+}$、$SO_4^{2-}$、$Cl^{-}$

(C)$K^{+}$、$I^{-}$、$SO_4^{2-}$、$MnO_4^{-}$

(D)$K^{+}$、$Na^{+}$、$S^{2-}$、$Cr_2O_7^{2-}$、$SO_4^{2-}$

57. 已知 $K_{sp}(CaF_2)=2.7\times10^{-11}$，若不考虑 $F^{-}$ 的水解，则 $CaF_2$ 在纯水中溶解度为（　　）。

(A)$1.9\times10^{-4}$　　(B)$2.3\times10^{-4}$　　(C)$5.2\times10^{-3}$　　(D)$7.3\times10^{-5}$

58. 下列物质中，既是质子酸，又是质子碱的是（　　）。

(A)$NH_4^{+}$　　(B)$HS^{-}$　　(C)$PO_4^{3-}$　　(D)$HCO_3^{2-}$

59. 在酸碱质子理论中，可作为酸的物质是（　　）。

(A)$NH_4^{+}$　　(B)HCl　　(C)$H_2SO_4^{-}$　　(D)$OH^{-}$

60.（　　）能与氢氧化钠水溶液反应。

(A)乙醇　　(B)环烷酸　　(C)脂肪酸　　(D)苯酚

61. 将有机卤素转变为无机卤素的方法有（　　）。

(A)氧瓶燃烧法　　(B)碱性还原法　　(C)碱性氧化法

(D)直接回流法　　(E)开环法

62. 同温同压下，理想稀薄溶液引起的蒸汽压的降低值与（　　）有关。

(A)溶质的性质　　(B)溶剂的性质　　(C)溶质的数量　　(D)溶剂的温度

63. 稀溶液的依数性是指在溶剂中加入溶质后，会（　　）。

(A)使溶剂的蒸气压降低　　(B)使溶液的凝固点降低

(C)使溶液的沸点升高　　(D)出现渗透压

64. 当挥发性溶剂中加入非挥发性溶质时就能使溶剂的（　　）。

(A)蒸汽压降低　　(B)沸点升高

(C)凝固点升高　　(D)蒸汽压升高

65. 对于难挥发的非电解质稀溶液，以下说法正确的是（　　）。

(A)稀溶液的蒸气压比纯溶剂的高　　(B)稀溶液的沸点比纯溶剂的低

(C)稀溶液的蒸气压比纯溶剂的低　　(D)稀溶液的沸点比纯溶剂的高

66. 对于稀溶液引起的沸点上升，理解正确的是（　　）。

(A)稀溶液是指含有少量非挥发性溶质的溶液

(B)稀溶液的沸点比纯溶剂的沸点高

(C)稀溶液的沸点升高值与溶液中溶质的质量摩尔浓度成正比

(D)稀溶液的沸点比纯溶剂的沸点低

67. 对于稀溶液引起的凝固点下降，理解正确的是（　　）。

(A)从稀溶液中析出的是纯溶剂的固体

(B)只适用于含有非挥发性溶质的稀溶液

(C)凝固点的下降值与溶质的摩尔分数成正比

(D)稀溶液的沸点比纯溶剂的沸点低

68. 根据分散粒子的大小,分散体系可分为(　　)。

(A)分子分散体系　(B)胶体分散体系

(C)乳状分散体系　(D)粗分散体系

69. 氯化钠溶液越稀,则其溶液的蒸气压下降(　　)。

(A)越多　(B)越少　(C)不变　(D)没有规律

70. 凝固点下降的计算式正确的是(　　)。

(A)$K_f \cdot b_B$　(B)$K_f \cdot x_B$　(C)$Tf^* - Tf$　(D)$Tf - Tf^*$

71. 下列关于稀溶液的依数性描述正确的是(　　)。

(A)沸点升高

(B)沸点降低

(C)只适用于非挥发性,非电解度稀溶液

(D)既适用非挥发性,又适用于挥发性的物质

72. 已知水的溶剂的摩尔沸点上升常数为 0.515 K·kg/mol,该氯化钠溶液的质量摩尔浓度为 0.50,该溶液的沸点大约为(　　)。

(A)100.26 ℃　(B)99.74 ℃　(C)100.10 ℃　(D)99.90 ℃

73. 以下属于胶体分散系的是(　　)。

(A)蛋白质溶液　(B)氢氧化铁溶胶　(C)牛奶　(D)生理盐水

74. 有关拉乌尔定律下列叙述正确的是(　　)。

(A)拉乌尔定律是溶液的基本定律之一

(B)拉乌尔定律只适用于稀溶液,且溶质是非挥发性物质

(C)拉乌尔定律的表达式为 $p_A = p_A^* \cdot p_A$

(D)对于理想溶液,在所有浓度范围内,均符合拉乌尔定律

75. 作为理想溶液应符合的条件是(　　)。

(A)各组分在量上无论按什么比例均能彼此互溶

(B)形成溶液时无热效应

(C)溶液的容积是各组分单独存在时容积的总和

(D)在任何组成时,各组分的蒸气压与液相中组成的关系都能符合拉乌尔定律

76. 温度对反应速度的影响主要原因是(　　),因而加大了反应的速度。

(A)使分子的运动加快,这样单位时间内反应物分子间的碰撞次数增加,反应相应地加快

(B)在浓度一定时升高温度,反应物的分子的能量增加

(C)一部分原来能量较低的分子变成了活化分子,从而增加了反应物分子中活化分子的百分数

(D)分子有效碰撞次数增多

77. 下列关于基元反应的表述错误的是(　　)。

(A)在化学动力学中,质量作用定律只适用基元反应

(B)从微观上看,在化学反应过程中包含着多个基元反应

(C)基元反应的分子数是个微观的概念,其值可正,可负,还可能为零

(D)在指定条件下,任何一个基元反应的反应分子数与反应级数之间的关系都是反应级

数小于反应分子数

78. 下列关于一级反应说法正确是(　　)。

(A)一级反应的速度与反应物浓度的一次方成正比反应

(B)一级速度方程为$-dc/dt=kc$

(C)一级速度常数量纲与所反应物的浓度单位无关

(D)一级反应的半衰期与反应物的起始浓度有关

79. 有关单相催化反应理解正确的是(　　)。

(A)单相催化反应是指反应体系处在一个相态的催化反应

(B)单相催化反应分为两种:气相催化反应和液相催化反应

(C)单相催化反应的特点是催化剂与反应物能均匀地接触,具有高的活性和较好的选择性等优点

(D)单相催化反应的缺点是催化剂的回收比较困难,不利于连续操作等

80. 在二级反应中,对反应速度产生影响的因素是(　　)。

(A)温度、浓度　　(B)压强、催化剂

(C)相界面、反应物特性　　(D)分子扩散、吸附

81. 用相关电对的电位可判断氧化还原反应的一些情况,它可以判断(　　)。

(A)氧化还原反应的方向　　(B)氧化还原反应进行的程度

(C)氧化还原反应突跃的大小　　(D)氧化还原反应的速度

82. 影响氧化还原反应速率的因素有(　　)。

(A)氧化剂和还原剂的性质　　(B)反应物浓度

(C)催化剂　　(D)温度

83. 根据电极电位数据,指出下列说法正确的是(　)。

已知:标准电极电位 $E(F_2/2F^-)=2.87\ V$,$E(Cl_2/Cl^-)=1.36\ V$,$E(Br_2/2Br^-)=1.07\ V$,$E(I_2/2I^-)=0.54\ V$,$E(Fe^{3+}/Fe^{2+})=0.77\ V$。

(A)卤离子中只有 $I^-$ 能被 $Fe^{3+}$ 氧化　　(B)卤离子中只有 $Br^-$ 和 $I^-$ 能被 $Fe^{3+}$ 氧化

(C)在卤离子中除 $F^-$ 外,都被 $Fe^{3+}$ 氧化　　(D)全部卤离子都被 $Fe^{3+}$ 氧化

(E)在卤素中除 $I_2$ 之外,都能被 $Fe^{2+}$ 还原

84. 关于影响氧化还原反应速率的因素,下列说法正确的是(　)。

(A)不同性质的氧化剂反应速率可能相差很大

(B)一般情况下,增加反应物的浓度就能加快反应速度

(C)所有的氧化还原反应都可通过加热的方法来加快反应速率

(D)催化剂的使用是提高反应速率的有效方法

85. 下列对氧化还原反应的反应速率的说法错误的有(　　)

(A)氧化还原反应的平衡常数越大,反应的速率越大

(B)一般说来,增加反应物的浓度能提高反应的速率

(C)$K_2Cr_2O_7$ 和 KI 的反应可以通过加热的方法来提高反应速率

(D)在氧化还原反应中,加入催化剂能提高反应的速率

(E)自动催化反应的反应速率开始的时候较快,经历了一个最高点后,反应速率就越来越慢

86. 下列说法错误的是(　　)。

(A)电对的电位越低,其氧化形的氧化能力越强

(B)电对的电位越高,其氧化形的氧化能力越强

(C)电对的电位越高,其还原形的还原能力越强

(D)氧化剂可以氧化电位比它高的还原剂

87. 已知 25 ℃,$E(Ag^+/Ag)=0.799$ V,AgCl 的 $K_{sp}=1.8\times10^{-10}$,当$[Cl^-]=1.0$ mol/L,该电极电位值(　　)V。

(A)0.799　　(B)0.200　　(C)0.675　　(D)0.858

88. 影响电极电位的因素有(　　)。

(A)参加电极反应的离子浓度　　(B)溶液温度

(C)转移的电子数　　(D)大气压

89. 影响氧化还原反应方向的因素有(　　)。

(A)氧化剂和还原剂的浓度影响　　(B)生成沉淀的影响

(C)溶液酸度的影响　　(D)溶液温度的影响

90. 影响氧化还原反应方向的因素有(　　)。

(A)电对的电极电位　　(B)氧化剂和还原剂的浓度

(C)溶液的酸度　　(D)生成沉淀或配合物

91. 影响氧化还原反应速率的因素有(　　)。

(A)反应物浓度　　(B)反应温度　　(C)催化剂　　(D)诱导剂

92. 在酸性溶液中 $KBrO_3$ 与过量的 KI 反应,达到平衡时溶液中的(　　)。

(A)两电对 $BrO_3^-/Br^-$ 与 $I_2/2I^-$ 的电位相等

(B)反应产物 $I_2$ 与 KBr 的物质的量相等

(C)溶液中已无 $BrO_3^-$ 离子存在

(D)反应中消耗的 $KBrO_3$ 的物质的量与产物 $I_2$ 的物质的量之比为 1∶3

93. 对物理吸附,下列描述正确的是(　　)。

(A)吸附力为范德华力,一般不具有选择性

(B)吸附层可以是单分子层或多分子层

(C)吸附热较小

(D)吸附速度较低

94. 活性炭是一种常用的吸附剂,它的吸附不是由(　　)引起。

(A)氢键　　(B)范德华力　　(C)极性键　　(D)配位键

95. 物理吸附和化学吸附的区别有(　　)。

(A)物理吸附是由于范德华力的作用,而化学吸附是由于化学键的作用

(B)物理吸附的吸附热较小,而化学吸附的吸附热较大

(C)物理吸附没有选择性,而化学吸附有选择性

(D)高温时易于形成物理吸附,而低温时易于形成化学吸附

96. 下列表述正确的是(　　)。

(A)越是易于液化的气体越容易被固体表面吸附

(B)物理吸附与化学吸附均无选择性

(C)任何固体都可以吸附任何气体

(D)化学吸附热很大，与化学反应热差不多同一数量级

97. 下列关于吸附作用的说法正确的是(　　)。

(A)发生化学吸附的作用力是化学键力

(B)产生物理吸附的作用力是范德华力

(C)化学吸附和物理吸附都具有明显的选择性

(D)一般情况下，一个自发的化学吸附过程，应该是放热过程

98. 下面对物理吸附和化学吸附描述正确的是(　　)。

(A)一般来说物理吸附比较容易解吸　(B)物理吸附和化学吸附不能同时存在

(C)靠化学键力产生的吸附称为化学吸附　(D)物理吸附和化学吸附能同时存在

99. 有关固体表面的吸附作用，下列理解正确的是(　　)。

(A)具有吸附作用的物质叫吸附剂

(B)被吸附剂吸附的物质叫吸附物

(C)固体表面的吸附作用与其表面性质密切相关

(D)衡量吸附作用的强弱，通常用吸附量 $T$ 来表示

100. 在液体液面边界线上，表面张力方向是(　　)。

(A)垂直边界线指向液体内部

(B)垂直边界线指向液体外部

(C)与边界线相切指向液体内部

(D)与边界线相切指向液体外部

101. 下列体系中组分数为 2 的有(　　)。

(A)糖水　(B)氯化钠溶液

(C)水—乙醇—琥珀晶　(D)纯水

102. 萃取效率与(　　)有关。

(A)分配比　(B)分配系数　(C)萃取次数　(D)浓度

103. 将苯、三氯甲烷、乙醇、丙酮混装于同一种容器中，则该液体中可能存在的相数是(　　)。

(A)1 相　(B)2 相　(C)3 相　(D)4 相

104. 下面关于分配定律的叙述正确的是(　　)。

(A)在定温、定压下，若一个物质溶解在两个同时存在的互不相溶的液体里，达到平衡后，该物质在两相中浓度之比等于常数

(B)如果溶质在任一溶剂中有缔合或离解现象，则分配定律只能适用于在溶剂中分子形态相同的部分

(C)分配定律是化学工业中萃取方法的理论基础

(D)由分配定律可知，当萃取剂数量有限时，分若干次萃取的效率要比一次萃取的高

105. 影响分配系数的因素有(　　)。

(A)温度　(B)压力　(C)溶质的性质　(D)溶剂的性质

106. 在温度稳定的情况下，计算相律的数学表达式是(　　)。

(A)$f=K-\Phi+2$　(B)$f=K-\Phi+1$　(C)$f=K-\Phi$　(D)$f=K-\Phi-1$

107. 下列(    )是 SI 基本单位的名称。
(A)米 (B)克 (C)摩尔 (D)秒
108. 下列(    )单位名称属于 SI 国际单位制的基本单位名称。
(A)摩尔 (B)克 (C)厘米 (D)秒
109. 下列(    )单位名称属于 SI 国际单位制的基本单位名称。
(A)摩尔 (B)千克(公斤) (C)厘米
(D)升 (E)秒 (F)摄氏温度
110. 基准物质应具备的条件是(    )。
(A)稳定 (B)有足够的纯度
(C)具有较大的摩尔质量 (D)物质的组成与化学式相符
111. 基准物质应具备的条件是(    )。
(A)化学性质稳定 (B)必须有足够的纯度
(C)最好具有较小的摩尔质量 (D)物质的组成与化学式相符合
112. 基准物质应具备的条件是(    )。
(A)具有很高的纯度 (B)具有稳定的化学性质
(C)具有与分子式相同的结构 (D)具有较大的分子量
113. 基准物质应具备的条件是(    )。
(A)稳定 (B)必须具有足够的纯度
(C)易溶解 (D)最好具有较大的摩尔质量
114. 计量器具的标识有(    )。
(A)有计量检定合格印、证
(B)有中文计量器具名称、生产厂厂名和厂址
(C)明显部位有“CMC”标志和《制造计量器具许可证》编号
(D)有明示采用的标准或计量检定规程
115. 计量研究的内容是(    )。
(A)量和单位 (B)计量器具 (C)法规 (D)测量误差等
116. 刻度吸量管的规格有(    )。
(A)A 级 (B)A2 级 (C)B 级 (D)B2 级
117. 吸管为(    )量器,外壁应标(    )字样。
(A)量出式 (B)量入式 (C)In (D)EX
118. 下列器皿中,需要在使用前用待装溶液润洗三次的是(    )。
(A)锥形瓶 (B)滴定管 (C)容量瓶 (D)移液管
119. 在以 $CaCO_3$ 为基准物质标定 EDTA 溶液时,下列仪器需用操作溶液淋洗三次的是(    )。
(A)滴定管 (B)容量瓶 (C)移液管
(D)锥形瓶 (E)量筒
120. 在用基准氧化锌标定 EDTA 溶液时,下列仪器需用操作溶液冲洗三遍的是(    )。
(A)滴定管 (B)容量瓶 (C)锥形瓶 (D)吸管
121. 在实验中要准确量取 20.00 mL 溶液,可以使用的仪器有(    )。

(A)量筒 (B)滴定管 (C)胶帽滴管
(D)吸管(移液管) (E)量杯

122. 玻璃、瓷器可用于处理( )。
(A)盐酸 (B)硝酸 (C)氢氟酸 (D)熔融氢氧化钠

123. 进行有关氢氟酸的分析,应在下列( )容器中进行。
(A)玻璃容器 (B)石英容器 (C)铂制器皿
(D)塑料器皿 (E)瓷器皿

124. 关于正确使用瓷坩埚的方法是( )。
(A)耐热温度 900 ℃左右 (B)不能用强碱性物质作熔剂熔融
(C)不能与氢氟酸接触 (D)用稀盐酸煮沸清洗

125. 下列关于瓷器皿的说法中,正确的是( )。
(A)瓷器皿可用作称量分析中的称量器皿
(B)可以用氢氟酸在瓷皿中分解处理样品
(C)瓷器皿不适合熔融分解碱金属的碳酸盐
(D)瓷器皿耐高温

126. 下列关于银器皿使用时正确的方法是( )。
(A)不许使用碱性硫化试剂,因为硫可以和银发生反应
(B)银的熔点 960 ℃,不能在火上直接加热
(C)不受 KOH(NaOH)的侵蚀,在熔融此类物质时仅在接近空气的边缘处略有腐蚀
(D)熔融状态的铝、锌等金属盐都能使银坩埚变脆,不可用于熔融硼砂

127. 易燃烧液体加热时必须在( )中进行。
(A)水浴 (B)砂浴 (C)煤气灯 (D)电炉

128. 下列仪器中可以放在电炉上直接加热的是( )。
(A)表面皿 (B)蒸发皿 (C)瓷坩埚 (D)烧杯

129. 玻璃可用于( )处理。
(A)盐酸 (B)硝酸 (C)氢氟酸 (D)熔融氢氧化钠

130. 使用铂坩埚时,操作不正确的是( )。
(A)在高温时用固态的钾钠氧化物作熔剂
(B)加热时用王水、卤素溶液溶解试样
(C)用煤气灯加热时不在还原焰灼烧
(D)灼热的铂坩埚不与其他金属接触

131. 玻璃仪器能否加热主要区分玻璃是( )材料 。
(A)特硬和硬质玻璃 (B)软质玻璃 (C)石英玻璃 (D)钠质玻璃

132. 玻璃器皿的洗涤可根据污染物的性质分别选用不同的洗涤剂,如被有机物沾污的器皿可用( )。
(A)去污粉 (B)KOH-乙醇溶液 (C)铬酸洗液 (D)HCl-乙醇洗液

133. 下列仪器使用时要经过三步洗涤的是( )。
(A)移液管 (B)滴定管 (C)锥形瓶 (D)容量瓶

134. 可用盐酸洗液洗涤的坩埚有( )。

(A)铂金坩埚　(B)银坩埚　(C)镍坩埚　(D)陶瓷坩埚

135. 瓷坩埚的主要用途是(　　)。

(A)灼烧沉淀　(B)灼烧失重测定　(C)高温处理样品　(D)蒸发溶液

136. 分析室常用的瓷制器皿有(　　)。

(A)坩埚　(B)蒸发皿　(C)表面皿　(D)点滴板

137. 标定标准溶液时,需要用待标溶液润洗三遍的是(　　)。

(A)滴定管　(B)容量瓶　(C)移液管　(D)锥形瓶

138. 以下滴定中的操作错误的是(　　)。

(A)滴定前期,左手离开旋塞,使溶液自行流下

(B)滴定完毕,管尖处有气泡

(C)使用烧杯滴定时,以玻璃棒搅拌溶液

(D)初读数时,滴定管执手中,终读数时,滴定管夹在滴定台上

139. 下列标准滴定溶液中,使用时必须采用棕色酸式滴定管的有(　　)。

(A)$I_2$　(B)$KMnO_4$　(C)$AgNO_3$　(D)$H_2SO_4$

140. 下列溶液中需要在棕色滴定管中进行滴定的是(　　)。

(A)高锰酸钾标准溶液　(B)硫代硫酸钠标准溶液

(C)碘标准溶液　(D)硝酸银标准溶液

141. 需用棕色酸式滴定管盛装的标准溶液是(　　)。

(A)$AgNO_3$　(B)$Na_2S_2O_3$　(C)$K_2Cr_2O_7$　(D)$I_2$

142. 需贮于棕色磨口塞试剂瓶中的标准溶液为(　　)。

(A)$I_2$　(B)$Na_2S_2O_3$　(C)HCl　(D)$AgNO_3$

143. 下列玻璃仪器中,可以用洗涤剂直接刷洗的是(　　)。

(A)容量瓶　(B)烧杯　(C)锥形瓶　(D)酸式滴定管

144. 下列操作中错误的是(　　)。

(A)配制 NaOH 标准溶液时,用量筒量取水

(B)把 $AgNO_3$ 标准溶液贮于橡皮塞的棕色瓶中

(C)把 $Na_2S_2O_3$ 标准溶液贮于棕色细口瓶中

(D)用 EDTA 标准溶液滴定 $Ca^{2+}$ 时,滴定速度要快些

145. 下列溶液中,需储放于棕色细口瓶的标准滴定溶液有(　　)。

(A)$AgNO_3$　(B)$Na_2S_2O_3$　(C)NaOH　(D)EDTA

146. 应储存在棕色瓶的标准溶液有(　　)。

(A)$AgNO_3$　(B)NaOH　(C)$Na_2S_2O_3$　(D)$KMnO_4$

147. 天平的计量性能包括(　　)。

(A)稳定性　(B)正确性　(C)灵敏性　(D)示值不变性

148. 分析天平基本性能指标是(　　)。

(A)天平的稳定性　(B)天平的灵敏性

(C)天平的正确性　(D)天平的示值性

149. 关于电光分析天平使用,以下说法正确的是(　　)。

(A)取放砝码和称量物品应使用侧门,启闭侧门要轻稳,以免天平移位

(B)放好砝码和被称量物品后,对侧门是否关闭不作特殊要求

(C)称量时,启闭横梁用力要轻缓、均匀,以防损伤刀刃

(D)砝码和称物要放在天平盘中央

150. 使用分析天平称量应该(　　)。

(A)烘干或灼烧过的容器放在干燥器内冷却至室温后称量

(B)灼烧产物都有吸湿性,应盖上坩埚盖称量

(C)恒重时热的物品在干燥器中应保持相同的冷却时间

(D)分析天平在更换干燥剂后即可使用

151. 电光天平称量时,屏幕上光线暗淡,检修的方法有(　　)。

(A)更换灯泡　　(B)修理微动开关

(C)调动第一反射镜角度使光充满窗　　(D)调整灯座位置、调整聚光管前后位置

152. 开启电光天平时灯不亮,可能的原因有(　　)。

(A)未通电　　(B)灯座弹片与灯泡尾部接触不良

(C)开关电极触点间隙过小　　(D)电极触点氧化

153. 电光分析天平在使用时出现带针现象主要是由(　　)造成的。

(A)横梁两边刀与刀承之间的距离不等

(B)两只盘托在打开升降枢钮时不能同时脱离称盘

(C)天平内部湿度过大

(D)横梁不等臂

154. 其他条件一定时,(　　),则光电分析天平灵敏度越高。

(A)天平的臂越长　　(B)横梁的重心与支点距离越短

(C)横梁的质量越大　　(D)天平的最大称量值越大

155. 电光天平的加码杆的升降不到位的原因是(　　)。

(A)凸轮发生位移　　(B)加码杆的间隔挡板发生位移

(C)砝码放错位置　　(D)以上三种情况

156. 天平的计量性能主要有(　　)。

(A)稳定性　　(B)示值变动性　　(C)灵敏性　　(D)准确性

157. 天平的计量性能主要有(　　)。

(A)稳定性　　(B)示值变动性　　(C)灵敏性

(D)准确性　　(E)可靠性

158. 在分析天平的使用中,可以通过调节(　　)来完成调零工作。

(A)升降旋钮　　(B)拨杆　　(C)吊耳　　(D)平衡螺丝

159. 下列关于校准与检定的叙述正确的是(　　)。

(A)校准不具有强制性,检定则属执法行为

(B)校准的依据是校准规范、校准方法,检定的依据则是按法定程序审批公布的计量检定规程

(C)校准和检定主要要求都是确定测量仪器的示值误差

(D)校准通常不判断测量仪器合格与否,检定则必须作出合格与否的结论

160. 纯水的制备方法有(　　)。

(A)蒸馏法 (B)离子交换法 (C)电渗析法 (D)直接煮沸法

161. 下列陈述正确的是( )。

(A)国家规定的实验室用水分为三级

(B)各级分析用水均应使用密闭的专用聚乙烯容器

(C)三级水可使用密闭的专用玻璃容器

(D)一级水不可贮存,使用前制备

## 四、判 断 题

1. 石英器皿绝对不能盛放氢氟酸、氢氧化钠等物质。( )
2. 朗伯-比耳定律在任何浓度范围内都适用。( )
3. 消光度即为透光率的对数。( )
4. 适用光吸收定律的条件是白光。( )
5. 滴定的等当点即为指示剂的理论变色点。( )
6. 碳是钢铁中的重要元素,是区分钢铁的主要标志之一,是决定钢号的主要依据。( )
7. 溶解含碳的各类钢铁时,滴加 $HNO_3$ 的目的是控制酸度。( )
8. 溶液的酸度对显色反应无影响。( )
9. 有色溶液对光的吸收程度与该溶液的液层厚度无关,只与浓度有关。( )
10. 在分光光度法中运用朗伯-比耳定律进行定量分析,应采用可见光作为入射光。( )
11. 王水的溶解能力强,主要在于它具有更强的氧化能力和络合能力。( )
12. 滴定分析要求反应要完全,但反应速度可快可慢。( )
13. 偏差值有正负,而平均偏差没有正负。( )
14. 托盘天平的分度值(称量的精确程度)是 0.1 g。( )
15. 重量分析中常用定性滤纸过滤。( )
16. 使用滴定管,必须能熟练做到:(a)逐滴滴加;(b)只加一滴;(c)使溶液悬而不滴。( )
17. 测定油品运动黏度用温度计的最小分度值 1 ℃。( )
18. 在托盘天平上称取吸湿性强或有腐蚀性的药品,必须放在玻璃容器内快速称量。( )
19. 漆膜摆式硬度计的摆锤位置与所测玻璃值无关。( )
20. 装 NaOH 溶液的试剂瓶或容量瓶用的是玻璃塞。( )
21. 称样时,试样吸收了空气中的水分所引起的误差是系统误差。( )
22. 量器不允许加热,烘烤,也不允许盛放,量取太热、太冷的溶液。( )
23. 缓冲溶液是一种对溶液的酸碱度起稳定作用的溶液。( )
24. 光吸收定律只适用于有色溶液。( )
25. 碘量法属于络合滴定法。( )
26. 滴定管内存在气泡时,对滴定结果无影响。( )
27. 任何金属原子都能置换出酸分子中的氢原子。( )

28. 两性氢氧化物与酸和碱都能起反应，生成盐和水。(  )

29. 0.001 256 的有效数字是 6 位。(  )

30. 分析过程中，对于易挥发和易燃性有机溶剂进行加热时，常在烘箱中进行。(  )

31. 在进行漆膜附着力试验时，对转针划痕的深浅长短不作要求。(  )

32. 所制备的漆膜厚度与测定结果没有直接关系。(  )

33. 氢氟酸对人体有腐蚀作用，使用时应避免与皮肤接触，并在通风柜中进行。(  )

34. 经常采用 $Na_2CO_3$ 和 $K_2CO_3$ 混合起来溶样，其目的在于提高熔点。(  )

35. 高氯酸不能与有机物或金属粉末直接接触，否则易引起爆炸。(  )

36. 准确度是测定值与真值之间相符合的程度，可用误差表示，误差越小准确度越高。(  )

37. 铂坩埚与大多数试剂不起反应，可用王水在坩埚里溶解样品(  )。

38. 瓷制品耐高温，对酸、碱的稳定性比玻璃好，可以用 HF 在瓷皿中分解样品。(  )

39. 采样随机误差是在采样过程中由一些无法控制的偶然因素引起的误差。(  )

40. 液体化工产品的上部样品，是在液面下相当于总体积 1/6 的深度(或高度的 5/6)采得的部位样品。(  )

41. 只要是优质级纯试剂都可作基准物。(  )

42. 我国关于“质量管理和质量保证”的国家系列标准为 GB/T 19000。(  )

43. 毛细管法测定有机物熔点时，只能测得熔点范围不能测得其熔点。(  )

44. 毛细管法测定有机物沸点时，只能测得沸点范围不能测得其沸点。(  )

45. 有机物的折光指数随温度的升高而减小。(  )

46. 有机物中同系物的熔点总是随碳原子数的增多而升高。(  )

47. pH 值只适用于稀溶液，当$[H^+]>1$ mol/L 时，就直接用氢离子的浓度表示。(  )

48. 无水硫酸不能导电，硫酸水溶液能导电，所以无水硫酸是非电解质。(  )

49. 1 mol 的任何酸可能提供的氢离子个数都是 $6.02\times10^{23}$ 个。(  )

50. pH＝7.00 的中性水溶液中，既没有 $H^+$，也没有 $OH^-$。(  )

51. 用强酸滴定弱碱，滴定突跃在碱性范围内，所以 $CO_2$ 的影响比较大。(  )

52. 混合碱是指 NaOH 和 $Na_2CO_3$ 的混合物，或者是 NaOH 和 $NaHCO_3$ 的混合物。(  )

53. 测定混合碱的方法有两种：一是 $BaCO_3$ 沉淀法，二是双指示剂法。(  )

54. 醋酸钠溶液稀释后，水解度增大，氢氧根离子浓度减小。(  )

55. 氧化还原反应中，获得电子或氧化数降低的物质叫还原剂。(  )

56. 高锰酸钾滴定法应在酸性介质中进行，从一开始就要快速滴定，因为高锰酸钾容易分解。(  )

57. 间接碘量法，为防止碘挥发，要在碘量瓶中进行滴定，不要剧烈摇动。(  )

58. 重铬酸钾法测定铁时，用二苯胺磺酸钠为指示剂。(  )

59. 能直接进行配位滴定的条件是 $K_{稳}\cdot c\geqslant10^6$。(  )

60. 莫尔法一定要在中性和弱酸性中进行滴定。(  )

61. 测定水的硬度时，用 HAc-NaAc 缓冲溶液来控制 pH 值。(  )

62. 金属指示剂与金属离子形成的配合物不够稳定，这种现象称为指示剂的僵化。(  )

63. 金属离子与EDTA形成配合物的稳定常数$K_{稳}$较大的,可以在较低的pH值下滴定;而$K_{稳}$较小的,可在较高的pH值下滴定。(　)

64. 水中钙硬度的测定,是在pH=10的溶液中进行,这时$Mg^{2+}$生成$Mg(OH)_2$沉淀,不干扰测定。(　)

65. 纯碱中NaCl的测定,是在弱酸性溶液中,以$K_2Cr_2O_7$为指示剂,用$AgNO_3$滴定。(　)

66. EDTA是多基配位体,所以能和金属离子形成稳定的环状配合物。(　)

67. 沉淀称量法要求称量式必须与分子式相符,相对分子量越大越好。(　)

68. 在沉淀称量法中,要求沉淀式必须和称量式相同。(　)

69. 透射光强度与入射光强度之比称为吸光度。(　)

70. 显色剂用量和溶液的酸度是影响显色反应的重要因素。(　)

71. 分光光度计都有一定的测量误差,吸光度越大时测量的相对误差越小。(　)

72. 有色溶液的吸光度为0时,其透光度也为0。(　)

73. 分光光度分析中的比较法公式$A_s/C_s=A_x/C_x$,只要$A$与$C$在成线性关系的浓度范围内就适用。(　)

74. 原子吸收分光光度计检测器的作用是将单色器分出的光信号大小进行鉴别。(　)

75. 原子吸收光谱中的直接比较法,只有在干扰很小并可忽略的情况下才可应用。(　)

76. 在使用酸度计时,除了进行温度校正外,还要进行定位校正。(　)

77. 库仑分析法的化学反应实质是氧化还原反应。(　)

78. 库仑分析法的关键是要保证电流效率的重复不变。(　)

79. 库仑分析法分为恒电位库仑分析和恒电流库仑分析两种。(　)

80. 高分子微球耐腐蚀,热稳定性好,无流失,适合于分析水、醇类及其他含氧化合物。(　)

81. 分子筛失去活性后,可以在800℃高温炉中加热4 h恢复活性。(　)

82. 热敏电阻可以用作气相色谱热导池的检测元件。(　)

83. 用氢焰检测器测定甲烷,当样品气中甲烷含量低于载气中甲烷含量时会出现负峰。(　)

84. 在液相色谱分析时,流动相不必进行脱气。(　)

85. 在液相色谱分析时,作为流动相的溶剂必须要进行纯化,除去有害杂质。(　)

86. 使用72型分光光度计比色时不需要预热。(　)

87. 溶解含碳的各类钢时,常滴加$HNO_3$的目的是控制酸度。(　)

88. 经常采用$Na_2CO_3$和$K_2CO_3$混合熔样,其目的在于提高熔点。(　)

89. $KMnO_4$是一个强氧化剂,它的氧化作用与酸度无关。(　)

90. 电导滴定法是滴定过程中利用溶液电导的变化来指示终点的方法。(　)

91. 重量法测硅的关键在于脱水是否完全,使用硫酸脱水最好。(　)

92. 容量法测定氮,试样用碱蒸馏,馏出液以$H_3BO_3$溶液吸收最好。(　)

93. 铝和锌一样,只能溶于酸,不能溶于碱。(　)

94. 碘量法的误差来源主要有二个方面:一是容易挥发;二是$I^-$在酸性溶液里容易被空气

氧化。( )

95. 在测定钢中的铬时，一般根据 $Cr_2O_3$ 的出现来判断铬氧化是否完全。( )

96. 王水溶解能力强，主要在于它具有更强的氧化能力和络合力。( )

97. 采用 $HCl+H_2O_2$ 溶解含硅较高的试样，能防止硅酸析出。( )

98. 原子、离子所发射的光谱线是线光谱。( )

99. 测量溶液的电导，就是测量溶液中的电阻。( )

100. 原子发射光谱分析和原子吸收光谱分析的原理基本相同。( )

101. 对一般电解池来说，阳极同时又是正极，阴极同时又是负极。( )

102. 常温下或遇水后就能自燃的物质有钾、钠、黄磷。( )

103. 脉冲加热—热导法定氮仪 TN-114 加热最高温度可达 2 000 ℃左右。因此对熔点高的金属不需要加助熔剂。( )

104. 用 EDTA 滴定法测 CA、Mg 元素时，选用的指示剂为二甲酚橙。( )

105. 悬浊液都是绝对不溶的物质。( )

106. 光电直读光谱仪的应用范围比等离子体直读光谱仪的应用范围广。( )

107. 光电直读光谱仪的光通数目越多，能够分析的元素就越多。( )

108. ICP 直读光谱仪的分光系统与一般的光电直读光谱仪的分光系统基本一致。( )

109. 在光谱分析中，试样不需进行预处理就可以直接进行分析。( )

110. 超声波雾化器与气动雾化器相比，它具有更高的雾化效率，精密度与准确度更高。( )

111. 原子发射光谱中，元素的灵敏线是固定不变的。( )

112. 气相色谱分离系统中，将混合组分分离主要靠固定液。( )

113. 气相色谱分析中，检测器的作用是将各组分在载气中的浓度转变为电信号。( )

114. 偶极矩变化的大小不能反应红外吸收谱带的强弱。( )

115. 色散型红外光谱仪与紫外可见分光光度计在样品引入位置上是一致的，都放在单色器之后。( )

116. 测量溶液的电导，实际上就是测量溶液的电阻。( )

117. 饱和甘汞电极在使用时，不受温度的影响。( )

118. 离子选择性电极是对离子浓度进行响应，而非活度。( )

119. 电位滴定分析与普通容量分析在分析原理上是一致的，只是确定终点的方法不同。( )

120. 电解质溶液离解后形成的离子浓度与导电率有关，但离子价数与电导率无关。( )

121. 由于镍在钢中并不形成稳定的化合物，所以大多数含镍钢和合金钢都溶于酸。( )

122. 亚硝基 R 盐光度法测定钢铁及合金中钴时，钴与该试剂形成可溶性红色络合物不受酸度的限制。( )

123. 二甲基苯胺蓝Ⅱ在不同 pH 的溶液中呈现不同颜色，所以二甲基苯胺蓝Ⅱ光度法测定镁时，对 pH 值要求特别高。( )

124. 三硫化二砷沉淀可溶于硫化铵溶液,但不能溶于硫化钠溶液。(　　)

125. 沉淀都是绝对不溶的物质。(　　)

126. 改变干扰组分在溶液中存在的状态,以达到消除干扰的目的称为氧化还原掩蔽法。(　　)

127. 解蔽过程是掩蔽过程的逆反应。(　　)

128. 习惯上把物质从水相中转入到有机相的操作称为萃取,物质由有机相返回水相的操作称为反萃取。(　　)

129. 三苯甲烷类显色剂普遍为酸性显色剂。(　　)

130. 标准曲线法测定样品含量时,基本上不存在基体影响。(　　)

131. 误差有正负值之分,而偏差没有。(　　)

132. 若一组测定数据,其测定结果之间有明显的系统误差,则它们之间不一定存在显著性差异。(　　)

133. 测定次数一致时,置信度越高,置信区间越大。(　　)

134. 系统误差和偶然误差都属于不可测误差。(　　)

135. 增加平行测定次数以减少偶然误差是提高分析结果准确度的唯一手段。(　　)

136. 透射光强度与入射光强度之比的对数称为吸光度。(　　)

137. 状态固定后,状态函数都固定,反之亦然。(　　)

138. 状态函数改变后,状态一定改变。(　　)

139. 状态改变后,状态函数一定都改变。(　　)

140. 因为 $\Delta U=Q_V$,$\Delta H=Q_p$ 所以 $Q_V$、$Q_p$ 是特定条件下的状态函数。(　　)

141. 恒温过程一定是可逆过程。(　　)

142. 气缸内有一定量的理想气体,反抗一定外压作绝热膨胀,则 $\Delta H=Q_p=0$。(　　)

143. 根据热力学第一定律,因为能量不能无中生有,所以一个体系若要对外作功,必须从外界吸收热量。(　　)

144. 体系从状态Ⅰ变化到状态Ⅱ,若 $\Delta T=0$ 则 $Q=0$,无热量变换。(　　)

145. 在等压下,机械搅拌绝热容器中的液体,使其温度上升,则 $\Delta H=Q_p=0$。(　　)

146. 理想气体绝热变化过程中,$W$(可逆)$=-C_V\cdot\Delta T$,$W$(不可逆)$=-C_V\cdot\Delta T$,所以 $W$(绝热可逆)$=W$(绝热不可逆)。(　　)

147. 一封闭体系,当始终态确定后:若经历一个绝热过程,则功有定值。(　　)

148. 一封闭体系,当始终态确定后:若经历一个等容过程(设 $W_f=0$),则 $Q$ 有定值。(　　)

149. 一封闭体系,当始终态确定后:若经历一个等温过程,则内能有定值。(　　)

150. 一封闭体系,当始终态确定后:若经历一个多方过程,则热和功的差值有定值。(　　)

151. 油漆中的主要成膜物是油料。(　　)

152. 油漆中含有的酚醛树脂是属于天然树脂。(　　)

153. 油漆中含有油料是不干性油为主。(　　)

154. 油性漆是以油料作为主要成分。(　　)

155. 色漆主要是含有中加入一定防锈颜料。(　　)

157. 磁漆的性能比着色颜料好。(　　)

156. 清漆比调合漆的性能好。(　　)

158. 底漆是起到物面的装饰作用。(　)

159. 油性漆就是磁漆。(　)

160. 豆油是属于干性油类。(　)

161. 煤油基本上是无腐蚀作用。(　)

162. 着色颜料在油漆中起到防锈,防腐的作用。(　)

163. 调腻子的石膏粉就是无水硫酸钙。(　)

164. 蓝色+中黄色=中绿色。(　)

165. 红、黄、蓝三色常称为三原色。(　)

166. 量出式量器用来测量从量器内部排出液体体积的量器。(　)

167. 在计量检定中,检定和校准都是对计量器具进行鉴定。(　)

168. 计量检定和计量校准都应发放合格证书或不合格通知书,作为计量器具合格与否的法定文件。(　)

169. 检定是对计量器具的计量特性进行全面的评定,校准主要是确定其量值,从而判断计量器具的合格与否。(　)

170. 实验室所用的玻璃仪器都要经过国家计量基准器具的鉴定。(　)

171. 修理后的酸度计,须经检定,并对照国家标准计量局颁布的《酸度计检定规程》技术标准合格后方可使用。(　)

172. 砝码使用一定时期(一般为一年)后,应对其质量进行校准。(　)

173. 非经国务院计量行政部门批准,任何单位和个人不得拆卸、改装计量基准,或者自行中断其计量检定工作。(　)

174. 一般情况下量筒可以不进行校正,但若需要校正,则应半年校正一次。(　)

175. 对出厂前成品检验中高含量的测定,或标准滴定溶液测定中,涉及到使用滴定管时、此滴定管应带校正值。(　)

176. 低沸点的有机标准物质,为防止其挥发,应保存在一般冰箱内。(　)

177. SI为国际单位制的简称。(　)

178. 国际单位制规定了16个词头及它们通用符号,国际上称SI词头。(　)

179. 开[尔文]的定义是水两相点热力学温度的1/273.16。(　)

180. 体积单位(L)是我国法定计量单位中非国际单位。(　)

## 五、简 答 题

1. 电导测定有哪些主要应用?

2. 离子迁移数的定义是什么?

3. 化学热力学主要解决化学中一些什么问题?

4. 由于热力学没有理论基础,所以将它应用到化学中时,可能有一些结论不可靠,对吗?为什么?

5. 无反应的理想气体经过一定温过程后,其热力学能可能增大,还是减少?为什么?

6. 系统中有300 kJ的热和400 kJ的功,这种说法对吗?为什么?

7. 什么是热力学?热力学的基础是什么?

8. 热力学不仅研究物质的宏观性质,而且还研究物质的微观性质,对吗?

9. 只有可逆过程的循环过程,其状态函数的改变量才为零,对吗?

10. $Q$ 与 $W$ 均为与过程和途径有关的量,$Q+W$ 与过程和途径有关吗?

11. 在定压下,机械搅拌绝热容器中的液体,使其温度上升,则 $\Delta H = Q_p = 0$,对吗?为什么?

12. 为什么临床常用的质量分数为 0.9%的生理盐水和质量分数为 5%的葡萄糖?

13. 溶液和化合物有什么不同?

14. 为什么 NaOH 溶解于水时,所得的碱液是热的?

15. 稀有气体氦气、氩气有什么主要用途?

16. 电解制氟时,为何不用 KF 的水溶液?液态氟化氢为什么不导电?

17. 氢氟酸有哪些特性?

18. 电负性氮比磷大,但是化学活泼性都是磷大于氮?

19. 如何除去 $N_2$ 中的少量 $NH_3$ 和 $NH_3$ 中的少量水蒸气?

20. 如何配制 $SbCl_3$ 和 $Bi(NO_3)_3$ 溶液?

21. 在同素异形体中,黄磷与红磷的化学性质有很大的差异,为什么?

22. 金属基电极的共同特点是什么?

23. 薄膜电极电位是如何形成的?

24. 溶出伏安法的原理和特点是什么?

25. 什么是诱导效应?

26. 正丁醇的沸点比它的同分异构体乙醚的沸点高的多,但是这两个化合物在水中的溶解度却相同,怎样说明这些事实?

27. 什么叫张力能?

28. 傅一克烷基化反应的特点是什么?

29. 解释什么叫定位基?

30. 为什么金属钠可以用于除去苯中所含的痕量水,但是不宜用于除去乙醇中所含的水?

31. 为什么制备 Grignard 试剂时用作溶剂的乙醚不但需要除去水分,而且必须除净乙醇?

32. 在使用 $LiAlH_4$ 的反应中,为什么不能用乙醇或甲醇做溶剂?

33. 怎样鉴别呋喃、噻吩、吡咯?

34. 用简便合理的方法除去苯中少量的噻吩。

35. 解释下列各种可以使蛋白质变性的原因:强酸强碱;乙醇;尿素;加热;剧烈振荡。

36. DNA 和 RNA 在结构上有什么主要的区别?

37. 什么是盐析?

38. 用 EDTAE 滴定 $Zn^{2+}$(用铬黑 T 做指示剂),为什么要用 $NH_3$-$NH_4Cl$ 缓冲溶液控制溶液的酸度为弱碱性?

39. 卤化氢的沸点有下列趋势:

HCl(−85 ℃)<HBr(−67 ℃)<HI(−36 ℃)<HF(20 ℃),试解释。

40. 试说明稀有气体的熔点、沸点、密度的性质的变化趋势和原因。

41. 在氯水中分别加入下列物质,对氯气与水的可逆反应有何影响?

(1)稀硫酸;(2)氢氧化钠;(3)氯化钠。

42. 将氯气通入熟石灰中得到漂白粉，而向漂白粉中加入盐酸却产生氯气，试解释。

43. 工业上如何从海水中制备 $Br_2$？

44. 实验室为何不能长期保存 $H_2S$，新配制的 $Na_2S$ 溶液呈无色，久置后变成黄色，甚至红色，为什么？

45. 下列物质能否共存？为什么？

(1) $H_2S$ 和 $H_2O_2$；(2) $MnO_2$ 和 $H_2O_2$；(3) $H_2SO_3$ 和 $H_2O_2$

46. 二氧化硫和氯气的漂白机制有什么不同？

47. 为什么缩合酸(如焦磷酸)的酸性比单酸强？

48. 由砷酸钠制备 $As_2S_5$ 为什么需要在浓的强酸性溶液中？

49. 试述氮气的工业制法和实验室制法，并写出有关反应式。

50. 如何除去 NO 中微量的 $NO_2$ 和 $N_2O$ 中少量的 NO？

51. 脉冲极谱的特点是什么？

52. 红磷长时间放置在空气中逐渐潮解与氢氧化钠、氯化钙在空气中潮解实质上有什么不同？潮解后的红磷如何处理后可以再用？

53. $NH_4HCO_3$ 俗称"气肥"，储存时要密封，为什么？

54. O 的电负性比 C 强，为什么 CO 的分子几乎没有极性？

55. 硅胶和分子筛在性质上有何差异？

56. 有一白色沉淀，已知为一组氯化物中的某一种，你能否用一种试剂判断该氯化物是什么？

57. 装有水玻璃的试剂瓶长期敞开瓶口后，水玻璃变混浊，为什么？

58. 如何从离子极化的观点解释碳酸盐对热稳定性的递变规律？

59. 如何除去氢气中的二氧化碳气体和二氧化碳中的水、一氧化碳？

60. 试用试验事实说明 $KMnO_4$ 的氧化性比 $K_2Cr_2O_7$ 强，写出有关的反应条件和方程式。

61. 如何定性分析 $Ag^+$ 和 $Hg^{2+}$？

62. 某化合物的分子离子质量为 142，其附近有一个(M+1)峰，强度为分子离子峰的 1.12%。问此化合物为何物？

63. 气敏电极在构造上与一般的离子选择性电极的不同之处是什么？

64. 交流极谱法的特点是什么？

65. 为何不用硝酸铵、重铬酸铵、碳酸氢铵加热制取氨气？

66. 鉴别硝酸钾和亚硝酸钾溶液。

67. 鉴别 $NH4^+$、$NO_3^-$、$NO_2^-$、$PO_4^{3-}$。

68. 向 $Ag^+$ 溶液中加入少量硫代硫酸钠溶液和向 $S_2O_3^{2-}$ 溶液中加入少量硝酸银溶液，反应现象有何不同？

69. 实验室如何制备 $H_2S$ 气体？为何不用硝酸或浓硫酸与 FeS 作用制取 $H_2S$？

70. 试述从空气中分离稀有气体的依据和方法。

## 六、综 合 题

1. 称取 0.3814 g 硼砂溶于 50 mL 水中，加甲基红指示剂 3 滴以 HCl 溶液滴定结果消耗 HCl 19.55 mL。求 HCl 溶液的物质的量浓度。(硼酸分子量 381.37)

2. 以 0.100 mol/L NaOH 溶液滴定 0.20 mol/L $NH_4Cl$ 和 0.100 mol/L 二氯乙酸的混合溶液，化学计量点时溶液的 pH 值是多少？

(已知：$CHCl_2COOH$ 的 $pK_a=1.30$，$NH_3$ 的 $pK_b=4.74$)

3. 求 0.10 mol/L 醋酸溶液的 pH 值。($K_a=1.8\times10^{-5}$)

4. 用金属铝和稀硫酸作用制造硫酸铝，投料纯铝 5 kg，问需要消耗 10% 的硫酸多少千克？(已知分子量：Al 为 27.00；$H_2SO_4$ 98.06)

5. 计算 $c(HCl)=0.001\ 0$ mol/L 溶液的 pOH 值。

6. 用中性水将 20.00 mL，$c(HCl)=4.0$ mol/L 稀释成 500 mL 的溶液，求此溶液 $[H^+]$ 浓度和 pH 值。(已知：lg1.6=0.2)

7. 欲标定高锰酸钾溶液，$c(1/5\ KMnO_4)=0.200\ 0$ mol/L，若按消耗高锰酸钾 5.00 mL 计算，应称取草酸钠多少克？(已知：$Na_2C_2O_4$ 分子量 134.00)

8. 已知 HCl 的密度为 1.19 g/L，HCl 的百分含量为 37.23%，求将 1 L 溶液稀释 1 倍后，其 HCl 浓度为多少？(已知 HCl 分子量 36.46)

9. 用草酸标定 NaOH 溶液的浓度，称取 0.204 5 $H_2C_2O_4\cdot2H_2O$ g，用去 30.08 mL NaOH 溶液，求 $c(NaOH)$ 是多少？(已知：$H_2C_2O_4\cdot2H_2O$ 分子量 126.1)

10. 滴定某一氯化物样品 0.259 2 g，需 0.100 0 mol/L $AgNO_3$ 为 22.10 mL，求样品中 Cl 的百分含量。(已知：Cl 原子量 35.45)

11. 准确称取 $Na_2CO_3$ 0.153 5 g 溶于 25 mL 蒸馏水中，以甲基橙为指示剂，用去 HCl 21.80 mL，求 $c(HCl)$？(已知：$Na_2CO_3$ 分子量 106.0)

12. 滴定 0.098 50 mol/L $H_2SO_4$ 溶液 20.00 mL，用去 0.194 5 mol/L NaOH 溶液多少毫升？

13. 称取炉渣 0.200 0 g，测定氧化亚铁，经处理后消耗 $c(1/6K_2Cr_2O_7)=0.002\ 0$ mol/L 标准溶液 30.32 mL，求炉渣中氧化亚铁的百分含量。(已知：FeO 分子量 72.0)

14. 有一 $KMnO_4$ 标准溶液，其浓度为 $c(KMnO_4)=0.021\ 20$ mol/L，求 $T_{Fe/KMnO_4}$、$T_{Fe_2O_3/KMnO_4}$。称取试样 0.272 8 g，溶解后将溶液中的 $Fe^{3+}$ 还原成 $Fe^{2+}$，然后用 $KMnO_4$ 标准溶液滴定，用去 26.18 mL，求试样中含铁量，分别以 $\omega_{Fe}$、$\omega_{Fe_2O_3}$ 表示。(已知：Fe 原子量 55.85，O 原子量 16.0)

15. 称取铝合金 0.400 0 g，用二安替吡啉甲烷光度法测定其中钛含量，按操作方法处理试样后，稀释至 100 mL，吸取 10 mL 毫升显色，用 1 cm 比色皿，在 500 nm 处测吸光度值=0.426，同样条件下测定浓度 $C=1.36\times10^{-6}$ mol/L，标液吸光度 $A_{标}=0.355$，求试样中钛含量？(已知：Ti 原子量 47.88，检量线是通过原点的直线)。

16. 已知用浓度为 $4.12\times10^{-5}$ mol/L 的 1.10-邻菲啉络合 $Fe^{2+}$ 离子。显色溶液用 1.00 cm 的比色皿在 580 nm 处测得的吸光度值为 0.480，计算该溶液的摩尔吸光系数 ε。

17. 称取烧碱试样 5.000 0 g，用水溶解后，稀释至 100 mL，分取 25.00 mL 试液，以甲基橙作指示剂，用去浓度为 1.020 0 mol/L 的盐酸标准溶液 21.32 mL，滴定至橙红色；另取 25.00 mL 试液，加入 3 mL 氯化钡溶液(5%)，以酚酞作指示剂，用去浓度为 1.020 0 mol/L 的盐酸标准溶液 21.02 mL，滴定至无色为终点，试计算烧碱试样中氢氧化钠和碳酸钠的质量百分数。

18. 称取 $Na_2CO_3$ 样品 0.4909 g，溶于水后，用 0.505 0 mol/L HCl 标准溶液滴定，终点

时，消耗 HCl 标准溶液 18.32 mL，求试样中 $Na_2CO_3$ 的百分含量。($M_{Na_2CO_3}$ = 105.99 g/mol)

19. 称取 2.000 g 含 Mn 量为 0.56%的标钢试样，经处理后，用亚砷酸钠—亚硝酸钠标准溶液滴定，用去 20.36 mL，求 $Na_3AsO_3$-$NaNO_2$ 标准溶液对 Mn 的滴定度。

20. 称取试样 0.500 0 g，经一系列手续处理后，得到纯的 NaCl 和 KCl 共 0.180 3 g，将此混合氯化物溶于水后，加入 $AgNO_3$ 沉淀剂，得到 AgCl0.390 4 g，计算试样中 $Na_2O$ 和 $K_2O$ 的百分含量。

21. 现在 4 800 mL0.098 2 mol/L $H_2SO_4$ 溶液，欲使其浓度增浓为 0.100 0 mol/L，问应加入 0.500 0 mol/L $H_2SO_4$ 溶液多少毫升？

22. 测定铝盐中 $Al^{3+}$ 时，称取试样 0.250 0 g，溶解后加入 0.050 00 mol/LEDTA 标准溶液 25.00 mL，在 pH=3.5 条件下加热煮沸，使 $Al^{3+}$ 与 EDTA 反应完全后，调节溶液的 pH 值为 5.0～6.0，加入二甲酚橙，用 0.0200 0 mol/L $Zn(Ac)_2$ 标准溶液 21.50 mL 滴定至红色，求铝的百分含量。($M_{Al}$ = 26.98 g/mol)

23. 称取含磷试样 0.100 0 g，处理成试液并把磷沉淀为 $MgNH_4PO_4$，将沉淀过滤洗涤后，再溶解并调节溶液的 pH=10.0，以铬黑 T 作指示剂，然后用 0.010 00 mol/L 的 EDTA 标准溶液滴定溶液中的 $Mg^{2+}$，用去 20.00 mL，求试样中 P 的含量。($M_P$ = 30.97 g/mol)

24. 有一 $K_2Cr_2O_7$ 标准溶液，已知其浓度为 0.020 00 mol/L，求其 $T_{K_2Cr_2O_7/Fe}$？如果称取试样重 0.280 1 g，溶解后，将溶液中的 $Fe^{3+}$ 还原为 $Fe^{2+}$，然后用上述 $K_2Cr_2O_7$ 标准溶液滴定，用去 25.60 mL，求试样中的含铁量，以 $w_{Fe}$ 表示。($M_{Fe}$ = 55.85 g/mol)

25. 称取食盐 0.200 0 g，溶于水，以 $K_2CrO_4$ 作指示剂，用 0.150 0 mol/LAgNO$_3$ 标准溶液滴定，用去 22.50 mL，计算 NaCl 的百分含量。($M_{NaCl}$ = 58.44 g/mol)

26. 在 25 ℃时，$BaSO_4$ 沉淀在纯水中的溶解度为 $1.05\times10^{-5}$ mol/L。如果加入过量的 $H_2SO_4$ 并使溶液中 $SO_4^{2-}$ 的总浓度为 0.01 mol/L，问 $BaSO_4$ 的溶解损失为多少？(设总体积为 200 mL，$K_{sp}=1.1\times10^{-10}$，$M_{BaSO_4}$ = 233.4 g/mol)

27. 称取岩石样品 0.200 0 g，经过处理得到硅胶沉淀，再灼烧成 $SiO_2$，称得 $SiO_2$ 的质量为 0.1364g，计算试样中 $SiO_2$ 的百分含量。

28. 已知含 $Cd^{2+}$ 浓度为 140 μg/L 的溶液，用双硫腙法测定镉，液层厚度为 2 cm，在 λ=520 nm 处测得的吸光度为 0.22，计算摩尔吸光系数。($M_{Cd}$ = 112.41 g/mol)

29. 在盐酸介质中，用乙醚萃取镓时，分配比等于 18，若萃取时乙醚的体积与试液相等，求镓的萃取百分率。

30. 欲配制 0.0200 0 mol/LK$_2$Cr$_2$O$_7$ 标准溶液 1 000 mL，问应称取 $K_2Cr_2O_7$ 多少克？($M_{K_2Cr_2O_7}$ = 294.2 g/mol)

31. 欲配制 pH=5.00 的缓冲溶液 500 mL，已用去 6.0 mol/L HAc 34.0 mL，问需要 NaAc · $3H_2O$ 多少克？($K_a=1.8\times10^{-5}$，$M_{NaAc}$ = 136.1 g/mol)

32. 用 0.100 0 mol/L NaOH 滴定 25.00 mL 0.100 0 mol/L HCl，若用甲基橙作指示剂，滴定至 pH=4.00，计算其滴定误差。

33. 称取含铬试样 0.500 0 g，溶解，用过硫酸铵银盐氧化滴定法测定铬，以 0.025 0 N 亚铁标准溶液滴定之，消耗亚铁标液 16.85 mL，方法中加两滴指示剂(每滴指示剂消耗亚铁 0.04 mL)，计算试样中铬的百分含量。(铬的原子量：51.996)

34. 称取试样 0.250 0 g 测定样品中铝，经溶样，分离后于 100 mL 量瓶中以水稀至刻度。

吸取试液 25.00 mL 置于 250 mL 锥形瓶中，加 EDTA 溶液(0.0500 mol/L)20.00 mL，按操作方法进行，用锌标准溶液(0.020 0 mol/L)滴定至终点(第一终点)，加入 $NH_4F$ 1～2 g 煮沸 1～2 min，用锌标准溶液滴定至终点(第二终点)，消耗锌标液 8.25 mL，求试样中含铝量。(其中铝的原子量 26.982)。

35. 用草酸一硫酸亚铁铵硅钼蓝光度法测定硅量时，试样量为 0.200 0 g，用 30 mL 稀硫酸(1+17)溶解后，稀释至 100 mL，移取 10.00 mL，加入 5 mL 钼酸铵溶液(5%)，请列式求出此时形成硅钼杂多酸时硫酸浓度(mol/L)是多少？

# 化学检验工(中级工)答案

## 一、填 空 题

1. 精密　　2. 0.1　　3. 采取　　4. 缩分
5. ＞120　　6. ＞160　　7. 磷酸　　8. 全部
9. 制备　　10. 氧化性　　11. 正　　12. 熔融法
13. 降低　　14. 终点　　15. 等当点　　16. 右
17. 离子交换法　　18. 除去 $CO_2$ 的影响　　19. 下　　20. pH 突跃范围之内
21. 少量多次　　22. 互补　　23. $A=\lg(1/T)$
24. $O_2+2H_2O+4e^- \longrightarrow 4OH^-$　　25. 立即用大量水冲洗
26. 蓝　　27. 黑　　28. 绿　　29. 黄
30. 湿布,石棉布　　31. 反萃取　　32. $CH_3—CH=CH—CH_3$
33. 芳香族硝基化合物　　34. $C_nH_{2n-6}$($n\geqslant 6$)
35. 滴定的终点误差　　36. 计量检定　　37. 非强制检定　　38. 取样器
39. 计量鉴定　　40. 系统误差　　41. 增加测定次数　　42. 真实可靠
43. 封闭液液面　　44. 硫酸钠　　45. 不同部位　　46. mol
47. 过期的　　48. 21%　　49. 白色 CuCl　　50. NaOH
51. 代表性　　52. GB　　53. GB/T　　54. 试剂
55. 真值　　56. 相对误差　　57. 滴定误差　　58. 杠杆
59. 酸式　　60. 越小　　61. 弱酸　　62. $1\times10^{-12}$
63. 盐酸　　64. 乙二胺四乙酸二钠盐　　65. 间接
66. 弱碱性　　67. 氧化还原　　68. $K_2Cr_2O_7$　　69. 莫尔法
70. 突跃范围　　71. 200　　72. 滴定度　　73. KOH 溶液
74. 越大　　75. 稀　　76. $K\cdot B\cdot C$　　77. 电位分析法
78. 甘汞　　79. 电极电位　　80. 760　　81. 越高
82. 不变　　83. 固体　　84. 载气　　85. 电信号
86. 正确　　87. 络合　　88. 颜色　　89. 平均值
90. 仪器　　91. 偶然　　92. 系统　　93. 配位
94. 特征　　95. 选择　　96. 6.3～11.5　　97. ＜6
98. 1.9～12.2　　99. 高锰酸钾　　100. 1.4　　101. 红
102. 无　　103. 光谱分析　　104. 互补色　　105. 沉淀重量法
106. $H_2SO_3$　　107. 熔融分解　　108. 一定的等待时间　　109. 1 260
110. 其他金属　　111. 铬还原成三价　　112. 水　　113. 磨得不标准

114. 提高准确度　115. 在较窄的浓度范围　116. 两性偏酸性
117. $Fe(OH)_3$　118. $Co^{2+}$和$Ni^{2+}$　119. $CoCl_2$　120. $1.58\times10^{-3}$
121. －2　122. 6　123. O　124. $BaCO_3$
125. 硫酸铜　126. 汞　127. ＋3;＋4　128. $C_2H_2$
129. 水解　130. $H_3O^+$　131. 减压蒸馏　132. $H_2S$,S
133. 黑色　134. $Na_2CO_3$　135. 6　136. 基准物质标定
137. 酚酞　138. 无影响　139. <6　140. 0.2%
141. Ag/AgCl　142. 产生滴定剂　143. 0.059/$n$　144. 富集
145. 好　146. 浸入　147. 单独　148. 脱水性
149. 100　150. 7～10　151. 直接　152. 负对数
153. 硫磺粉　154. 实验器皿　155. 剧烈反应　156. 拔下插头
157. 有毒的　158. 敞口容器　159. 精密度　160. 国际单位制
161. 饱和甘汞　162. 高于　163. 蒸馏水　164. 二氧化碳
165. 0.05　166. C、H、O、N、S　167. 汽油、喷气燃料、柴油
168. 橙红　169. $H_2SO_4$　170. 点样　171. 178.1 kPa
172. 3　173. 损失量　174. 轻组分挥发　175. 2

## 二、单项选择题

| | | | | | | | | |
|---|---|---|---|---|---|---|---|---|
| 1. B | 2. B | 3. A | 4. B | 5. A | 6. A | 7. B | 8. B | 9. B |
| 10. D | 11. C | 12. A | 13. A | 14. C | 15. A | 16. C | 17. B | 18. C |
| 19. B | 20. A | 21. C | 22. C | 23. C | 24. A | 25. C | 26. C | 27. B |
| 28. B | 29. A | 30. B | 31. A | 32. D | 33. A | 34. B | 35. B | 36. A |
| 37. C | 38. A | 39. D | 40. C | 41. C | 42. A | 43. B | 44. B | 45. D |
| 46. A | 47. C | 48. A | 49. B | 50. D | 51. C | 52. A | 53. C | 54. C |
| 55. A | 56. A | 57. C | 58. D | 59. C | 60. B | 61. B | 62. C | 63. B |
| 64. B | 65. B | 66. C | 67. D | 68. D | 69. C | 70. C | 71. B | 72. B |
| 73. D | 74. A | 75. A | 76. B | 77. C | 78. A | 79. A | 80. B | 81. C |
| 82. B | 83. B | 84. A | 85. B | 86. D | 87. B | 88. C | 89. C | 90. B |
| 91. C | 92. A | 93. B | 94. D | 95. C | 96. C | 97. A | 98. C | 99. B |
| 100. B | 101. B | 102. B | 103. D | 104. B | 105. D | 106. D | 107. A | 108. C |
| 109. C | 110. A | 111. A | 112. A | 113. C | 114. B | 115. B | 116. C | 117. D |
| 118. A | 119. B | 120. A | 121. C | 122. A | 123. D | 124. B | 125. C | 126. A |
| 127. B | 128. C | 129. B | 130. C | 131. C | 132. C | 133. C | 134. C | 135. B |
| 136. A | 137. B | 138. D | 139. D | 140. D | 141. A | 142. D | 143. D | 144. B |
| 145. C | 146. C | 147. D | 148. B | 149. A | 150. B | 151. D | 152. C | 153. D |
| 154. A | 155. D | 156. A | 157. B | 158. B | 159. D | 160. A | 161. D | 162. A |
| 163. D | 164. A | 165. C | 166. A | 167. A | 168. C | 169. A | 170. C | 171. A |
| 172. D | 173. D | 174. D | 175. B | | | | | |

## 三、多 选 题

1. ADE　2. AB　3. BD　4. ABC　5. ABC　6. ABCD
7. AC　8. ABCD　9. ABD　10. ACD　11. BC　12. BC
13. BC　14. ABCD　15. BCD　16. ACD　17. AD　18. AC
19. ACD　20. AC　21. AB　22. AD　23. AD　24. BC
25. BD　26. ABD　27. D　28. CD　29. ABD　30. ABD
31. AC　32. ABD　33. ACD　34. AD　35. ACD　36. AB
37. ABD　38. CD　39. ABC　40. AC　41. AB　42. AD
43. ABC　44. BD　45. AD　46. ACD　47. BCD　48. AC
49. CD　50. AD　51. AC　52. BD　53. BCD　54. BCD
55. ABD　56. CD　57. A　58. BD　59. ABC　60. BCD
61. ABCD　62. BC　63. ABCD　64. AB　65. CD　66. ABCD
67. ABD　68. ABD　69. B　70. AC　71. AC　72. A
73. AB　74. ABCD　75. ABCD　76. BCD　77. CD　78. ABC
79. ABCD　80. ABC　81. ABC　82. ABCD　83. AE　84. ABD
85. ACE　86. ACD　87. B　88. ABC　89. ABC　90. ABCD
91. ABCD　92. AD　93. ABC　94. ACD　95. ABC　96. ACD
97. ABD　98. ACD　99. ABCD　100. A　101. AB　102. ABC
103. ABCD　104. ABCD　105. ABCD　106. B　107. ACD　108. AD
109. ABE　110. ABCD　111. ABD　112. ABCD　113. ABD　114. ABCD
115. ABD　116. ABC　117. AD　118. BD　119. AC　120. AD
121. BD　122. AB　123. CD　124. BCD　125. ACD　126. ABCD
127. AB　128. BC　129. AB　130. AB　131. AC　132. ABCD
133. AB　134. AD　135. ABC　136. ABD　137. AC　138. ABD
139. ABC　140. ABCD　141. ABD　142. BC　143. BD　144. BD
145. AB　146. ACD　147. ABCD　148. ABCD　149. ACD　150. ABC
151. CD　152. ABD　153. ABC　154. AB　155. AB　156. ABCD
157. ABCD　158. BD　159. ABD　160. ABC　161. ABCD

## 四、判 断 题

1. √　2. ×　3. ×　4. ×　5. ×　6. √　7. ×　8. ×　9. ×
10. ×　11. √　12. ×　13. √　14. √　15. ×　16. √　17. ×　18. √
19. ×　20. ×　21. √　22. √　23. √　24. ×　25. ×　26. ×　27. ×
28. √　29. ×　30. ×　31. ×　32. ×　33. √　34. ×　35. √　36. √
37. ×　38. ×　39. √　40. √　41. ×　42. √　43. ×　44. ×　45. √
46. √　47. √　48. ×　49. ×　50. ×　51. ×　52. ×　53. √　54. √
55. ×　56. ×　57. √　58. √　59. √　60. √　61. ×　62. ×　63. √
64. ×　65. ×　66. √　67. √　68. ×　69. ×　70. √　71. ×　72. ×

73. × 74. × 75. √ 76. √ 77. √ 78. √ 79. √ 80. √ 81. ×
82. √ 83. √ 84. × 85. √ 86. √ 87. × 88. × 89. × 90. √
91. √ 92. √ 93. × 94. √ 95. × 96. √ 97. √ 98. √ 99. √
100. × 101. √ 102. √ 103. × 104. × 105. × 106. × 107. × 108. √
109. × 110. × 111. × 112. √ 113. √ 114. × 115. × 116. √ 117. ×
118. × 119. √ 120. × 121. √ 122. × 123. × 124. × 125. × 126. ×
127. √ 128. √ 129. × 130. × 131. × 132. × 133. √ 134. × 135. ×
136. × 137. √ 138. √ 139. × 140. × 141. √ 142. × 143. × 144. ×
145. × 146. × 147. √ 148. √ 149. × 150. √ 151. × 152. √ 153. ×
154. √ 155. √ 156. × 157. √ 158. × 159. × 160. × 161. √ 162. ×
163. √ 164. √ 165. √ 166. √ 167. × 168. × 169. × 170. √ 171. ×
172. √ 173. √ 174. × 175. √ 176. × 177. √ 178. × 179. × 180. √

**五、简 答 题**

1. 答:电导测定主要有以下一些应用:检验水的纯度(1 分),测定弱电解质的电离度与电离常数(2 分),测定难溶盐的溶解度(1 分)及进行电导滴定(1 分)等。

2. 答:电解质溶液中某种离子的迁移数等于该种离子所迁移的电量除以通过该电解质溶液的总电量,不是指离子迁移数目的多少(5 分)。

3. 答:化学热力学主要解决化学中下面这些问题:(1)化学反应过程的能量转化关系问题(1.5 分):伴随化学反应,有多少能量发生了转变(1 分);(2)化学反应及相变化的方向和限度问题(1.5 分):化学反应及相变化能否进行,如能进行,进行到什么程度(1 分)。

4. 答:不对(2 分)。虽然我们不能从数学上证明热力学定律,但热力学定律是人们从长期实践和经验的总结与归纳,有非常牢固的实验基础,其可靠性毋庸置疑,所以从可靠性毋庸置疑的热力学定律出发经严格的推导所得的结论也都是可靠的(3 分)。

5. 答:不对(1 分)。无反应的理想气体经过一定温过程后,其热力学能 $U$ 不变(2 分)。因为一定量的理想气体其热力学能 $U$ 仅是温度的函数即 $U=U(T)$(1 分),过程中温度不变,则热力学能不变(1 分)。

6. 答:功和热是被传递的能量(1 分),是和过程联系在一起的(1 分),而不是和状态联系在一起的(1 分),和状态联系在一起的能量是热力学能($U$),正确的说法是某个过程中系统做功多少,热效应为多少和 $\Delta U$ 为多少,系统的某个状态的热力学能($U$)是多少(1 分),而不能讲系统有多少功或热,故上面说法是错的(1 分)。

7. 答:热力学是研究能量相互转换中所应遵循的规律的科学(2 分)。热力学的基础是热力学三定律,这三个定律是人们在研究能量转化、功热当量、热机效率等的长期过程中发展起来的,是人们长期经验的归纳与总结,有非常牢固的实验基础(2 分)。这三个定律虽不能用数学的方法来推导证明,但它们本身及由它们出发推导出的结论的非常可靠的(1 分)。

8. 答:热力学仅研究大量粒子集合体的平均行为(1 分),不讨论单个粒子的具体行为(1 分),所以热力学仅研究物质的宏观性质而不涉及物质的微观性质(2 分),不能从微观结构上阐述热力学的结论(1 分)。

9. 答:状态函数的变化值仅由始末态决定,而与实际的途径无关(2 分)。任意循环过程始末态相同，故任意循环过程，包括可逆循环过程，其状态函数的改变量均为零(2 分)。所以，上面的说法的不对的(1 分)。

10. 答：对于封闭体系(1 分)，$Q+W=\Delta U$，$U$ 是状态函数(3 分)，故 $\Delta U$ 与过程及途径无关(1 分)，$Q+W$ 也与过程和途径无关，其值仅由始末态决定(1 分)。

11. 答：不对(1 分)。公式 $\Delta H=Q_p$ 不仅要求定压过程(1 分)，而且要有 $W_f=0$，这里 $W_f\neq0$(2 分)，因为环境对系统做机械功(1 分)，所以上式不成立。

12. 答：因为 0.9%生理盐水和 5%葡萄糖溶液与人体内浓度刚刚相等(3 分)。此时不会在细胞膜两侧造成渗透压差而发生吸水或脱水有害现象(2 分)。

13. 答：溶液是一种或几种物质以分子、原子或离子的状态，均匀的分布在另一种物质中而形成的稳定的分散系统(2 分)。溶液是一种混合物，其中各种物质的化学性质不发生改变，分离后仍保持原来特性(1 分)。化合物是含有两种或两种以上元素的物质，是纯净物(2 分)。

14. 答：物质溶解时有两个吸热过程和一个放热过程，即：(1)溶质溶解时需要克服溶质分子与溶质分子之内的相互作用，吸热(1 分)；(2)溶质质点被相互分开后，进入溶剂中，由于溶剂分子相互作用，吸热(1 分)；(3)溶质分子分散进入溶剂后，与邻近的溶剂分子相互作用，放热(1 分)。

NaOH 溶解过程(1)和(2)吸收的热量小于过程(3)放出的热量，所以整个过程表现为放热(2 分)。

15. 答：氦气用在火箭燃料压力系统、惰性气氛焊接、核反应堆热交换器、填充气球成飞艇、制造成“人造空气”，以及超低温技术。(3 个以上，3 分)

氩气广泛用于灯泡的填充气体(1 分)，在钛和其他特种金属焊接时作为保护气(1 分)。

16. 答：因为产生的 $F_2$ 能与水反应，生成氧气，所以不能用 KF 的水溶液(2.5 分)。HF 是一种共价化合物，同时 HF 内部之间形成氢键而缔合不能电离出离子，所以不导电(2.5 分)。

17. 答：氢氟酸的特性是：弱酸(1 分)，且溶液浓度增大时，$HF_2^-$ 增多(2 分)；能与二氧化硅或硅酸盐反应生成气态 $SiF_4$(2 分)。

18. 答：因 N 与 N 之间是三重键，键能很大(2 分)，而磷，特别是白磷($P_4$)由于 P 轨道形成正四面体时键角为 60°而不是 90°(1 分)，张力大使 P—P 键易断裂，因此化学性质比磷更稳定(2 分)。

19. 答：混合气体通过炽热的氧化铜粉末(1.5 分)或通过浓硫酸溶液(1.5 分)可除去 $N_2$ 中的少量 $NH_3$。

混合气体通过碱石灰(2 分)可除去 $NH_3$ 中的微量水蒸气。

20. 答：溶解 $SbCl_3$ 于浓盐酸中，加适量水稀释即可得到 $SbCl_3$ 溶液(2.5 分)。

溶解 $Bi(NO_3)_3$ 于浓硝酸中，加适量水稀释即可得到 $Bi(NO_3)_3$ 溶液(2.5 分)。

21. 答：黄磷(白磷)分子为 $P_4$ 分子构成(1 分)，其中每个 P 原子占据四面体的四个顶点(1 分)，分子具有较大的张力而具有较大的化学活泼性(1 分)。红磷的结构是 $P_4$ 四面体的一个 P—P 键破裂后相互结合起来形成的链状结构(1 分)，张力较小分子稳定(1 分)。

22. 答：金属基电极的共同特点是电极电位的产生与电子转移有关(2.5 分)，即半电池的反应是氧化反应或还原反应(2.5 分)。

23. 答：薄膜电极电位包括两部分：一部分是膜内离子因扩散速度不同而产生扩散电位(2.5 分)；另一部分是电解质溶液形成的内外界面的 Donnan 电位(2.5 分)。

24. 答:溶出伏安法(2分),首先使待测物质在一定电位下电解或吸附富集一段时间,然后进行电位扫描,使富集在电极上的物质电解,记录电流一电位曲线,进行定量分析(2分)。特点:具有富集和溶出两个过程,灵敏度高(1分)。

25. 答:因为一原子或基团的电负性而引起电子云沿着键链向某一方面偏移的效应叫做诱导效应(5分)。

26. 答:溶解度跟有机物和水分子间形成的氢键有关(1.5分),因二者和水都能形成氢键,而沸点与同种物质分子间氢键有关(1.5分),正丁醇分子间能形成氢键(1分),乙醚分子间不能形成氢键(1分)。

27. 答:环的实际角度与碳原子正四面体所需要的角度不一致(2分),导致分子的热力学能高于正常烷烃的热力学能(2分),这种高出的能量叫张力能(1分)。

28. 答:因烷基正离子溶液重排,易形成烷基异构化产物(1.5分);烷基可活化苯环,易使烷基化反应产物为多元取代产物(1.5分);烷基化反应是可逆反应,使得产物可能复杂化(2分)。

29. 答:苯环上已有一个取代基后,再进行亲电取代反应时(2分),新进入的基团进入苯环的位置由环上原有取代基的性质决定(2分),这个原有的取代基叫定位基(1分)。

30. 答:乙醇的活泼氢能与 Na 发生如下反应(1分),苯与 Na 无反应(1分)。

$2C_2H_5OH + Na \longrightarrow 2C_2H_5ONa + H_2$(3分)

31. 答:RMgX 不仅是一种强的亲核试剂(1分),同时又是一种强碱(1分),可与醇羟基中 H 结合(1分),即 RMgX 可被具有活性氢的物质分解(2分)。

32. 答:$LiAlH_4$既是一种强还原剂(1.5分),又是一种强碱(1.5分),它所提供的 $H^-$ 与醇发生反应(2分)。

33. 答:呋喃遇盐酸浸湿的松木片呈绿色(1.5分);吡咯遇盐酸浸湿的松木片呈红色(1.5分);噻吩在浓硫酸存在下与靛红一同加热显示蓝色(2分)。

34. 答:室温下(1分),用浓硫酸来溶解噻吩(1分),静置分层后将酸液分出(1分),再将处理后的苯进行蒸馏即可得无噻吩的纯苯(2分)。

35. 答:蛋白质水解(1分);蛋白质可逆沉淀(1分);蛋白质凝聚(1分);蛋白质结构改变(1分);蛋白质结构改变(1分)。

36. 答:DNA 相对分子质量非常庞大,由脱氧核糖组成(2分),在 RNA 中,核糖代替脱氧核糖(1分),DNA 含有胸腺嘧啶(1分),RNA 中含有鸟嘧啶(1分)。

37. 答:在蛋白质水溶液中(1分),加入足量的盐类(1分),可使很多蛋白质从其溶液中沉淀出来(1分),这种现象叫盐析(2分)。

38. 答:用 EDTAE 滴定 $Zn^{2+}$ 的允许最低 pH 值小于 10(1分),且指示剂适宜于 pH=10 左右使用(1分),由于在滴定过程中不断有 $H^+$ 释放出来(1分),采用 $NH_3$-$NH_4Cl$ 缓冲溶液便可维持溶液的酸度在 pH=10(1分),并使 $Zn^{2+}$ 形成 Zn-$NH_3$ 络合物而不水解(1分)。

39. 答:从 HCl→HBr→HI 分子间色散力随相对分子质量增大而增大(2分),故沸点逐步升高(1分)。HF 的相对分子质量虽然最小(1分),但是电负性的 F 使 HF 间存在氢键而沸点大幅上升(1分)。

40. 答:稀有气体的熔点、沸点、密度随原子序数的增加而增大(1分)。原因是稀有气体原子间通过色散力凝聚(2分)。色散力随原子的相对分子质量增加而增大(2分)。

41. 答:使反应向逆反应反向进行(1.5 分);促进正反应的发生(1.5 分);促进逆反应的发生(2 分)。

42. 答:$2Cl_2+2Ca(OH)_2 = CaCl_2+Ca(ClO)_2+2H_2O$(1.5 分)碱性介质歧化(1 分)

$2H^+ +ClO^- +Cl^- = H_2O +Cl_2$(1.5 分)酸性介质反歧化(1 分)

43. 答:先把盐卤加热到 363K(0.5 分)后控制 pH 为 3.5(0.5 分),通入氯气(0.5 分)把溴置换出来,再用空气(0.5 分)把溴吹出,以碳酸钠(0.5 分)吸收,这时溴就歧化(0.5 分)生成 $Br^-$(0.5 分)和 $BrO_3^-$(0.5 分),最后用硫酸(1 分)酸化使单质溴从溶液中析出。

44. 答:不稳定,$H_2S$ 易被氧气氧化(2 分)。$Na_2S$ 氧化析出硫并能溶解单质硫生成多硫化物,随化合的硫的增加 $Na_xS$ 溶液的颜色由黄色至红色(3 分)。

45. 答:(1)否(0.5 分),$H_2O_2$强氧化性,能把 $H_2S$ 氧化(1.5 分);(2)否(0.5 分),$MnO_2$能把 $H_2O_2$氧化(1 分);(3)否(0.5 分),$H_2O_2$能把 $H_2SO_3$氧化(1 分)。

46. 答:二氧化硫能和一些有机色素结合成为无色的化合物(2 分),而氯气具有强氧化性(2 分),因此漂白原理不同(1 分)。

47. 答:缩合酸中酸根离子体积大(1 分),其表面的负电荷密度降低较多(1.5 分),对 $H^+$的吸附力减弱(1 分),更容易释放出 $H^+$ 而显更强的酸性(1.5 分)。

48. 答:为了加快反应速度(2 分)和减小 $As_2S_5$ 的溶解度(2 分)($As_2S_5$为酸性,在中性或弱碱性介质中不容易析出),因此在浓的强酸性介质中制备(1 分)。

49. 答:工业制法:大量的氮一般由分馏液态空气得到。

空气$\xrightarrow{加压}$液态空气$\xrightarrow{精馏}$氮气(2 分)

实验室制法:$(NH_4)_2Cr_2O_7 \xlongequal{\triangle} N_2+Cr_2O_3+4H_2O$(3 分)

50. 答:混合气体通过水溶液可除去 NO 中微量的 $NO_2$(2 分),然后经过硅胶即可(0.5 分);混合气体通过 $Fe^{2+}$ 的溶液即可除去 $N_2O$ 中的 NO(2 分),然后经过硅胶即可(0.5 分)。

51. 答:极高的灵敏度(2 分),这是脉冲极谱最突出的特点;很强的分辨能力(1.5 分);支持电解质的浓度可减少至 0.02 mol/L(1.5 分)。

52. 答:红磷由于逐渐被空气中的氧所氧化为 $P_2O_5$,再吸收空气中的水蒸气生成磷酸而潮解(2.5 分);而氢氧化钠、氯化钙只是吸收空气中的水(1.5 分)。潮解后的红磷可用水洗涤后干燥,重新利用(1 分)。

53. 答:$NH_4HCO_3$易分解(1 分),因此储存时要密封(1 分),分解反应为:

$NH_4HCO_3 = NH_3\uparrow+H_2O+CO_2\uparrow$(3 分)

54. 答:因根据 CO 的分子轨道排布式,CO 分子中 C 原子和 O 原子以三重键结合(2 分)。尽管 O 原子电负性较大(0.5 分),但因结合很强烈(0.5 分),难以把电子从碳原子上吸引过来(1 分),故 CO 分子几乎没有极性(1 分)。

55. 答:硅胶是很好的干燥剂(0.5 分)、吸附剂(0.5 分)以及催化剂载体(0.5 分),对 $H_2O$、$BCl_3$、$PCl_5$等极性物质有较强的吸附作用(1 分),而分子筛根据结构与孔径的不同(0.5 分)分为不同型号,具有选择性吸附能力和离子交换能力(1 分),可用于物质的分离与提纯或催化剂载体等方面(1 分)。

56. 答:用氨水即可判断(2 分)。如沉淀为氯化银,则该沉淀能溶于氨水中(1.5 分);如沉淀为氯化亚汞,则沉淀残渣变为黑色(1.5 分)。

57. 答:水玻璃与空气中的 $CO_2$ 发生反应(1 分):

$Na_2SiO_3 + CO_2 + 2H_2O = H_4SiO_4\downarrow + Na_2CO_3$(4 分)

58. 答:阳离子对 $CO_3^{2-}$ 产生反极化作用(2 分),使 $CO_3^{2-}$ 不稳定而分解(1 分),阳离子的极化作用越大(1 分),碳酸盐就越稳定(1 分)。

59. 答:混合气体先后通过氢氧化钠溶液(1 分)和干燥的硅胶(1 分)即可除去氢气中的二氧化碳气体;混合气体先后通过饱和碳酸氢钠溶液(1 分)、炽热的氧化铜(1 分)和干燥的硅胶(1 分)。

60. 答:$2MnO_4^- + 3Mn^{2+} + 2H_2O = 5MnO_2\downarrow + 4H^+$(3 分)

而 $K_2Cr_2O_7$ 在酸性介质中不与 $Mn^{2+}$ 反应(2 分)

61. 答:(1)沉淀法(0.5 分),在 0.5mol/L $Cl^-$,2.0mol/L $H^+$ 条件下生成白色沉淀即表示存在(1.5 分);(2)$Hg^{2+}$ 的鉴定,沉淀洗涤后加入氨水,如残渣变黑表示有亚汞的存在(1.5 分);(3)在第 2 步分出的沉淀的溶液中加入硝酸酸化,如有白色沉淀表示有银的存在(1.5 分)。

62. 答:有(M+1)峰的强度为分子离子峰的 1.12%可知该化合物只有一个碳原子(2.5 分)。结合该化合物的相对分子量为 142,可推导出该化合物为 $CH_3I$(2.5 分)。

63. 答:气敏电极的下端部装有憎水性气透膜(2 分),溶液中的气体可透过该膜进入电极管内(1 分),使管内溶液中的化学平衡发生改变(2 分)。

64. 答:灵敏度与经典极谱差不多(1 分);选择性比经典极谱强的多(1 分);氧波干扰小,这是由于氧的电极反应很不可逆(1 分);许多在经典极谱中为可逆的反应,而在交流极谱中却变为不可逆(2 分)。

65. 答:硝酸铵加热分解生成 $N_2O$、$N_2$、$O_2$ 等情况复杂的混合气体(1.5 分);重铬酸铵分解生成氮气(2 分);碳酸氢铵加热分解生成氨气和二氧化碳、水的混合气体(1.5 分),故都不宜用来制取氨气。

66. 答:在酸性介质中(0.5 分),亚硝酸钾可使高锰酸钾溶液退色(1 分),而硝酸钾不能(0.5 分)。

$2MnO_4^- + 5NO_2^- + 6H^+ = 2Mn^{2+} + 5NO_3^- + 3H_2O$(3 分)

67. 答:加 KOH 固体(1 分),放出气体使红色石蕊试纸变蓝的为 $NH_4^+$(1 分),使酸性 $KMnO_4$ 溶液退色的为 $NO_2^-$(1 分),能使 $AgNO_3$ 溶液生成黄色沉淀的为 $PO_4^{3-}$(1 分),剩余的为 $NO_3^-$(1 分)。

68. 答:(1)向 $Ag^+$ 溶液中加入少量硫代硫酸钠溶液,$Ag^+$ 过量(0.5 分),先有白色沉淀(1 分),然后变黄色(0.5 分)、棕色(0.5 分),最后变黑色(1 分);(2)向 $S_2O_3^{2-}$ 溶液中加入少量硝酸银溶液,$S_2O_3^{2-}$ 过量(0.5 分),无明显现象(1 分)。

69. 答:用盐酸与 FeS 作用(1 分):$2HCl + FeS = H_2S + FeCl_2$(3 分)

因为硝酸与浓硫酸具有氧化性(1 分)。

70. 答:从空气中分离稀有气体的方法:先将液态空气分级蒸馏(1 分),挥发除去大部分氮以后(0.5 分),继续分馏(0.5 分),把稀有气体和氧气分离出来(0.5 分),再将这种气体通过氢氧化钠除去二氧化碳(1 分),用炽热的铜丝除去微量的氧(0.5 分),再用灼热的镁屑使氮转化为氮化镁(1 分)。

## 六、综 合 题

1. 解：$Na_2B_4O_7 \cdot 10H_2O + 2HCl \xlongequal{} 4H_3BO_3 + NaCl + 7H_2O$(5 分)

1 mol　　　　　　2 mol

$\frac{0.381\,4}{381.37}$ mol　　$19.55\times10^{-3}\times c$ (HCl) mol(2 分)

得 $1\div\frac{0.381\,4}{381.37}=2\div(1.955\times10^{-2}c\,(\text{HCl}))$(1.5 分)

求得 $c$ (HCl)$=0.102\,3$ mol/L(1.5 分)

答：HCl 溶液的物质的量浓度为 0.102 3 mol/L。

2. 解：反应完毕产物：$CHCl_2COONa + NH_4Cl$(2 分)

0.05 mol　0.1 mol

PBE：$[H^+]=[OH^-]+[NH_3]-[CHCl_2COOH]$ (3 分)

$[H^+]=K'_a[NH_4{}^+]/[H^+]-[H^+]\times0.05/10^{-3}$(3 分)

pH=5.28 (2 分)

答：化学计量点时溶液的 pH 值是 5.28。

3. 解：题设 $c=0.10$，$c/K_a=0.10/(1.8\times10^{-5})=5.6\times10^3\gg500$，可应用近似公式求解(3 分)。

$[H^+]=(1.8\times10^{-5}\times0.10)^{1/2}=1.3\times10^{-3}$ mol/L(5 分)

pH$=-\lg[H^+]=2.89$(2 分)

答：0.10 mol/L 醋酸溶液的 pH 值为 2.89。

4. 解：根据　$2Al+3H_2SO_4 \xlongequal{} Al_2(SO_4)_3+3H_2\uparrow$(5 分)

$2\times27.00$　$3\times98.06$

5　$x$(kg)(列出对应物质质量 2 分)

$x=\frac{5\times3\times98.06}{2\times27.00}=27.24$(kg) (1 分)

实际用的是 10%的硫酸，因此实际用量为：

$\frac{27.24}{10\%}=272.4$(kg) (1 分)

答：需消耗 10%的硫酸 272.4 kg(1 分)。

5. 解：已知：$[H^+]=0.001$ mol/L$=10^{-3}$ mol/L(1 分)

pH$=-\lg[H^+]=-\lg10^{-3}=3$(4 分)

又：pH+pOH=14(2 分)

pOH=14−3=11(2 分)

答：溶液的 pOH 值为 11(1 分)。

6. 解：已知：$V_1=20.00$mL，$C_1=4.0$mol/L，$V_2=500$ mL，由 $V_1C_1=V_2C_2$(2 分)

$C_2=\frac{20.00\times4}{500}=0.16$ mol/L(4 分)

$[H^+]=0.16$ mol/L (1 分)

pH$=-\lg[H^+]=-\lg0.16=-\lg(1.6\times10^{-1})=1-0.2=0.8$(2 分)

答:溶液中的氢离子浓度为 0.16 mol/L,pH 值为 0.8(1 分)。

7. 解:已知:$c(1/5KMnO_4)=0.200\ 0$ mol/L,$V_{KMnO_4}=5.00$ mL

$M_{Na_2C_2O_4}=134.0$,$\frac{1}{2}M_{Na_2C_2O_4}=\frac{134.0}{2}=67.00$ g/mol(2 分)

根据:$c\cdot V=\frac{W}{M}$(4 分)

$W_{Na_2C_2O_4}=\frac{0.200\ 0\times 5.00\times 67.00}{1\ 000}=0.067\ 0(g)$ (3 分)

答:应称取草酸钠 0.067 0 g(1 分)。

8. 解:已知 $M_{HCl}=34.46$ g/mol,$\rho=1.19$ g/L,$V_{HCl}=1\ 000$ mL

则盐酸的摩尔数为:$\frac{37.23\%\times 1.19\times 1\ 000}{34.46}$(4 分)

将 1 升溶液稀释 1 倍后的浓度:

这时 $V'_{HCl}=2\ 000$ mL(1 分)

$c(HCl)=(37.23\%\times 1.19\times 1\ 000)/[36.46\times(2\ 000/1\ 000)]=6.076$ mol/L(4 分)

答:稀释后溶液的浓度为 6.076 mol/L(1 分)。

9. 解:已知:$M_{H_2C_2O_4\cdot 2H_2O}=126.1$ g/mol,$\frac{1}{2}M_{H_2C_2O_4\cdot 2H_2O}=63.05$ g/mol(2 分)

$V_{NaOH}=30.08$ mL

根据 $c\cdot V=\frac{W}{M}$(4 分),则 $c(NaOH)=\frac{0.204\ 5\times 1\ 000}{63.05\times 30.08}=0.107\ 8$(mol/L)(3 分)

答:NaOH 溶液的浓度为 0.107 8 mol/L(1 分)。

10. 解:已知:$c(AgNO_3)=0.100\ 0$ mol/L,$V_{AgNO_3}=22.10$ mL,$M_{样品}=0.259\ 2$ g

根据:$c\cdot V=\frac{W}{M}$(4 分)

$W=\frac{0.100\ 0\times 22.10\times 35.45}{1\ 000}$(3 分)

$\omega_{Cl}=\frac{0.1\ 000\times 22.10\times 35.45}{1\ 000\times 0.259\ 2}\times 100\%=30.22\%$(2 分)

答:样品中氯的含量为 30.22%(1 分)。

11. 解:已知 $W_{Na_2CO_3}=0.1\ 535$ g,$M_{Na_2CO_3}=106.0$ g/mol,

$\frac{1}{2}M_{Na_2CO_3}=53.00$ g/mol,$V_{HCl}=21.80$ mL

根据:$c\cdot V=\frac{W}{M}$(4 分)

$c\ (HCl)=\frac{0.153\ 5\times 1\ 000}{53.00\times 21.80}=0.132\ 8$(mol/L) (5 分)

答:盐酸浓度为 0.132 8 moL/L(1 分)。

12. 解:$H_2SO_4+2NaOH═Na_2SO_4+2H_2O$ (2 分)

　　　　1　　　　2

(摩尔数)$n_{H_2SO_4}$　　$n_{NaOH}$(列出对应物质的量 1 分)

$n_{NaOH}=2n_{H_2SO_4}$(1分)

已知:$c(H_2SO_4)=0.098\ 50$ mol/L,$V_{H_2SO_4}=20.00$ mL,$c(NaOH)=0.194\ 5$ mol/L

$2\cdot c(H_2SO_4)\cdot V_{H_2SO_4}=c(NaOH)\cdot V_{NaOH}$(3分)

$V_{NaOH}=\dfrac{2\times0.098\ 50\times20.00}{0.194\ 5}=20.26(mL)$(1分)

答:用去0.194 5 mol/L NaOH溶液20.26 mL(2分)。

13. 解:已知$c(1/6K_2Cr_2O_7)=0.002\ 0$ mol/L,$V_{K_2Cr_2O_7}=30.32$ mL

$M_{FeO}=72.0$ g/mol

$\omega_{FeO}=\dfrac{0.002\ 0\times30.32\times(72.0/1\ 000)}{0.200\ 0}\times100\%=2.18\%$(列出反应式5分,结果5分)

答:炉渣中氧化亚铁的含量为2.18%。

14. 解:$5Fe^{2+}+MnO_4^-+8H^+=5Fe^{3+}+Mn^{2+}+4H_2O$(2分)

5　　1

$n_{Fe}$　　$n_{KMnO_4}$

$n_{Fe}=5n_{KMnO_4}$

则 $n_{Fe_2O_3}=\dfrac{5}{2}n_{KMnO_4}$

$T_{Fe/KMnO_4}=\dfrac{W_{Fe}}{V_{KMnO_4}}=\dfrac{n_{Fe}\cdot M_{Fe}}{V_{KMnO_4}}=\dfrac{5n_{KMnO_4}\cdot M_{Fe}}{V_{KMnO_4}}=5c(KMnO_4)\cdot M_{Fe}$

$=5\times0.021\ 20\times55.85/1\ 000=0.005\ 920$ g/mL(2分)

$T_{Fe_2O_3/KMnO_4}=\dfrac{5}{2}c(KMnO_4)\cdot M_{Fe_2O_3}=\dfrac{5}{2}\times0.021\ 2\times159.7/1\ 000=0.008\ 464$ g/mL(2分)

$\omega_{Fe}=\dfrac{T_{Fe/KMnO_4}\times V_{KMnO_4}}{G}\times100\%=\dfrac{0.005\ 920\times26.18}{0.272\ 8}\times100\%=56.81\%$(2分)

$\omega_{Fe_2O_3}=\dfrac{T_{Fe_2O_3/KMnO_4}\times V_{KMnO_4}}{G}\times100\%=\dfrac{0.008\ 465\times26.18}{0.272\ 8}\times100\%=81.23\%$(2分)

答:$T_{Fe/KMnO_4}$:0.005 920 g/mL,$T_{Fe_2O_3/KMnO_4}$:0.008 464 g/mL,试样中含铁量为56.81%,含$Fe_2O_3$为81.23%。

15. 解:$A=\varepsilon\cdot b\cdot c$,检量线是通过原点的直线。

$C_{样}=A_{样}/A_{标}\cdot C_{标}=\dfrac{0.426\times1.36\times10^{-6}}{0.355}=1.63\times10^{-6}$ mol(5分)

$\omega_{Ti}=C_{样}\cdot M_{分子量}/G\times100\%=\dfrac{1.63\times10^{-6}\times47.88}{0.400\ 0\times\dfrac{10}{100}}\times100\%=0.195\%$(4分)

答:铝合金中钛的含量为0.195%(1分)。

16. 解:根据$A=\varepsilon\cdot b\cdot c$(5分)

$\varepsilon=\dfrac{A}{b\cdot c}$(2分)

$\varepsilon=\dfrac{0.48}{1.00\times4.12\times10^{-5}}=1.17\times10^4$ L/(moL·cm)(2分)

答:该显色溶液的摩尔吸光系数为 1.17×10⁴ L/(moL·cm)(1分)。

17. 解:滴定过程中,中和氢氧化钠所消耗的盐酸标准溶液的体积 $V_1=21.02$ mL,中和碳酸钠所消耗盐酸标准溶液的体积为

$V_2=V-V_1=21.32-21.02=0.30$ mL(3分)。

因此 $\omega_{NaOH}=\dfrac{c(HCl)\cdot V_1\times\dfrac{40}{1\,000}}{5.000\,0\times\dfrac{25}{100}}\times100\%=\dfrac{1.020\times21.02\times\dfrac{40}{1\,000}}{5.000\,0\times\dfrac{25}{100}}\times100\%=68.61\%$(3分)

$$\omega_{Na_2CO_3}=\frac{c(HCl)\cdot V_2\times\dfrac{106}{2\,000}}{5.000\,0\times\dfrac{25}{100}}\times100\%=\frac{1.020\times0.30\times\dfrac{106}{2\,000}}{5.000\,0\times25/100}\times100\%=1.30\%\text{(3 分)}$$

答:烧碱试样中氢氧化钠的质量百分数为 68.61%,碳酸钠的质量百分数为 1.30%(1分)。

18. 解:用 HCl 滴定 $Na_2CO_3$ 的反应:

$2HCl+Na_2CO_3=\!=\!=2NaCl+H_2O+CO_2\uparrow$(3分)

已知 $S=0.490\,9$ g, $c$ (HCl)$=0.505\,0$ mol/L,$V=18.32$ mL

$M_{Na_2CO_3}=105.99$ g/mol,则根据:

$$\omega_{Na_2CO_3}=\frac{c(HCl)\cdot V_{HCl}\times\dfrac{1}{1\,000}\times\dfrac{a}{t}\times M_{Na_2CO_3}}{S}\times100\%\text{(3 分)}$$

$$=\frac{0.505\,0\times18.32\times\dfrac{1}{1\,000}\times\dfrac{1}{2}\times105.99}{0.409\,9}\times100\%\text{(1 分)}$$

$=99.88\%$(2分)

答:样品中 $Na_2CO_3$ 的百分含量为 99.88%(1分)。

19. 解:已知 $S=2.000$ g,$w_{Mn}=0.56\%$,$V=20.36$ mL 则

$0.56\%=\dfrac{T_{Mn}\times20.36}{2.000}\times100\%$(5分)

$T_{Mn}=\dfrac{2.000\times0.56}{20.36\times100}=0.000\,55$ g/mL(4分)

答:标准溶液对 Mn 的滴定度为 0.000 55 g/mL(1分)。

20. 解:设 NaCl 的质量为 $x$ 克,则 KCl 的质量为$(0.180\,3-x)$(2分)

于是$\dfrac{M_{AgCl}}{M_{NaCl}}x+\dfrac{M_{AgCl}}{M_{KCl}}(0.180\,3-x)=0.390\,4$(1分)

$x=0.082\,83$ g(1分)

$$\omega_{Na_2O}=\frac{x\cdot\dfrac{M_{Na_2O}}{2\times M_{NaCl}}}{\text{试样的质量(g)}}\times100\%\frac{0.082\,83\times\dfrac{61.98}{2\times58.44}}{0.500\,0}\times100\%\text{(1 分)}$$

$=8.78\%$

$$\omega_{K_2O}=\frac{(1.1803-x)\times\frac{M_{K_2O}}{2\times M_{KCl}}}{试样的质量(g)}\times 100\%\frac{(0.1803-0.08283)\times\frac{94.20}{2\times 74.55}}{0.5000}\times 100\%(1分)$$

$=12.32\%$(2 分)

答:试样中 $Na_2O$ 的百分含量为 8.78%(1 分),$K_2O$ 的百分含量为 12.32%(1 分)。

21. 解:设应加入 $V$ mL,浓度为 0.500 0 mol/L $H_2SO_4$溶液

根据溶液增浓前后,物质的量相等的原理,则

$0.0982\times 4800+0.5000V=(4800+V)\times 0.1000$(5 分)

$V=\frac{(0.1000-0.0982)\times 4800}{0.5000-0.1000}=21.60$ mL(5 分)

答:应加入 0.500 0 mol/L $H_2SO_4$溶液 21.60 mL。

22. 解:$0.05000\times 25.00=$EDTA 的物质的量(1 分)

$0.02000\times 21.50=Zn(Ac)_2$的物质的量=过量的 EDTA 物质的量(1 分)

而 $0.05000\times 25.00-0.02000\times 21.50=$实际与 $Al^{3+}$ 作用的物质的量(2 分)

故 $\omega_{Al}=\frac{(0.05000\times 25.00-0.02000\times 21.50)\times 26.98}{0.2500\times 1000}\times 100\%=8.85\%$(5 分)

答:铝的百分含量为 8.85%(1 分)。

23. 解:因 $MgNH_4PO_4\longrightarrow Mg^{2+}\longrightarrow PO_4^{3-}\longrightarrow P$(3 分)

故 $Mg^{2+}$ 的物质的量=P 的物质的量(2 分)

$$\omega_P=\frac{c(EDTA)\cdot V_{(EDTA)}\times\frac{1}{1000}\times M_p}{试样的质量}\times 100\%=\frac{0.0100\times 20.00\times\frac{1}{1000}\times 30.97}{0.1000}\times$$

$100\%=6.19\%$(5 分)

答:试样中磷的百分含量为 6.19%。

24. 解:$Cr_2O_7^{2-}+6Fe^{2+}+14H^+ \!=\!=\!= 2Cr^{3+}+6Fe^{3+}+7H_2O$(2 分)

则$\frac{1}{1000}c(K_2Cr_2O_7)\times 1\times 6=\frac{T_{K_2Cr_2O_7/Fe}}{M_{Fe}}$(1 分)

即 $T_{K_2Cr_2O_7/Fe}=\frac{c(K_2Cr_2O_7)\times 1\times 6\times M_{Fe}}{1000}=\frac{0.0200\times 1\times 6\times 55.85}{1000}=0.006702$ g/mL(2 分)

$\omega_{Fe}=\frac{T_{K_2Cr_2O_7/Fe}\times V_{K_2Cr_2O_7}}{试样质量}\times 100\%=\frac{0.006702\times 25.60}{0.2801}\times 100\%=61.25\%$(4 分)

答:试样中的含铁量为 61.25%(1 分)。

25. 解:已知 NaCl 的摩尔质量 $M=58.44$ g/mol

$\omega_{NaCl}=\frac{0.1500\times\frac{22.50}{1000}\times 58.44}{0.2000}\times 100\%=98.62\%$(等式 5 分,结果 5 分)

答:NaCl 的百分含量为 98.62%。

26. 解:设 $BaSO_4$的溶解度为 $S$,此时$[SO_4^{2-}]=0.01$ mol/L(1 分)

所以 $S=[Ba^{2+}]=\frac{K_{sp}}{[SO_4^{2-}]}=\frac{1.1\times 10^{-10}}{0.01}=1.1\times 10^{-8}$ mol/L(3 分)

沉淀在 200 mL 溶液中的损失量为 $1.1\times10^{-8}\times233.4\times\frac{200}{1\,000}=5\times10^{-4}$ mg(5 分)

答:$BaSO_4$的溶解损失为 $5\times10^{-4}$ mg。(1 分)

27. 解:可按下式进行计算:$\omega_{SiO_2}=\frac{SiO_2\text{沉淀的重量(g)}}{\text{试样的质量(g)}}\times100\%$(5 分)

$$=\frac{0.136\,4}{0.200\,0}\times100\%=68.20\%\text{(4 分)}$$

答:试样中 $SiO_2$的百分含量为 68.20%(1 分)。

28. 解:Cd 原子量为 112.41

$[Cd^{2+}]=\frac{140\times10^{-6}}{112.41}=1.25\times10^{-6}$ mol/L(4 分)

$A=\varepsilon\cdot b\cdot c$(3 分)

$\varepsilon=\frac{A}{b\cdot c}=\frac{0.22}{2\times1.25\times10^{-6}}=8.8\times10^{4}$ L/(mol·cm)(2 分)

答:摩尔的吸光系数为 $8.8\times10^{4}$ L/(mol·cm)(1 分)。

29. 解:$\omega_E=\frac{C_{有}/C_{水}}{C_{有}/C_{水}+V_{水}/V_{有}}\times100\%=\frac{18}{18+1}\times100=94.7\%$(等式 5 分,结果 5 分)

答:镓的萃取百分率为 94.7%。

30. 解:$W_A=C_T\times\frac{V_T}{1\,000}\times M_A$(5 分)

已知:$c(K_2Cr_2O_7)=0.020\,00$ mol/L,$V=1\,000$ mL,$M_{K_2Cr_2O_7}=294.2$ g/mol

$W_{K_2Cr_2O_7}=(0.020\,00\times1\,000\times1/1\,000)\times294.2=5.884$(g)(5 分)

答:应称取 $K_2Cr_2O_7$ 5.884 g。

31. 解:溶液中 HAc 的浓度为:$[HAc]=\frac{6.0\times34}{500}=0.41$ mol/L(3 分)

$K_a=\frac{[H^+]\cdot[Ac^-]}{[HAc]}$

$[Ac^-]=\frac{K_a\cdot[HAc]}{[H^+]}=\frac{1.8\times10^{-5}\times\frac{6\times0.034}{0.5}}{1.0\times10^{-5}}=0.74$ mol/L(3 分)

在 500 mL 溶液中需要 $NaAc\cdot3H_2O$ 的质量为

$W_{NaAc\cdot3H_2O}=\frac{136.1\times0.74}{2}=50$(g) (3 分)

答:需要 $NaAc\cdot3H_2O$ 50 g(1 分)。

32. 解:终点时 pH=4.00,较计量点 pH=7.00 低,HCl 酸有剩余,误差为负(3 分)。

$c(H^+)=1.0\times10^{-4}$ mol/L,则 $c(OH^-)=1.0\times10^{-10}$ mol/L(2 分)

又因 $c$ (NaOH)=$c$ (HCl),达终点时,体积增大一倍 (1 分)

$c(H^+)\approx\frac{1}{2}c$ (NaOH)$=\frac{1}{2}c$ (HCl)=0.050 mol/L(2 分)

$[H^+]>>[OH^-]$,因此$[OH^-]$可以忽略

$TE=\frac{1.0\times10^{-4}}{0.050}\times100\%=-0.2\%$(2 分)

答:其滴定误差为－0.2%。

33. 解:已知 $c$(亚铁溶液)＝0.025 0 N,$V_1=16.85$ mL,$V_2=0.04\times2=0.08$ mL

$W=0.500\ 0$ g,Cr 的原子量＝51.996

$$\omega_{Cr}=\frac{c(\text{亚铁溶液})(V_1-V_2)\times\frac{51.996}{3}}{w\times1\ 000}\times100\%$$

$$=\frac{0.025\times(16.85-0.08)\times\frac{51.966}{3}}{0.500\ 0\times1\ 000}\times100\%=1.45\%$$

(等式关系 5 分,结果 5 分)

答:试样中铬的含量为 1.45%。

34. 解:已知 $c$(Zn)＝0.020 0 mol/L,Al 的原子量＝26.982

$V_{Zn}=8.25$ mL,　$W=0.250\ 0$ g

$\omega_{Al}=\frac{M_{Zn}\times V_{Zn}\times26.982}{W\times\frac{25}{100}\times1\ 000}\times100\%=\frac{0.020\ 0\times8.25\times26.982}{0.250\ 0\times\frac{25}{100}\times1\ 000}\times100\%=7.12\%$(等式关系 5 分,结果 5 分)

答:试样中含铝量为 7.12%。

35. 解:显色中浓硫酸的毫升数为:$V_{H_2SO_4}=(\frac{1}{18}\times30)\times\frac{10}{100}=0.167$ mL(5 分)

显色液体积为:$V_{显}=10+5=15$ mL(2 分)

已知浓硫酸浓度 18 mol/L

所以显色液中 $H_2SO_4$ 的浓度 $c(H_2SO_4)=\frac{V_{H_2SO_4}\times18}{15}=0.2$ mol/L(3 分)

答:此时硫酸浓度为 0.2mol/L。

# 化学检验工(高级工)习题

## 一、填空题

1. 紫外和可见光谱吸收曲线的表示方法有 $\lambda-\varepsilon$, $\lambda-\lg\varepsilon$, $\lambda-A$ 和(　　)。

2. 俄歇跃迁通常有(　　)能级参与，至少涉及 2 能级，所以第一周期的元素不产生俄歇电子。

3. 原子发射光谱的光源有(　　)、交流电弧、电火花和 ICP。

4. 用可见分光光度法测定高含量的组分时，若测得的吸光度值太高，超出适宜的读数范围而引入的较大误差。此时，可采用(　　)法进行测定，以浓度稍低于试样浓度的标准溶液做参比。

5. 用 0.100 0 mol/L HCl 标准溶液滴定 0.10 mol/L 乙二胺溶液($pK_{b1}=4.07$, $pK_{b2}=7.15$)，到化学计量点时，溶液的 pH 值为 4.08，应选用(　　)作指示剂。

6. 佛尔哈德法测定氯化物时，未加入 1,2 二氯乙烷将使测定结果(　　)。(偏高、偏低、无影响)

7. EDTA 常用(　　)配制，若要用 EDTA 法测定 $Pb^{2+}$，常采用 PbO 作为标定 EDTA 的基准物，此时，应用二甲酚橙作指示剂。

8. 碘量法是基于 $I_2$ 的氧化性和 $I^-$ 的还原性进行测定的氧化还原滴定法。其基本的反应式为(　　)。(写直接滴定法)

9. 配制 $Na_2S_2O_3$ 溶液时，用新煮沸的冷却蒸馏水的目的是杀菌、除氧、(　　)。

10. 在络合滴定中，若封闭现象是由被测离子本身引起的，则可采用(　　)滴定方式进行。

11. 法杨司法测定 $Cl^-$ 时，(　　)沉淀颗粒对指示剂的吸附力应略小于对被测离子的吸附力。

12. 在沉淀反应中，沉淀对杂质吸附的一般规律是：沉淀颗粒越大，吸附能力(　　)；杂质离子的价态越低，越不易被吸附。

13. 用摩尔法测定 NaCl 和 $Na_3PO_4$ 混合溶液中的 $Cl^-$，由于 pH 值太高将会发生(　　)现象。

14. 用碘量法测定漂白粉中有效氯的含量，如果淀粉指示剂加入过早，会使测定结果偏低这是因为(　　)被淀粉吸附消耗 $Na_2S_2O_3$，这是属于间接滴定法。

15. 以盐酸标准溶液滴定 $NH_3 \cdot H_2O$($pK_a=4.74$)，若分别以甲基橙和酚酞作指示剂，消耗的盐酸体积分别以 $V_{甲}$ 和 $V_{酚}$ 表示，则 $V_{甲}$ 和 $V_{酚}$ 的关系为(　　)。

16. pH 为 7.20 的磷酸盐溶液中，磷酸盐存在的主要形式为(　　)。(已知 $H_3PO_4$ 的 $pK_{a1}=2.12$, $pK_{a2}=7.20$, $pK_{a3}=12.36$)

17. 已知甲基橙 $pK_a=3.4$，当溶液 pH=3.1 时，$[In^-]/[HIn^-]$ 的比值为(　　)。

18. 下列物质中，$NH_4Cl(pK_{b_{NH_3}}=4.7)$，苯酚钠($pK_{a_{苯酚}}=9.96$)，其中能用强酸标准溶液直接滴定的物质是(　　)

19. EDTA 滴定混合液中的 M+N，(设 $\lg K_{MY}>\lg K_{NY}$)，若 $TE\leqslant\pm0.1\%$，$\Delta pM=\pm0.2$，$C_M/C_N=10$，$\Delta\lg K$ 最少应为(　　)。

20. $K_2Cr_2O_7$法测定铁，试样重 1.000 g，若使滴定管上的 $K_2Cr_2O_7$溶液体积读数在数值上恰好等于样品中铁的质量分数，则配制 $K_2Cr_2O_7$ 溶液的浓度为(　　)mol/L。($M_{Fe}=55.85$)

21. 配制 EDTA 溶液的水中有少量 $Pb^{2+}$ 和 $Ca^{2+}$，在 pH=5～6 时用纯锌为基准物质标定其浓度。若用此 EDTA 标准溶液测定 $Al^{3+}$(pH=5～6，以 $Zn^{2+}$ 为标准液回滴)，其结果(　　)(指偏高、偏低或无影响)。

22. 用 0.100 mol/L NaOH 滴定 25.00 mL、浓度为 0.1 000 mol/L 的 HCl，若以甲基橙为指示剂滴定至 pH=4.0 为终点，其终点误差 $TE$=(　　)

23. 用某种方法测定一纯化合物中组分 A 的质量分数，共 9 次，求得组分 A 的平均值为 60.68%，标准偏差 $S$=0.042%。已知 $\mu$=60.66%，$t_{0.058}=2.31$，平均值的置信区间为(　　)。

24. 某学生把测定牛奶含氮量的分析结果平均值 1.36%简化为 1.4%，由此引起的相对误差为(　　)。

25. 用分度值为 0.1 g 台秤称取物品，最多可记录 3 位有效数字。如用来测定土壤水分要求称量误差不大于 2%，至少应称取土壤试样(　　)g。

26. 比较溶解度：AgCl(在纯水中)(　　)(在 0.001 mol/L NaCl 中)。

27. 比较溶解度：AgCl(在纯水中)(　　)(在 0.005 mol/L NaCl 中)。

28. 质量法测定铁，测量形式为 $Fe_2O_3$，若灼烧所成的 $Fe_2O_3$ 中含有少量的 $Fe_3O_4$，则将使测定结果(　　)。

29. 在统计学上，把在一定概率下，以测定平均值为中心包括总体平均值在内的可靠范围，称为(　　)，这个概率称为置信度。

30. 使 $MnO_4^-$ 与 $C_2O_4^{2-}$ 的氧化还原反应速度增快的因素有酸度、温度和(　　)。

31. 库仑分析法是(　　)法中的一种，它通过测量流过电解池的电量在电极上起反应的物质的量。

32. 某物质对各种波长的可见光全吸收，因此显(　　)。

33. 有甲、乙两瓶 $KMnO_4$溶液，浓度是甲=0.1%，乙=0.5%，则溶液甲的(　　)较大，乙的吸光度较大。

34. 分光光度法定量可分为(　　)法、比较法和标准加入法。

35. 相对响应值是单位量被测物与单位量(　　)的响应值之比。

36. 载气的线速度，对于填充柱为(　　)cm/s，对于空心柱为 20 cm/s。

37. 氢焰检测器用的三种气体流量之比为 $H_2$：$N_2$：空气=1：(　　)：(10～15)。

38. 液相色谱中应用最广泛的检测器是(　　)检测器和示差折光检测器。

39. 热导池中热丝温度与池壁温度之差越大，热导池的灵敏度(　　)。

40. 利用化学反应将固定液的官能团连接到载体表面上形成(　　)固定相。

41. 载气热导率与样品蒸气热导率的差值影响热导池的灵敏度，其差值越大灵敏度(　　)。

42. 气相色谱检测器根据信号记录方式不同可分为(　　)和积分型两种。

43. 气相色谱中汽化室的温度要求比样品组分的最高沸点高出(  ),也可以比柱温高50 ℃以上。

44. 当被测组分数目多而且沸点范围宽时,柱温可选用(  )。

45. 热导池的热敏元件选用电阻值(  )电阻温度系数大的金属丝或热敏电阻。

46. 色谱检测器的线性范围是指检测器(  )与被测组分的量呈线性关系的浓度范围。

47. 电位分析法是利用(  )与离子浓度之间的关系来测量离子含量的,电位分析法分为电位滴定和直接电位两大类。

48. 在氧化还原反应中,氧化剂和还原剂得失(  )数目相等。

49. 氟化钠—氯化亚锡磷钼蓝光度法测定钢铁中 P,用(  )溶液(5%)5 mL 作为显色剂,合适的酸度范围为 1.6~2.7 N,用氯化亚锡作还原剂,将磷钼杂多酸还原为钼蓝,进行比色测定,氟化钠是掩蔽剂,以消除 $Fe^{3+}$ 的影响。

50. 硅钼蓝光度法测定钢中硅,加入草酸的作用有(  ),溶解钼酸铁,消除 $Fe^{3+}$ 的色泽影响,增强二价铁的还原能力。

51. 写出硼砂的化学式:(  )。

52. 焊锡是含(  )的低熔点合金。

53. 离子极化的发生使键型由离子键向(  )转化,通常表现出化合物的溶解度降低晶体的配位数减少颜色加深。

54. $[Co(ONO)(NH_3)_3(H_2O)_2]Cl_2$ 的名称(  )。

55. 熔点最高的金属是(  ),硬度最大的金属是铬。

56. 在液氨中,乙酸是(  ),而在液态 HF 中,乙酸是弱碱。

57. 在 300 mL 0.2 mol/L 氨水中加入(  )mL 水才能使氨水的电离度增大一倍。

58. 154 号元素可能在周期表中的位置是(  )。

59. 在各种不同的原子中 3d 和 4s 电子的能量大小比较是(  )。

60. 配合物 $[Ni(CO)_3(Py)]$ 可命名为(  )。

61. 卤素的电子亲合能的变化为(  )。

62. 铝的氟化物的熔点比溴化物的熔点高且(  )易溶于苯。

63. 选择稀有气体作为:温度最低的液体冷冻剂(  ),电离能最低安全的放电光源 Xe,最廉价的惰性气体 Ar。

64. 化合物 $Mg_3N_2$、$SbCl_5$、$POCl_3$ 和 $NCl_3$ 中,遇水既有酸也有碱生成的是(  )。

65. $InCl_2$ 为逆磁性化合物,其中 In 的化合价为(  )。

66. 在 Mg、Al、Fe、Co、Zr、Ag、Hf 和 Au 中,性质最接近的两个元素是(  ),原因是由镧系收缩造成的。

67. 设想从 CsCl 晶格中除去一半 $Cs^+$,使 $Cl^-$ 周围成为四面体配位,这样得到的 $MX_2$ 是(  )结构。

68. $N_2O_4$ 和(  )是等电子体。

69. 电器设备起火,要首先拉开电闸,用(  )灭火器灭火,不能使用泡沫灭火器。

70. 在水溶液中,下列离子的存在形式:$Cu^+$(aq)不稳定,$Au^+$(aq)不存在,$Ag^+$(aq)稳定存在,这说明 d 轨道的稳定性应该是(  )。

71. 在一定温度下,密闭容器中,101.3 kPa 的 $NO_2$ 发生 $2NO_2 \longrightarrow N_2O_4$,经过一段时间

后,其最终压强为86.1kPa,则聚合度为(　　)%。

72. 向含有1 mol/L $Na_2CO_3$和1 mol/L $NaHCO_3$混合溶液中,加入少量盐酸后,该溶液的pH值(　　)。

73. 向底部含有少量AgI固体的饱和溶液中加入少量AgCl固体,搅拌后,AgI固体的量将(　　)。

74. 银锌蓄电池是一种能量大体积小质量轻电压稳定的碱性蓄电池。放电时负极的反应是$Zn+2OH^- \longrightarrow Zn(OH)_2+2e^-$,正极发生的反应是$Ag_2O+H_2O+2e^- \longrightarrow 2Ag+2OH^-$。电池反应是(　　)。

75. 血红蛋白是(　　)的配合物,它在人体的新陈代谢中起着输送氧化的作用。

76. $[(NH_3)_5Cr—OH—Cr(NH_3)_5]Cl_5$命名为(　　)。

77. 许多有氧和光参加的生物氧化过程及染料光敏氧化反应过程中,都涉及单线态氧。单线态氧是指(　　)。

78. 水浴的加热温度是<98 ℃,空气浴和油浴的加热温度是<300 ℃,砂浴的加热温度是(　　)℃。

79. 当光束照射到物质上时,光与物质发生相互作用,于是产生光的反射、散射、吸收、透射等现象。光度分析主要是利用物质对光的(　　)性质。

80. 电对的电位越高,其(　　)态的氧化能力越强。

81. 用纯水洗玻璃仪器时,使其既干净又节约用水的方法是(　　)。

82. 硫酸钡沉淀中包夹了氯化钡,对于测定$SO_4^{2-}$来说,引入了正误差,对于测定Ba来说,引入了(　　)误差。

83. HAc是$HClO_4$和HCl的(　　)溶剂。

84. 0.1 mol/L $H_2SO_4$溶液的质子条件式是(　　)。

85. 光度计的种类和型号繁多,但都是由下列基本部件组成:光源、单色器、吸收池和(　　)。

86. 在气相色谱法中,从进样到出现峰最大值所需的时间是(　　)。

87. 气相色谱法中应用最广的两种检测器是(　　)和氢焰,分别用符号TCD和FID表示。

88. 分配系数是组分在固定相和流动相中(　　)之比。

89. 热导池池体结构可分为直通式、(　　)和半扩散式三种。

90. 气相色谱的载体可分为硅藻土类和(　　)类。

91. 在滴定碘时,防止碘挥发的方法有:加入过量的(　　);滴定一般在温室下进行;滴定时不要剧烈摇动溶液。

92. 发生酸烧伤时,立即用(　　)冲洗烧伤处,然后用碳酸氢钠溶液洗。

93. 使用聚四氟乙烯器皿要严格控制加热温度,当温度超过250 ℃时,就会分解出对人体有害的气体,故加热时一般控制在(　　)左右。

94. 一般化学试剂应保存在通风良好,干燥洁净的屋子里,对于见光分解的试剂应放在(　　)瓶中保存。

95. 滤纸分为定性滤纸和定量滤纸两种,重量分析过滤沉淀必须使用(　　)滤纸。

96. 强酸强碱滴定到等当点时,生成的盐是(　　)性盐。

97. 重量法不需要标准试样和基准物质,全部数据由(　　)称量得到,准确度较高。

98. 玛瑙研钵的主要成分是二氧化硅,它不允许与(　　)接触。

99. 常用的试样分解方法有溶解法和(　　)。

100. 洗涤沉淀的目的是为了除去沉淀中的母液,以及附在(　　)表面上的杂质。

101. 重铬酸钾可以直接称量配制标准溶液,不必(　　)而且很稳定。

102. 对于测定黏度较高(>150 s)的透明的涂料产品选用的黏度计为(　　)。

103. 产生共沉淀现象的主要原因是(　　),造成混晶包藏现象。

104. 根据沉淀的性质选择滤纸的滤速,胶状沉淀可用(　　)滤纸。

105. 酸碱指示剂主要用于指示溶液的(　　),以便控制反应进行所需的酸碱条件。

106. 滴定分析法主要分为四类:酸碱滴定法、氧化还原滴定法、沉淀滴定法和(　　)。

107. 中和 40.00 mL、0.150 0 N 的 NaOH 溶液需用 0.200 N 的盐酸(　　)。

108. 吸光光度法中采用标样换算法必须符合下列条件,检量线必须通过(　　),检量线成直线,标样和试样的组分含量必须接近。

109. 测量值与真值的符合程度被称为(　　)。

110. 精密度是表达测量数据的再现性,通常称为(　　)。

111. 数据修约 0.003 278,保留三位有效数字,结果是(　　)。

112. 1.123 5 保留三位小数,结果是(　　)。

113. 6.734 6 保留二位小数,结果是(　　)。

114. 我国化学试剂按品级分为四类,其中保证试剂规定的标签颜色为(　　)色。

115. 我国化学试剂按品级分为四类,其中分析纯规定的标签颜色为(　　)色。

116. 我国化学试剂按品级分为四类,其中化学纯规定的标签颜色为(　　)色。

117. 我国化学试剂按品级分为四类:保证试剂、分析纯、化学纯和(　　)。

118. 酸碱滴定中溶液的(　　)发生变化,在等当点时出现突跃。

119. 氧化还原滴定中溶液的(　　)发生变化,在等当点时出现突跃。

120. 络合滴定中溶液的(　　)发生变化,在等当点时出现突跃。

121. 氧化还原反应中,物质失去电子的过程叫(　　)。

122. 氧化还原反应中,物质夺得电子的过程叫(　　)。

123. 浓度为 0.3000 N $H_2SO_4$ 标准溶液改写成法定计量单位时应写成(　　)。

124. 草酸—亚铁硅钼蓝光度法测定钢铁中的硅量,分解试样时两个基本要求其一是:保证使硅全部生成(　　)。

125. 草酸—亚铁硅钼蓝光度法测定钢铁中的硅量,分解试样时两个基本要求其一是:防止硅酸在酸性溶液中发生凝聚脱水,生成(　　)。

126. 天平的不等臂性、示值变动性和(　　)是它的三项基本计量性能。

127. 试剂的提纯与(　　)可降低杂质含量和提高本身的含量百分率。

128. 重铬酸钾—硫酸洗液是一种棕色液体,具有强烈的(　　)能力。

129. 易燃液体需加热时,不准用(　　)加热,应采用水浴、砂浴或油浴加热。

130. 任何量器不准采用(　　)法干燥。

131. 盛有 NaOH 的锥形瓶应用(　　)塞子,不能用玻璃塞子。

132. 一滴定管是磨口的玻璃塞滴头,该滴定管为(　　)。另一滴定管下部为一段带有尖嘴玻璃滴管的胶皮管,管中有一玻璃球,该滴定管为碱式滴定管。

133. 蒸馏时用冷凝管冷却，冷却时冷水从冷凝管的下方进水，从(　　)出水。

134. 常见的离子交换树脂有阳离子交换树脂和(　　)交换树脂。

135. "恒重"是指连续两次相同条件下干燥后，其重量之差不超过(　　)g。

136. 欲取溶液 10.00 mL，应当用(　　)量取。

137. 标准溶液的配置方法有直接法和(　　)。

138. 环境监测中常用到的氧化还原的反应有高锰酸钾法、重铬酸钾法和(　　)。

139. pH 表示水溶液的酸碱度。pH＞7 时，溶液为(　　)性；pH＝7 时，溶液为中性；pH＜7 时，溶液为酸性。

140. ppm 是一种重量比值的表示方法，其值为(　　)分之一。

141. 用酚酞试纸测溶液酸碱度时，使试纸变红的溶液是(　　)溶液。

142. $AgNO_3$ 溶液是无色的，它应放在(　　)色试剂瓶中。

143. 在某一含有银离子的溶液中，加入几滴盐酸溶液产生(　　)。

144. pH 值测定以甘汞电极为参比电极，以(　　)电极为指示电极。

145. 因 pH 值受水温的影响而变化，测定时应在(　　)的温度下进行，或进行温度校正。

146. 在环境监测中，pH 值的测定方法有电极法和(　　)。

147. 酸雨的 pH 值范围为(　　)。

148. 铬的化合物常见的价态有(　　)和六价。

149. 六价铬与二苯碳酰二肼反应时温度和(　　)对显色有影响。

150. 分光光度计测试总铬用(　　)显色剂。

151. 分光光度计法测定铬波长为(　　)nm。

152. 水的总硬度是指钙和(　　)。

153. EDTA 标准溶液一般用标准(　　)溶液标定。

154. 一般来说，对稳定性不好的试剂需(　　)。

155. 玻璃容器不能长时间存放(　　)液。

156. pH 余氯采集后必须(　　)测定。

157. 工业废水分为废水、污水和(　　)。

158. 大气采样用(　　)污染物采样方法。

159. 化学耗氧量最高允许浓度为(　　)。

160. 悬浮物最高允许浓度为(　　)。

161. 石油类最高允许浓度为(　　)。

162. pH 值允许范围为(　　)。

163. 碱性高锰酸钾洗液可用于洗涤(　　)上的油污。

164. 配置溶液时为了安全，一定要将浓酸或浓碱缓慢地加入水中，并不断(　　)，待溶液温度冷却到室温后，才能稀释到规定的体积。

165. 实验室内要保持清洁、整齐、明亮、安静。噪声低于(　　)。

166. 欲配制 1 L、0.1 mol/L 的 HCl 溶液，应取浓盐酸(12 mol/L)(　　)mL。

167. 36%的浓盐酸，密度为 1.19 g/cm$^3$，该浓盐酸的物质的量浓度为(　　)mol/L。(盐酸的相对分子质量为 36.5)

168. 欲配制 1 L 0.1 mol/L 的 NaOH 溶液，应称取 NaOH 固体(　　)。(NaOH 的相对

分子质量为 40)

169. 溶解度表示在一定温度下,某种物质在(　　)中达到溶解平衡状态时所溶解的克数。

170. 将 pH=3 与 pH=1 的两种溶液等体积混合后,溶液的 pH 值为(　　)

171. 一般实验室用于配制标准溶液的试剂最低要求为(　　)。

172. HCl 标准溶液标定用标准物质是(　　),$Na_2CO_3$标准溶液标定用标准物质是(　　)。

173. 乙二胺四乙酸简称 EDTA,用(　　)表示。

174. 用 0.1 mol/L 的 EDTA 溶液配制 0.01 mol/L EDTA 500 mL,应量取(　　)mL 0.1 mol/L 的 EDTA,加水稀释。

175. 温度对化学反应速度的影响特别显著,一般来说,大多数化学反应速度都随着温度的升高而(　　)。

176. 酚酞指示剂的 pH 变色范围是(　　)。

177. 一般情况下,EDTA 与金属离子形成(　　)络合物。

178. $KMnO_4$是一种强氧化剂,通常情况下它与还原剂作用可获得(　　)个电子而被还原成(　　)。

179. $KClO_3$中 Cl 元素的化合价是(　　)价。

180. 在进行沉淀反应时,由于表面吸附、吸留、生成混晶等,会使某些可溶性杂质同时随沉淀析出,这是一种(　　)。

181. 石英玻璃器皿的主要化学成分是(　　),其含量在 99.95%以上。

182. 盛装 $AgNO_3$溶液后产生的棕色污垢试剂瓶用(　　)清除。

183. 标准物质是具有一种或多种良好特性,可用来校准测量器具、(　　)或确定其他材料特性的物质。

184. 国际标准是指(　　)组织和国际电工委员会发布的标准,另外也包括 ISO 认可的其他国际组织制订的标准。

185. 干燥器中最常用的干燥剂有(　　)和(　　)。

186. 浓硫酸能干燥某些气体,是由于它具有(　　)性;浓硫酸能使纸片变黑,是由于它具有(　　)性;浓硫酸可以与 Cu 反应,是由于它具有(　　)性。

187. 国家标准规定的实验室分析用水为(　　),(　　)水的电导率≤0.1 μs/m。

188. 试样分解是分析过程中的重要步骤,常用的试样分解方法可分为(　　)和(　　)两种。

189. 热高氯酸遇有机物会爆炸,因此在溶解有机物试样时应先用(　　)分解试样后,再加高氯酸。

190. 液—液萃取分离法又叫溶剂萃取分离,这种方法的原理是利用不同物质在不同溶剂中的(　　)不同加以进行分离的。

191. 氧气瓶通常刷成(　　)色,一般满瓶时的压力为(　　)MPa。

192. 在一定温度下,某固态物质在 100 g 溶剂里达到饱和状态时所溶解的质量,称为此物质在这种溶剂中的(　　)。通常不指明溶剂的溶液都是(　　)溶液。

193. 体积相同,摩尔浓度相同的盐酸和醋酸分别和足量的锌反应,在相同温度、相同压力下,产生氢气的速度(　　),反应完成后产生氢气体积(　　)。

194. 以单位体积溶液里所含溶质B的物质的量来表示溶液组成的物理量，叫做溶质B的(　　)，其符号为 $C_B$；常用单位为(　　)。

195. 欲配制1 000 mL 0.1 mol/L盐酸溶液，应取浓盐酸12 mol/L(　　)mL。

196. 当 $c\left(\frac{1}{5}KMnO_4\right)=0.1$ mol/L时，$c(KMnO_4)=$(　　)。

197. 缓冲溶液是一种对溶液的(　　)起稳定作用的溶液，其(　　)不因加入少量酸碱而发生显著变化。

198. 在弱电解质溶液中，加入同弱电解质具有相同离子的强电解质，可使弱电解质电离度(　　)，这种现象叫(　　)。

199. 在100 mL 0.1 mol/L 醋酸溶液中，加入少量固体醋酸钠时，醋酸的电离度会(　　)，加入水稀释1倍时，电离度会(　　)。

200. 用酸度计测量溶液的pH值时，用(　　)做指示电极，用(　　)做参比电极。

## 二、单项选择题

1. 下列物质中，最易发生水解的是(　　)。

(A)$SnCl_2$　(B)$SnCl_4$　(C)$PbCl_2$　(D)$MgCl_2$

2. 为干燥 $NH_3$ 气，可用的干燥剂有(　　)。

(A)$P_2O_5$　(B)$H_2SO_4$　(C)$CaCl_2$　(D)CaO

3. 下列衰变中，(　　)能降低 $^{131}_{53}I$ 的 $n:p$ 值。

(A)放射质子　(B)放射正电子

(C)放射 α 粒子　(D)放射 β 粒子

4. 下列碳酸盐中，溶解度最小的是(　　)。

(A)$NaHCO_3$　(B)$Na_2CO_3$　(C)$Li_2CO_3$　(D)$K_2CO_3$

5. 下列氟化物中，属于非离子型的化合物是(　　)。

(A)$BF_3$　(B)$AlF_3$　(C)$GaF_3$　(D)$InF_3$

6. 用沉淀重量法测定 $BaCl_2$ 中 $Ba^{2+}$ 含量，过滤用的定量滤纸灰分过多引起的误差是(　　)。

(A)方法误差　(B)仪器误差

(C)操作误差　(D)试剂误差

7. 使用碱式滴定管进行滴定的正确操作是(　　)。

(A)用左手捏稍低于玻璃珠的近旁　(B)用左手捏稍高于玻璃珠的近旁

(C)用右手捏稍低于玻璃珠的近旁　(D)用右手捏稍高于玻璃珠的近旁

8. 用0.1 mol/L HCl 滴定同浓度 $Na_3PO_4$ 至酚酞变色，此时溶液的pH值为(　　)($H_3PO_3$ 的 $pK_a$ 分别为2.12、7.20、12.36)。

(A)4.66　(B)9.78　(C)4.69　(D)9.70

9. 在EDTA法中，如果MIn溶解度较小，会产生(　　)。

(A)掩蔽作用　(B)封闭现象

(C)僵化现象　(D)络合效应

10. 在电位分析法中，其电位应与待测离子的浓度(　　)。

(A)成正比　(B)符合库仑定律

(C)符合 Nernst 方程的关系　　(D)符合扩散电流公式

11. 除玻璃电极外,能用于测定溶液 pH 值的电极还有(　　)。

(A)饱和甘汞电极　　(B)氧电极

(C)银电极　　(D)氟化镧晶体电极

12. 电解时,下列说法正确的是(　　)。

(A)在阴极还原的一定是阴离子　　(B)在阳极还原的一定是阳离子

(C)在阴极还原的一定是阳离子　　(D)上述三种说法都不对

13. 在经典极谱中,一般不搅拌溶液,这是为了(　　)。

(A)消除迁移电流　　(B)减少充电电流的影响

(C)加速达到平衡　　(D)有利于形成浓差极化

14. 在气相色谱分析中使用热导池检测器进行检测时,检测室的温度不能太低,是为了(　　)。

(A)提高检测灵敏度　　(B)防止水蒸气凝聚

(C)缩短分析时间　　(D)改善分离效能

15. 原子吸收光谱线的多普勒变宽是由(　　)原因引起的。

(A)原子在激发态停留的时间　　(B)原子与其他原子碰撞

(C)外部电场对原子影响　　(D)原子的热运动

16. 紫外可见吸收光谱也称为(　　)。

(A)振动光谱　　(B)振转光谱　　(C)电子光谱　　(D)转动光谱

17. 为了使吸光度读数在最佳范围内,下述措施不宜采用的是(　　)。

(A)改变仪器灵敏度　　(B)改变称样量

(C)采用示差法　　(D)改用不同程度的比色皿

18. 用高锰酸钾测定血清钙时,终点颜色习惯偏深所引起的误差,可用(　　)方法减免。

(A)空白试验　　(B)标准试验　　(C)对照试验　　(D)回收试验

19. 间接碘量法滴定到终点后,若放置一段时间后出现“回蓝现象”则可能是由于(　　)产生的。

(A)试样中杂质的干扰　　(B)空气中氧气的作用

(C)氧化还原反应速度慢　　(D)反应不完全

20. 在络合滴定中,当($\lg K_{MIn}/\lg K_{MY}$)>1 时,易产生(　　)。

(A)封闭现象　　(B)僵化现象　　(C)酸效应　　(D)络合效应

21. 下列酸碱滴定中,由于滴定突跃不明显而不能用直接滴定法进行滴定分析的是(　　)。

(A)HCl 溶液滴定 NaCN 溶液($pK_a=9.21$)

(B)HCl 溶液滴定 NaAc 溶液($pK_a=4.74$)

(C)HCl 溶液滴定 $Na_2CO_3$ 溶液($pK_{a1}=6.38$,$pK_{a2}=10.25$)

(D)NaOH 溶液滴定 $H_3PO_4$ 溶液($pK_{a1}=2.12$,$pK_{a2}=7.20$,$pK_3=12.36$)

22. pH=5.0 时,氰化物的酸效应系数为(HCN:$K_a=7.2\times10^{-10}$)(　　)。

(A)$1.0\times10^3$　　(B)$7.0\times10^3$　　(C)$1.4\times10^4$　　(D)$1.4\times10^3$

23. 用摩尔法测定 KBr 时,$K_2CrO_4$ 指示剂用量过多,将使测定结果(　　)。

(A)偏高　　(B)偏低　　(C)无影响　　(D)平行结果混乱

24. 用 EDTA 直接滴定有色金属离子 $M^{n+}$，其终点呈现的颜色实际上是（　　）。

(A)MIn 的颜色　　(B)$In^-$的颜色

(C)MIn＋$In^-$的颜色　　(D)MIn＋$In^-$＋MY 的颜色

25. 下列论述中，正确的是（　　）。

(A)精密度好，准确度不一定高　　(B)精密度好，说明系统误差小

(C)精密度好，一定需要准确度高　　(D)分析工作中，过失误差不可避免

26. 用盐酸标准溶液滴定小苏打时，滴定管内壁挂有水珠，对结果将产生怎样影响（　　）。

(A)正误差　　(B)负误差　　(C)没有影响　　(D)平行结果混乱

27. 为了获得纯净而易于过滤的晶形沉淀，下列措施中错误的是（　　）。

(A)针对不同类型的沉淀，选用不同的沉淀剂

(B)在较浓的溶液中进行沉淀

(C)必要时进行再沉淀

(D)加热，以适当增加沉淀的溶解度

28. 下列操作中错误的是（　　）。

(A)用间接法配制氢氧化钠标准溶液时，用量筒取水稀释

(B)邻苯二甲酸氢钾放在干燥器中干燥

(C)右手拿移液管，左手拿洗耳球

(D)移液管尖部最后留有少量溶液及时的吹入接受器中

29. 用相同浓度的盐酸溶液分别滴定 20.00 mL NaOH 溶液和 $NH_3 \cdot H_2O$ 溶液，都消耗盐酸溶液 22.32 mL，因此，NaOH 和 $NH_3 \cdot H_2O$ 两溶液中相等的是（　　）。

(A)$[OH^-]$　　(B)NaOH 和 $NH_3 \cdot H_2O$ 的浓度

(C)两物质的 $pK_b$　　(D)两个滴定的 pH 突跃范围

30. 法杨司法测定氯化物，应选用的指示剂是（　　）。

(A)铁案矾　　(B)荧光黄　　(C)铬酸钾　　(D)淀粉

31. EDTA 的酸效应系数在一定酸度下等于（　　）。

(A)$[Y']/c_Y$　　(B)$c_Y/[Y']$　　(C)$[Y]/[Y']$　　(D)$[Y']/[Y]$

32. 用基准 $K_2Cr_2O_7$标定 $Na_2S_2O_3$溶液，应采用的滴定方式是（　　）。

(A)直接滴定　　(B)回滴定　　(C)间接滴定　　(D)置换滴定

33. 对 EDTA 滴定法中所用的金属指示剂，要求它与被测金属离子形成的配合物的稳定常数 $K_{MIn}$满足（　　）。

(A)$K_{MIn}>K_{MY}$　　(B)$K_{MIn} \leqslant K_{MY}/100$

(C)$K_{MIn}=K_{MY}$　　(D)$K_{MIn} \geqslant 100K_{MY}$

34. 扩散速度三倍于水蒸气的气体是（　　）。

(A)He　　(B)$H_2$　　(C)$CO_2$　　(D)$CCl_4$

35. 下列元素中，基态原子的第一电离能最大的是（　　）。

(A)B　　(B)C　　(C)N　　(D)O

36. HAc 在下列溶剂中电离常数最大的是（　　）。

(A)液氨　　(B)液态 HF　　(C)$H_2O$　　(D)$CCl_4$

37. 在含有 0.1 mol/L $NH_3$水和 0.1 mol/L $NH_4Cl$ 水溶液中能够同时存在的平衡有（　　）。

(A)一种 (B)二种 (C)三种 (D)四种

38. ${}^{12}_{6}C$和${}^{13}_{6}C$两者互为(　　)。

(A)同量素 (B)核素 (C)同位素 (D)同素异形体

39. 下列可以容纳更多电子数的用量子数描述的电子亚层是(　　)。

(A)$n=2,l=1$ (B)$n=3,l=2$ (C)$n=4,l=3$ (D)$n=5,l=0$

40. 下列化合物中颜色最深的是(　)。

(A)CuCl (B)CuBr (C)CuI (D)CuF

41. 下列化合物均属于 NaCl 晶型,晶格能最小是(　)。

(A)LiF (B)BeO (C)NaCl (D)CaO

42. 马德龙常数常用于(　)。

(A)液体中的共价分之研究 (B)气体中单原子分析的研究

(C)配位化合物的研究 (D)离子型晶体研究

43. 下列化合物中,既是 Lewis 酸又是 Lewis 碱的是(　　)。

(A)$SiCl_4$ (B)$SOCl_2$ (C)$NH_2^-$ (D)$Hg(NO_3)_2$

44. 分别向下列四种溶液中加入 1～2 滴 0.1 mol/L $AgNO_3$溶液,振荡后,既无气体放出又无沉淀析出的是(　　)。

(A)3%$H_2O_2$溶液 (B)1 mol/L HI 溶液

(C)1 mol/L $Na_2S$溶液 (C)1 mol/L $Na_2S_2O_3$溶液

45. 下列离子中不与氨水作用形成配合物的是(　)。

(A)$Cd^{2+}$ (B)$Fe^{2+}$ (C)$Co^{2+}$ (D)$Ni^{2+}$

46. $H_2O_2$和 $HNO_2$溶液反应的主要产物是(　　)。

(A)$O_2+HNO_3$ (B)$O_2+NO$ (C)$H_2O+HNO_3$ (D)$H_2O+NO$

47. 可与氢生成离子型氢化物的一类元素是(　)。

(A)绝大多数活泼金属 (B)碱金属和钙、锶、钡

(C)活泼非金属元素 (D)过渡金属元素

48. 在化工生产中欲除去硫酸锌溶液中的杂质 $Fe^{3+}$,加入的最佳物质(　　)。

(A)$ZnCO_3$ (B)$K_4[Fe(CN)_6]$ (C)NaOH (D)$NH_4F$

49. 目前对人类环境造成危害的酸雨主要是由(　　)气体污染造成的。

(A)$CO_2$ (B)$H_2S$ (C)$SO_2$ (D)CO

50. 硝酸铁水溶液的 pH 值比较低,解释这种现象的最恰当的理由是(　)。

(A)水总是要电离出 $H_3O^+$ (B)$Fe^{3+}$遇水水解生成 $H_3O^+$

(C)$[Fe(H_2O)_6]^{3+}$要电离解放出 $H_3O^+$ (D)$Fe^{3+}$本身是 Lewis 酸

51. $H_2O$的共轭酸是(　　)。

(A)$OH^-$ (B)$HO_2^-$ (C)$H_3O^+$ (D)$H_2O_2$

52. 下列卤素单质与碱作用,不能发生歧化反应的是(　　)。

(A)$I_2$ (B)$Br_2$ (C)$Cl_2$ (D)$F_2$

53. 24 号 Cr 原子的价层电子构型是(　　)。

(A)$4s^1$ (B)$3d^5 4s^1$ (C)$3d^4 4s^2$ (D)$4s^1 4d^5$

54. 下列方法在工业生成中被采纳用来生产金属钛的是(　)。

(A)在氢气流中加热二氧化钛,使其还原
(B)电解四氯化钛
(C)四氯化钛和镁一起在氩气保护下加热被还原
(D)将二氧化钛与焦炭一起加热,使二氧化钛还原
55. 混合气体总量一定时,下列说法正确的是(　　)。
(A)恒压下,温度改变时,各组分的体积分数随之改变
(B)恒温下,总压强改变时,各组分的分压随之改变
(C)恒温下,体积改变时,各组分的摩尔分数随之改变
(D)恒容下,温度改变时,体系的总压不变
56. 下列物质能与 $KHSO_4$ 或 $K_2S_2O_7$ 共熔转化为可溶性盐的是(　　)。
(A)$SiO_2$　(B)$Cr_2O_3$　(C)$CaSiO_3$　(D)$B_2O_3$
57. 浓 $HNO_3$ 与 B、$CO_2$、Bi、As 反应,下列产物不存在的是(　　)。
(A)和 B 反应得到 $H_3BO_3$　(B)和 $CO_2$ 反应得到 $H_2CO_3$
(C)和 Bi 反应得到 $Bi_2O_5 \cdot xH_2O$　(D)和 As 反应得到 $H_3AsO_4$
58. 下列热溶液反应能生成铅盐沉淀的是(　　)。
(A)$Pb(NO_3)_2$,NaOH　(B)$Pb(NO_3)_2$, 稀 HCl
(C)$Pb(NO_3)_2$,$NH_4Ac$　(D)$Pb(NO_3)_2$, $K_2Cr_2O_7$
59. 下列说法正确的是(　　)。
(A)盐溶液的活度通常比它的浓度大
(B)制备 pH=5 的缓冲体系,最好选 $pK_a$ 约为 6 的酸和盐
(C)一个共轭酸碱对的 $K_a \cdot K_b = K_w$
(D)加入一种相同的离子到弱酸溶液中,弱酸的 pH 值和解离度都增加
60. 下列关于分子间作用力的说法正确的是(　　)。
(A)大多数含氢化合物中都存在氢键
(B)分子型物质的沸点总是随相对分子质量增加而增加
(C)极性分子间只存在取向力
(D)色散力存在于所有相邻分子间
61. $CaF_2$的饱和溶液浓度为 $2\times10^{-4}$ mol/L,它的溶度积常数 $K_{sp}$是(　　)。
(A)$2.6\times10^{-9}$　(B)$3.2\times10^{-11}$　(C)$4.0\times10^{-8}$　(D)$8.0\times10^{-10}$
62. $ClF_3$分子的立体结构是(　　)。
(A)平面三角形　(B)三角锥形　(C)T 型　(D)变形四面体
63. 在 $HNO_3$介质中,欲使 $Mn^{2+}$ 氧化为 $MnO_4^-$,可选择的氧化剂为(　　)。
(A)$KClO_3$　(B)$K_2Cr_2O_7$　(C)$H_2O_2$　(D)$NaBiO_3$
64. 在酸性介质中,$VO^{2+}$ 与 $MnO^-$ 反应,所得含钒产物是(　　)。
(A)$VO_4^{3-}$　(B)$VO_2^+$　(C)$V^{3+}$　(D)$V^{2+}$
65. 下列物质实际上不能存在的是(　　)。
(A)$Pb(NO_3)_2$　(B)$[V(H_2O)_6]^{5+}$　(C)$[Mn(H_2O)_6]^{2+}$　(D)$NaCrO_2$
66. 从 AgCl、$HgCl_2$和 $PbCl_2$的混合溶液中分离出 AgCl 应加入的试剂是(　　)。
(A)$H_2S$　(B)$HNO_3$　(C)NaOH　(D)$NH_3 \cdot H_2O$

67. 过量的汞与硝酸反应,得到的含汞物质在溶液中主要的存在形式是(  )。

(A)$Hg_2{}^{2+}$　(B)$Hg^{2+}$　(C)$Hg_2(OH)NO_3$　(D)$Hg(NO_3)_2 \cdot H_2O$

68. 下列分子、离子中,键能最大的是(  )。

(A)$O_2$　(B)$O_2^+$　(C)$O_2^-$　(D)$O_2^{2-}$

69. pH=1.0 的 $H_2SO_4$溶液的物质的量的浓度是(  )mol/L。(已知 $H_2SO_4$的 $K_{a2}=1.3\times10^{-2}$)

(A)0.2　(B)0.1　(C)0.09　(D)0.05

70. 将0.2 mol/L 氨水 30 mL 与0.3 mol/L 盐酸 20 mL 相互混合,溶液的 pH 值(  )。

(A)4.01　(B)4.75　(C)5.08　(D)8.64

71. 某化学反应速度常数的单位为 mol/(L·s),该反应的反应级数(  )。

(A)3　(B)2　(C)1　(D)0

72. AgBr 晶体在1升氨水中的饱和溶液浓度为(  )mol/L。(已知 $Ag(NH_3)_2{}^+$ 的 $K_{稳}=1.7\times10^7$,AgBr 的 $K_{sp}=7.7\times10^{-13}$)

(A)$2.34\times10^{-3}$　(B)$3.62\times10^{-3}$　(C)$4.36\times10^{13}$　(D)$3.64\times10^{13}$

73. 谋反应在 370K 时的反应速率为 300K 时的4倍,则该反应的活化能(  )。

(A)18.3　(B)9.3　(C)−9.3　(D)−18.3

74. 下列各组元素中,性质最相似的是(  )。

(A)Mg 和 Al　(B)Fe 和 Co　(C)Cr 和 Mo　(D)Zr 和 Hf

75. 在下列气体分子中,具有顺磁性的是(  )。

(A)NO　(B)$N_2O$　(C)$N_2O_3$　(D)$N_2O_4$

76. 配合物$[Pt(Py)(NH_3)BrCl]$的几何异构体数目为(  )。

(A)2　(B)3　(C)4　(D)5

77. 根据18电子结构规则,原子序数为42的钼的单核羰基配合物中的 $x$ 值(  )。

(A)4　(B)5　(C)6　(D)7

78. 加热就能生成少量氯气的一组物质是(  )。

(A)NaCl,$H_2SO_4$　(B)NaCl,$MnO_2$　(C)HCl,$Br_2$　(D)HCl,$KMnO_4$

79. $[Co(NH_3)_4H_2O]^{3+}$的异构体有(  )种。

(A)1　(B)2　(C)3　(D)4

80. 可用于测定相对原子质量的仪器是(  )。

(A)电子显微镜　(B)核磁共振仪　(C)色谱仪　(D)质谱仪

81. Rb 有 85 和 87 两种同位素,其相对丰度分别是 75%和 25%,所以 Rb 的相对原子量是(  )。

(A)75.5　(B)85.5　(C)86.5　(D)87.5

82. 扩散速率三倍于水蒸气的气体是(  )。

(A)He　(B)$H_2$　(C)$CO_2$　(D)$CH_4$

83. 比较下列四种溶液(浓度都是 0.1 mol/L)的沸点,溶液沸点最高的是(  )。

(A)$Al_2(SO_4)_3$　(B)$CaCl_2$　(C)$MgSO_4$　(D)$C_6H_5SO_3H$

84. 在 $NaH_2PO_4$溶液中加入 $AgNO_3$溶液后,主要产物是(  )。

(A)$Ag_2O$　(B)AgOH　(C)$AgH_2PO_4$　(D)$Ag_3PO_4$

85. 在硝酸介质中，欲使 $Mn^{2+}$ 氧化为 $MnO_4^-$，可加入下列氧化剂（ ）。

(A)$KClO_3$ (B)$H_2O_2$

(C)王水 (D)$(NH_4)_2S_2O_8$（$AgNO_3$催化）

86. 下列元素中，各基态原子的第一电离能最大的是（ ）。

(A)Be (B)B (C)C (D)N

87. 下列金属中，熔点最低的是（ ）。

(A)Ti (B)Cu (C)Ni (D)Zn

88. 下列原子中，电离能最大的是（ ）。

(A)B (B)C (C)Al (D)Si

89. 下列试剂中，碱性最强的是（ ）。

(A)$NaHCO_3$ (B)$NaNH_2$ (C)$CH_3COONa$ (D)NaOH

90. 将过氧化氢加入硫酸酸化后的高锰酸钾溶液时过氧化氢的作用（ ）。

(A)氧化剂 (B)还原剂 (C)还原硫酸 (D)分解成氢和氧

91. 向 $Al_2(SO_4)_3$ 和 $CuSO_4$ 的混合溶液中放入一个铁钉，反应将（ ）。

(A)生成 Al、$H_2$ 和 $Fe^{2+}$ (B)生成 Al 和 $H_2$

(C)生成 $Fe^{2+}$、Al 和 Cu (D)生成 $Fe^{2+}$ 和 Cu

92. 在元素周期表中，如果有第八周期，那么ⅤA 族未发现的元素的原子数应是（ ）。

(A)101 (B)133 (C)115 (D)165

93. 下列元素的电子构型中，不合理的是（ ）。

(A)$_{15}P[Ne]3s^2 3p^3$ (B)$_{26}Fe[Ar]4s^2 3d^5 4p^1$

(C)$_{39}Y[Kr]4d^1 5s^2$ (D)$_{46}Pd[Kr]4d^{10} 5s^0$

94. 下列反应 $CuSO_4 \cdot 5H_2O = CuSO_4 \cdot 3H_2O(s) + 2H_2O(g)$ 在 298K 的标准平衡常数 $K = 1.08 \times 10^{-4}$，则当 $CuSO_4 \cdot 5H_2O$ 风化为 $CuSO_4 \cdot 3H_2O$ 时，空气中的水蒸气压力为（ ）。

(A)等于 $1.112 \times 10^6$ Pa (B)大于 2 896 Pa

(C)小于 1 055 Pa (D)大于 2 110 Pa

95. $Na_2HPO_4$ 和 $Na_3PO_4$ 等物质的量溶解在水中总浓度为 0.10 mol/L，这时溶液的$[H^+]$近似为（ ）mol/L。（$H_3PO_4$ 的 $K_{a1} = 7.52 \times 10^{-3}$，$K_{a2} = 6.23 \times 10^{-8}$，$K_{a3} = 2.2 \times 10^{-13}$）

(A)$4.1 \times 10^{-3}$ (B)$6.0 \times 10^{-8}$ (C)$4.3 \times 10^{-10}$ (D)$2.2 \times 10^{-13}$

96. 有一 $BaF_2$ 和 $BaSO_4$ 的饱和混合溶液，已知$[F^-] = 7.5 \times 10^4$ mol/L，则$[SO_4]^{2-}$的值是（ ）。（$K_{sp}(BaF_2) = 1.0 \times 10^{-6}$，$K_{sp}(BaSO_4) = 1.1 \times 10^{-10}$）

(A)$1.0 \times 10^{-5}$ (B)$8.25 \times 10^{-8}$

(C)$5.62 \times 10^{-11}$ (D)不能确定

97. 下列各物质的键中，极性最小的是（ ）。

(A)LiH (B)HCl (C)HBr (D)HI

98. 在地球电离层中，存在着多种阳离子，如果下列四种离子均存在的话，最稳定的是（ ）。

(A)$N_2^+$ (B)$NO^+$ (C)$O_2^+$ (D)$Be_2^+$

99. 金刚砂是优质的硬质合成材料，它属于（ ）。

(A)离子型碳化物 (B)原子型碳化物

(C)分子型碳化物　　(D)金属型碳化物

100. 下列关于$[Cu(CN)_4]^{3-}$的空间构型及中心离子的杂化方式的叙述中正确的是(　　)。

(A)平面正方形,$d^2sp^2$杂化　　(B)变形四边形,$sp^3d$杂化

(C)正四面体,$sp^3$杂化　　(D)平面正方形,$sp^3d^2$杂化

101. 在离子晶体中,如果某离子可具有不同的配位数,则该离子半径随配位数的增加而(　　)。

(A)不变　　(B)增加　　(C)减小　　(D)没有变化趋势规律

102. 在某溶液中,同时存在几种还原剂,若它们在标准状态时都能与同一种氧化剂反应,此时影响氧化还原反应先后进行次序的因素是(　　)。

(A)氧化剂和还原剂的浓度　　(B)氧化剂和还原剂之间的电极电势差

(C)各可能反应的反应速率　　(D)既考虑(B),又要考虑(C)

103. 下列酸根都可以作为配体生成配合物,但最难配到中心原子或离子上的酸根是(　　)。

(A)$CO_3^{2-}$　　(B)$NO_3^-$　　(C)$SO_4^{2-}$　　(D)$ClO_4^-$

104. 在合成氨生产工艺中,为吸收$H_2$中CO杂质,可选用的试剂是(　　)。

(A)$[Cu(NH_3)_4](Ac)_2$　　(B)$[Ag(NH_3)_2]^+$

(C)$[Cu(NH_3)_2]Ac$　　(D)$[Cu(NH_3)_4]_2^+$

105. 欲除去$CuSO_4$酸性溶液中的$Fe^{3+}$,加入下列试剂效果最好的是(　　)。

(A)KCNS　　(B)$H_2S$　　(C)NaOH　　(D)$NH_3 \cdot H_2O$

106. 下列物质中,有固定沸点的是(　　)。

(A)汽水　　(B)重水　　(C)王水　　(D)氯水

107. 下列溶液中,加入$NaHSO_4$溶液,可使溶液中离子浓度降低的是(　　)。

(A)$Fe^{3+}$　　(B)$NH_4^+$　　(C)$CrO_2^-$　　(D)$Mn^{2+}$

108. 在下列溶剂中,乙酸的解离度最大的是(　　)。

(A)液氨　　(B)液态 HF　　(C)纯硫酸　　(D)水

109. 某化学反应的速率常数的单位是mol/(L·s),该化学反应的反应级数是(　　)。

(A)2　　(B)1　　(C)0　　(D)3

110. 0.2 mol/L $NaH_2PO_4$溶液与0.2 mol/L的$Na_3PO_4$溶液等体积混合,溶液的$H^+$浓度是(　　)。

(A)$K_{a1}$　　(B)$K_{a3}$　　(C)$(K_{a1}K_{a2})^{1/2}$　　(D)$(K_{a1}K_{a3})^{1/2}$

111. 在1 L $Mg(OH)_2$饱和溶液中,加入$MgCl_2$固体,溶液的pH值变化趋势是(　　)。

(A)减少　　(B)增大　　(C)不变　　(D)不确定

112. 已知$NH_3$的$K_b=1.77\times10^{-5}$,0.1 mol/L氨水与0.1 mol/L盐酸等体积混合,溶液的pH值是(　　)。

(A)5.13　　(B)5.27　　(C)1.3　　(D)10.97

113. 认为电子是在不同能级上排布的实验根据主要是(　　)。

(A)定组成定律　　(B)能量守恒定律

(C)连续光谱　　(D)气体经过激发产生的光谱

114. 下列物质中,具有顺磁性的是(　　)。

(A)$SiO_2$　　(B)$[Ag(CN)_2]^-$　　(C)$OF_2$　　(D)$[Cu(NH_3)_4]^{2+}$

115. 下列化合物中，偶极矩为零的是(　　)。

(A)$OF_2$　(B)$PF_3$　(C)$SnF_4$　(D)$SF_4$

116. 下列物质中，含有$Π_4^6$离域π键，且与$NO_3^-$等电子体的是(　　)。

(A)$AsO_3^{3-}$　(B)$ICl_3^-$　(C)$CO_3^{2-}$　(D)$HNO_3$

117. 下列分子中，键角最大的是(　　)。

(A)$NH_3$　(B)$BF_3$　(C)$XeF_2$　(D)$H_2O$

118. 下列第一电离势大小关系正确的是(　　)。

(A)Na＞Mg＞Al＞P＞S　(B)Na＜Mg＞Al＞P＞S

(C)Na＜Mg＞Al＜P＞S　(D)Na＜Mg＞Al＞P＜S

119. 欲处理含Cr(Ⅵ)的酸性废水，选用的试剂是(　　)。

(A)$H_2SO_4$，$H_2C_2O_4$　(B)$FeSO_4$，NaOH

(C)$Al(OH)_3$，NaOH　(D)$FeCl_3$，NaOH

120. 浸在水中的铁桩，受腐蚀最严重的是(　　)。

(A)水上部分　(B)水下部分

(C)水与空气交界处　(D)各处相同

121. 1968年，(E)H. Appelman选用了一种理想的氧化剂，将$BrO_2^-$氧化制得了$BrO_4^-$，该氧化剂是(　　)。

(A)$ClF_3$　(B)$XeF_4$　(C)$XeF_2$　(D)$BrF_5$

122. 下列配离子中，还原性比较强的是(　　)。

(A)$[Fe(CN)_6]^{4-}$　(B)$ClO^-$

(C)$[Co(H_2O)_6]^{2+}$　(D)$[Co(NH_3)_6]^{2+}$

123. 当碘和$H_2S$反应生成游离硫时，这个反应说明了(　　)。

(A)硫是比碘更强的氧化剂　(B)硫的分子结构与碘相同

(C)$H_2S$是氧化剂　(D)$S^{2-}$能被还原成游离硫

(E)碘可看成是比硫更强的氧化剂

124. 一氢氧化物沉淀，加过量$NH_3 \cdot H_2O$后，仍不溶解，它是(　　)氢氧化物。

(A)$Al(OH)_3$　(B)$Zn(OH)_2$　(C)AgOH

(D)$Co(OH)_2$　(E)$Cu(OH)_2$

125. 如果用$Ba^{2+}$沉淀$SO_4^{2-}$时，选用下列(　　)沉淀剂。

(A)$Ba(NO_3)_2$　(B)$BaCl_2$

(C)选项(A)和(B)都行　(D)选项(A)和(B)都不行

126. 以氢氧化物形式沉淀$Fe^{3+}$时，选用下列(　　)沉淀剂好。

(A)氨水　(B)NaOH　(C)$Ba(OH)_2$　(D)KOH

127. 重量分析中使用的"无灰滤纸"是指每张滤纸的灰分为(　　)。

(A)1 mg　(B)小于0.2 mg　(C)大于0.2 mg

(D)等于2 mg　(E)没有重量

128. 用$SO_4^{2-}$使$Ba^{2+}$形成$BaSO_4$沉淀时，加入适当过量的$SO_4^{2-}$，可以使$Ba^{2+}$沉淀更完全，这是利用(　　)。

(A)盐效应　(B)酸效应　(C)络合效应

(D)溶剂化效应　(E)同离子效应

129. 某溶液中含有 $Pb^{2+}$ 和 $Ba^{2+}$，它们的浓度都为 0.010 mol/L，逐滴加入 $K_2CrO_4$，如 $K_{sp}(PbCrO_4)=2.8\times10^{-13}$，$K_{sp}(BaCrO_4)=1.2\times10^{-10}$，则(　)。

(A)不能沉淀　(B)$H_2CrO_4$先沉淀　(C)$Pb^{2+}$先沉淀　(D)$Ba^{2+}$先沉淀

130. 重量法进行无定形沉淀时的条件是(　)。

(A)在稀溶液中加电解质，沉淀后进行陈化

(B)在稀溶液中，加电解质不断搅拌，沉淀后陈化

(C)在稀溶液中，加热加电解质，不断搅拌，沉淀后陈化

(D)在较浓溶液中，加热加电解质，沉淀后陈化

(E)在较浓溶液中，加热加电解质，不需陈化

131. 氨水沉淀分离法中常加入 $NH_4Cl$ 等铵盐，可控制溶液 pH 值为(　)。

(A)5～6　(B)7～8　(C)8～9　(D)10～11

132. 液—液萃取的过程的本质是(　)。

(A)将物质由疏水性转化为亲水性　(B)将物质由亲水性转化为疏水性

(C)将水合离子转化为络合物　(D)将水合离子转化为溶于有机物试剂的沉淀

(E)将沉淀在有机相中转化为可溶性物质

133. 用紫外分光光度计可测定(　)。

(A)原子吸收光谱　(B)分析吸收光谱

(C)电子吸收光谱　(D)原子发射光谱

134. 物质的颜色是由于选择性地吸收了白光中的某些波长的光所导致，硫酸铜呈现蓝色是由于它吸收了白光中的(　)。

(A)蓝色光波　(B)绿色光波

(C)黄色光波　(D)紫色光波

135. 在光度测定中，当试剂和显色剂均有颜色时，参比溶液可选用是(　)溶液。

(A)水

(B)加了试剂和显色剂

(C)将1份试液加入掩蔽剂掩蔽被测组分，再加试剂与显色剂

(D)未加显色剂只加入试剂

136. M，N是两个不同浓度的同一有色物质溶液，于波长 $\lambda$ 处测定，当M溶液使用0.5 cm比色皿，N溶液用2 cm比色皿时，得到的吸光度值相同，则它们的浓度关系为(　)。

(A)M是N的4倍　(B)N是M的4倍

(C)M是N的1/4　(D)N是M的1/2

137. 朗伯—比耳定律说明，当一束单色光通过均匀的有色溶液时，有色溶液的吸光度与(　)成正比。

(A)溶液的温度　(B)溶液的酸度

(C)溶液的浓度和液层厚度的乘积　(D)有色络合物的稳定性

138. 属于紫外可见分光光度计波长范围的是(　)nm。

(A)200～1 000　(B)420～700　(C)360～800　(D)400～800

139. 某一溶液为无色，下列(　)离子不能否定。

(A)$Ni^{2+}$　　(B)$Cu^{2+}$　　(C)$Fe^{3+}$

(D)$Mn^{2+}$　　(E)$Cr^{3+}$

140. 下面元素中,(　　)的化合物绝大多数是有色的。

(A)碱金属　　(B)碱土金属　　(C)卤素　　(D)过渡元素

141. 鉴定 $Fe^{2+}$ 常用的有机试剂是(　　)。

(A)丁二酮肟　　(B)$\alpha$-萘胺　　(C)8-羟基喹啉　　(D)邻二氮菲

142. 将 $BaSO_4$ 与 $PbSO_4$,互相分离,应该采用(　　)试剂。

(A)氨水　　(B)醋酸铵　　(C)醋酸

(D)$H_2S$　　(E)HCl

143. 在(　　)溶液中加入亚铁氰化钾会产生深蓝色沉淀。

(A)$Fe^{3+}$　　(B)$Al^{3+}$　　(C)$Cu^{2+}$

(D)$Pb^{2+}$　　(E)$Fe^{2+}$

144. 定性分析中采用空白试验的目的是(　　)。

(A)检查反应条件是否正确

(B)检查试剂是否失效

(C)检查试剂或蒸馏水是否含有被鉴定离子

(D)检查仪器是否洗净

145. 定性分析中,对照实验的内容是(　　)。

(A)用蒸馏水代替试液,采用与被鉴定离子同样的操作

(B)用已知某离子溶液代替试液,采用与被鉴定离子同样的操作

(C)用其他离子溶液代替试液,采用与被鉴定离子同样的操作

(D)用 HCl 溶液代替试液,采用与被鉴定离子同样的操作

146. 在下述化合物中,酸性最强的是(　　)化合物。

(A)RH　　(B)$NH_3$　　(C)$C_2H_2$

(D)ROH　　(E)HOH

147. 下列物质中(　　)是路易斯酸。

(A)$HSO_4^-$　　(B)$BF_3$　　(C)$NH_4^+$　　(D)HCl

148. 测定各种酸和碱(0.1 mol/L)相对强度的方法是(　　)。

(A)用石蕊试纸验每个溶液　　(B)加海绵状锌观察气体的放出

(C)细心嗅每种溶液的气体　　(D)用极谱仪测量每个溶液

(E)测量每个溶液的导电率

149. $KMnO_4$能稳定存在于(　　)中。

(A)气　　(B)水　　(C)碱液

(D)稀 $H_2SO_4$溶液　　(E)稀 HCl

150. 100 ℃的纯水,pH 值是(　　)。

(A)>7　　(B)<7　　(C)=7　　(D)都不是

151. 沉淀陈化的作用是(　　)。

(A)使沉淀作用完全　　(B)加快沉淀速度

(C)使小晶粒转化为大晶粒　　(D)除去表面吸附的杂质

152. 微量稀土离子可以用 $CaC_2O_4$ 来进行共沉淀分离，它是(　　)的这种性质。
(A)利用生成混晶进行共沉淀分离　　(B)利用胶体的凝聚作用进行共沉淀分离
(C)利用形成离子络合物进行共沉淀分离　　(D)利用生成螯合物进行共沉淀分离
(E)利用表面吸附作用进行共沉淀分离
153. 离子交换的亲和力是指(　　)。
(A)离子在离子交换树脂上的吸附力
(B)离子在离子交换树脂上的交换能力
(C)离子在离子交换树脂上的吸引力
(D)交换树脂对离子的选择性吸收
(E)交换树脂对离子的渗透能力
154. 在同一种离子交换柱上，对同价离子来说，不同离子的亲和力主要决定于(　　)的性质。
(A)离子半径越小，离子的亲和力则越大
(B)原子序数越小，离子的亲和力则越大
(C)离子水合程度越大，离子的亲和力则越大
(D)水合离子半径越小，离子的亲和力则越大
155. 在实验室中，离子交换树脂有(　　)的作用。
(A)鉴定阳离子　　(B)富集微量物质　　(C)作酸碱滴定的指示剂
(D)作干燥剂或气体净化物　　(E)净化水以制备纯水
156. 用蒸馏操作分离混合物的基本依据是下列性质中的(　　)差异。
(A)密度　　(B)挥发度　　(C)溶解度　　(D)化学性质
157. 在分光光度法中，浓度测量的相对误差较小(<4%)的吸光度范围是(　　)。
(A)0.01%～0.09%　　(B)0.1%～0.2%　　(C)0.2%～0.7%
(D)0.8%～1.0%　　(E)1.1%～1.2%
158. 某物质的摩尔吸光系数 $\varepsilon$ 最大，说明了(　　)。
(A)光通过该物质溶液的厚度厚　　(B)该物质的溶液浓度大
(C)该物质对某波长的光吸收能力很强　　(D)测定该物质的灵敏度低
159. 在分光光度法中，测定结果的相对误差与被测浓度的关系是(　　)。
(A)随浓度增大而增大　　(B)随浓度增大而减小
(C)在浓度增大过程中出现一个最低值　　(D)在浓度增大过程中出现一个最高值
(E)与浓度无关
160. 用于表示样本平均值的离散程度时，所采用的统计量是(　　)。
(A)标准偏差 $S$　　(B)变异系数 $CV$
(C)全距 $R$　　(D)平均值的标准偏差 $S_x$
161. 分子极性用下列(　　)术语来表征。
(A)电离度　　(B)溶解度　　(C)偶极矩　　(D)电离能
162. 鲍林电负极值可以预言元素的(　　)。
(A)配位数　　(B)偶极矩　　(C)分子的极性　　(D)键的极性
163. 下列(　　)分子，其几何构型为平面三角形。

(A)$ClF_3$　(B)$BF_3$　(C)$NH_3$　(D)$PCl_3$

164. CsCl 的晶体中，$Cs^+$的配位数应是(　　)。

(A)4　(B)6　(C)8　(D)10

165. 下列(　　)晶体熔化时，需破坏共价键的作用。

(A)HF　(B)Al　(C)KF　(D)$SiO_2$

166. 下列各对物质中属于等电子体的是(　　)。

(A)$O_2$ 和 $O_3$　(B)CO 和 $CO_2$

(C)NO 和 $O_2$　(D)$N_2$ 和 CO

167. 下列物质(假设均处于液态)只需克服色散力就能使之沸腾的是(　　)。

(A)HCl　(B)Cu　(C)$CH_2Cl_2$　(D)$CS_2$

168. 石墨中，层与层之间的结合力是(　　)。

(A)共价键　(B)金属键　(C)离子键　(D)范德华力

169. 下列元素具有最大的电负性的是(　　)。

(A)锂　(B)硫　(C)碳　(D)磷

170. 甲醇和水之间存在的分子间作用力是(　　)。

(A)取向力　(B)氢键

(C)色散力和诱导力　(D)以上几种作用力都存在

171. 用于减少测定过程中的偶然误差的方法是(　　)。

(A)进行对照试验　(B)进行空白试验

(C)进行仪器校正　(D)增加平行试验次数

172. 两位分析人员对同一含铁的样品用分光光度法进行分析，得到两组分析数据，要判断两组分析的精密度有无显著性差异，应该选用(　　)。

(A)$Q$ 检验法　(B)$t$ 检验法　(C)$F$ 检验法　(D)$Q$ 和 $t$ 联合检验法

173. 一般用于科学研究和重要的测定的一般试剂是(　　)。

(A)分析纯试剂　(B)光谱纯试剂　(C)化学纯试剂　(D)优级纯试剂

174. 化学纯化学试剂标签颜色为(　　)。

(A)绿色　(B)棕色　(C)红色　(D)蓝色

175. 直接法配制标准溶液必须使用(　　)。

(A)基准试剂　(B)化学纯试剂　(C)分析纯试剂　(D)优级纯试剂

176. pH＝9.00 中的有效数字是(　　)位。

(A)1　(B)2　(C)3　(D)4

177. 25 mL 的移液管在 15 ℃使用，其体积校正值为－0.02 mL，查温度校正表为 1.0 mL/L，该移液管此时的真实放出体积为(　　)。

(A)25.01 mL　(B)25.04 mL　(C)25.00 mL　(D)25.02 mL

178. 在 25 ℃时，滴定管中放出 25.00 mL 水，在天平上称出其质量为 24.940 0 g，查衡量法校正表可得到 25℃时 1 mL 水与 1 g 砝码的质量差值为 0.003 89 g，则滴定管在 25.00 mL 处校正到 20 ℃时的校正值为(　　)。

(A)0.05 mL　(B)0.04 mL　(C)0.03 mL　(D)0.02 mL

179. 标准物质中表征合理地赋予被测量值的分散性的参数是(　　)。

(A)稳定性　(B)溯源性　(C)重复性　(D)测量不确定度

180. 用焰色反应进行定性分析，处理铂丝用的试剂是(　　)。

(A)浓 $H_2SO_4$　(B)浓 $HNO_3$　(C)浓 HCl　(D)氢氧化钠溶液

181. 下列阴离子的水溶液，若浓度(单位：mol/L)相同，则碱性最强的是(　　)。

(A)$CN^-$($K_{HCN}=6.2\times10^{-10}$)　(B)$S^{2-}$($K_{HS^-}=7.1\times10^{-15}$，$K_{H_2S}=1.3\times10^{-7}$)

(C)$F^-$($K_{HF}=3.5\times10^{-4}$)　(D)$CH_3COO^-$($K_{HAc}=1.8\times10^{-5}$)

182. 已知在一定的温度下，醋酸 $K_a=1.8\times10^{-5}$，则 0.10 mol/L 醋酸溶液的 pH 值为(　　)。

(A)4.21　(B)3.45　(C)2.87　(D)2.54

183. 0.50 mol/L $NH_4Cl$ 溶液的 pH 值为(　　)。($K_b=1.8\times10^{-5}$)

(A)7.00　(B)4.78　(C)9.18　(D)8.75

184. 配制好的 HCl 需贮存于(　　)中。

(A)棕色橡皮塞试剂瓶　(B)塑料瓶

(C)白色磨口塞试剂瓶　(D)白色橡皮塞试剂瓶

185. 用 0.10 mol/L HCl 滴定 0.10 mol/L $Na_2CO_3$ 至酚酞终点，这里 $Na_2CO_3$ 的基本单元数是(　　)。

(A)$Na_2CO_3$　(B)$2Na_2CO_3$　(C)$1/3Na_2CO_3$　(D)$1/2Na_2CO_3$

186. EDTA 的有效浓度[$Y^{4-}$]与酸度有关，它随着溶液 pH 值增大而(　　)。

(A)增大　(B)减小　(C)不变　(D)不稳定

187. 产生金属指示剂的僵化现象是因为(　　)。

(A)指示剂不稳定　(B)MIn 溶解度小

(C)$K'_{MIn}<K'_{MY}$　(D)$K'_{MIn}>K'_{MY}$

188. 在 pH=5 的介质中，0.05 mol/L 的 EDTA 溶液中用于与金属发生配位反应的有效浓度是(　　)。此时 $\lg\alpha_{Y(H)}=6.45$。

(A)0.05 mol/L　(B)0.02 mol/L　(C)$2\times10^{-8}$ mol/L　(D)0.04 mol/L

189. EDTA 标准滴定溶液滴定金属离子 M，若要求相对误差小于 0.1%，则要求(　　)。

(A)$C_M\cdot K'_{MY}\geqslant10^6$　(B)$C_M\cdot K'_{MY}\leqslant10^6$

(C)$K'_{MY}\geqslant10^6$　(D)$K'_{MY}\cdot\alpha_{Y(H)}\geqslant10^6$

190. 已知 25 ℃，$E(Ag^+/Ag)=0.799$ V，AgCl 的 $K_{sp}=1.8\times10^{-10}$，当[$Cl^-$]=1.0 mol/L，该电极电位值(　　)V。

(A)0.799　(B)0.200　(C)0.675　(D)0.858

191. 氧化还原反应的平衡常数 K 值的大小决定于(　　)的大小。

(A)氧化剂和还原剂两电对的条件电极电位差

(B)氧化剂和还原剂两电对的标准电极电位差

(C)反应进行的完全程度

(D)反应速度

192. pH 玻璃电极产生的不对称电位来源于(　　)。

(A)内外玻璃膜表面特性不同　(B)内外溶液中 $H^+$ 浓度不同

(C)内外溶液中 $H^+$ 活度系数不同　(D)内外参比电极不一样

193. 用莫尔法测定时，阳离子(　　)不能存在。

(A)$K^+$　(B)$Na^+$　(C)$Ba^{2+}$　(D)$Ag^+$

194. 以下各项措施中，可以消除分析测试中的系统误差的是(　　)。

(A)进行仪器校正　(B)增加测定次数

(C)增加称样量　(D)提高分析人员水平

195. 以硫酸作 $Ba^{2+}$ 的沉淀剂，其过量的适宜百分数为(　　)。

(A)100%～200%　(B)20%～30%

(C)10%～20%　(D)50%～100%

196. 如果要求分析结果达到 0.1%的精确度，使用灵敏度为 0.1 mg 的天平称取试样时，至少应称取(　　)。

(A)0.1 g　(B)0.2 g　(C)0.05 g　(D)0.5 g

197. 用银离子选择电极作指示电极，电位滴定测定牛奶中氯离子含量时，如以饱和甘汞电极作为参比电极，双盐桥应选用的溶液为(　　)。

(A)$KNO_3$　(B)KCl　(C)KBr　(D)KI

198. 已知 0.10 mol/L 一元弱酸溶液的 pH＝3.0，则 0.10 mol/L 共轭碱 NaB 溶液的 pH 值是(　　)。

(A)11.0　(B)9.0　(C)8.5　(D)9.5

199. 从精密度好就可断定分析结果可靠的前提条件是(　　)。

(A)随机误差小　(B)系统误差小　(C)平均偏差小　(D)相对偏差小

200. 下列各组酸碱对中，属于共轭酸碱对的是(　　)。

(A)$H_2CO_3$ 和 $CO_3^{2-}$　(B)$H_3O^+$ 和 $OH^-$

(C)$HPO_4^{2-}$ 和 $PO_4^{3-}$　(D)$NH_3CH_2COOH$ 和 $NH_2CH_2COO^-$

## 三、多项选择题

1. 化学分析中选用标准物质应注意的问题是(　　)。

(A)以保证测量的可靠性为原则　(B)标准物质的有效期

(C)标准物质的不确定度　(D)标准物质的溯源性

2. 下列误差属于系统误差的是(　　)。

(A)标准物质不合格　(B)试样未经充分混合

(C)称量读错砝码　(D)滴定管未校准

3. 下列叙述中，正确的是(　　)。

(A)偏差是测定值与真实值之差值

(B)相对平均偏差的表达式为平均值除以平均偏差

(C)相对平均偏差的表达式为平均偏差除以平均值

(D)平均偏差是表示一组测量数据的精密度的好坏

4. 测定中出现下列情况，属于偶然误差的是(　　)。

(A)滴定时所加试剂中含有微量的被测物质

(B)某分析人员几次读取同一滴定管的读数不能取得一致

(C)滴定时发现有少量溶液溅出

(D)某人用同样的方法测定，但结果总不能一致

5. 滴定分析操作中出现下列情况,导致系统误差的有(　　)。

(A)滴定管未经校准　　(B)滴定时有溶液溅出

(C)指示剂选择不当　　(D)试剂中含有干扰离子

6. 在滴定分析法测定中出现的下列情况,(　　)属于系统误差。

(A)试样未经充分混匀　　(B)滴定管的读数读错

(C)所用试剂不纯　　(D)砝码未经校正

7. 在滴定分析中出现下列情况,导致系统误差的有(　　)。

(A)滴定管读数读错　　(B)滴定时有溶液溅出

(C)砝码未经校正　　(D)所用试剂中含有干扰离子

(E)称量过程中天平零点略有变动　　(F)重量分析中,沉淀溶解损失

8. 在滴定分析中能导致系统误差的情况是(　　)。

(A)试样未混均匀　　(B)滴定管读数读错

(C)所用试剂中含有干扰离子　　(D)天平砝码未校正

9. 在下列方法中可以减少分析中系统误差的是(　　)。

(A)增加平行试验的次数　　(B)进行对照实验

(C)进行空白试验　　(D)进行仪器的校正

10. 在滴定分析中能导致系统误差的情况是(　　)。

(A)天平砝码未校正　　(B)试样在称量时稀释

(C)所用试剂含有干扰离子　　(D)滴定时有少量溶液溅出

11. 下述情况属于分析人员不应有的操作误差的是(　　)。

(A)滴定前用标准滴定溶液将滴定管淋洗几遍

(B)称量用砝码没有检定

(C)称量时未等称量物冷却至室温就进行称量

(D)滴定前用被滴定溶液洗涤锥形瓶

12. 下列误差中(　　)是属于试剂误差。

(A)试剂不纯

(B)滴定终点颜色的辨别偏深或过浅

(C)重量分析中选择的沉淀形式溶解度较大

(D)称量形式不稳定

(E)蒸馏水中含微量待测组分

(F)移液管的刻度不准确

13. 准确度和精密度的关系为(　　)。

(A)准确度高,精密度一定高　　(B)准确度高,精密度不一定高

(C)精密度高,准确度一定高　　(D)精密度高,准确度不一定高

14. 准确度与精密度的关系是(　　)。

(A)准确度高,精密度一定高　　(B)精密度高,准确度一定高

(C)准确度差,精密度一定不好　　(D)精密度差,准确度也不好

15. 提高分析结果准确度的方法有(　　)。

(A)减小称量误差　　(B)对照试验

(C)空白试验　　　　　　　　　　(D)提高仪器精度

16. 为了提高分析结果的准确度，必须(　　)。

(A)消除系统误差　　　　　　　　(B)增加测定次数

(C)多人重复操作　　　　　　　　(D)增加取样量

17. 在不改变的测量条件下，对同一被测量的测量结果之间的一致性称为(　　)。

(A)重复性　　　(B)再现性　　　(C)准确性　　　(D)精密性

18. 为提高滴定分析的准确度，对标准溶液必须做到(　　)。

(A)正确的配制

(B)准确地标定

(C)对有些标准溶液必须当天配、当天标、当天用

(D)所有标准溶液必须计算至小数点后第4位

(E)对所有标准溶液必须妥善保存

19. 在一组平行测定中，有个别数据的精密度不甚高时，正确处理方法是(　　)。

(A)根据偶然误差分布规律决定取舍

(B)测定次数为5，用$Q$检验法决定可疑值的取舍

(C)舍去可疑值

(D)用$Q$检验法，如$Q \leqslant Q_{0.90}$则此值应舍去

20. 某分析结果的精密度很好，准确度很差，可能是下列哪些原因造成的(　　)。

(A)称量记录有差错　　　　　　　(B)砝码未校正　　　(C)试剂不纯

(D)所用计量器具未校正　　　　　(E)操作中样品有损失

21. 若分析结果的精密度很好，准确度很差，可能是(　　)原因造成的。

(A)操作中发生失误　　　　　　　(B)使用未校准的砝码

(C)称样量记录有差错　　　　　　(D)使用试剂不纯

22. 进行对照试验的目的是(　　)。

(A)检查试剂是否带入杂质　　　　(B)减少或消除系统误差

(C)检查所用分析方法的准确性　　(D)检查仪器是否正常

23. 下列论述正确的是(　　)。

(A)准确度是指多次测定结果相符合的程度

(B)精密度是指在相同条件下，多次测定结果相符合的程度

(C)准确度是指测定结果与真实值相接近的程度

(D)精密度是指测定结果与真实值相接近的程度

24. 指出下列正确的叙述(　　)。

(A)误差是以真值为标准的，偏差是以平均值为标准的。实际工作中获得的所谓“误差”，实质上仍是偏差

(B)对某项测定来说，它的系统误差的大小是可以测量的

(C)对偶然误差来说，它的大小相等的正负误差出现的机会是相等的

(D)标准偏差是用数理统计方法处理测定的数据而获得的

(E)某测定的精密度愈好，则该测定的准确度愈好

25. 在下列情况中，(　　)情况对结果产生正误差。

(A)以 HCl 标准溶液滴定某碱样时所用滴定管因未洗净,滴定时管内壁挂有液滴
(B)以 $K_2Cr_2O_7$ 为基准物,用碘量法标定 $Na_2S_2O_3$ 溶液的浓度时,滴定速度过快,并过早读出滴定管读数
(C)标定标准溶液的基准物质在称量时吸潮了(标定时用直接法)
(D)EDTA 标准溶液滴定钙镁含量时滴定速度过快
(E)以失去部分结晶水的硼砂为基准物标定 HCl 溶液的浓度
26. 下列有关平均值的置信区间的论述中,正确的有(　　)。
(A)同条件下测定次数越多,则置信区间越小
(B)同条件下平均值的数值越大,则置信区间越大
(C)同条件下测定的精密度越高,则置信区间越小
(D)给定的置信度越小,则置信区间也越小
27. 显著性检验的最主要方法应当包括(　　)。
(A)$t$ 检验法　(B)狄克松(Dixon)检验法
(C)格鲁布斯(Crubbs)检验法　(D)$F$ 检验法
28. 下列有关平均值的置信区间的论述正确的是(　　)。
(A)测定次数越多,平均值的置信区间越小
(B)平均值越大,平均值的置信区间越宽
(C)一组测量值的精密度越高,平均值的置信区间越小
(D)给定的置信度越高,平均值的置信区间越宽
29. 下列正确的叙述是(　　)。
(A)置信区间是表明在一定的概率保证下,估计出来的包含可能参数在内的一个区间
(B)保证参数在置信区间的概率称为置信度
(C)置信度愈高,置信区间就会愈宽
(D)置信度愈高,置信区间就会愈窄
30. 在一组平行测定的数据中有个别数据的精密度不高时,正确的处理方法是(　　)。
(A)舍去可疑数
(B)根据偶然误差分布规律决定取舍
(C)测定次数为 5,用 $Q$ 检验法决定可疑数的取舍
(D)用 $Q$ 检验法时,如 $Q \leqslant Q_{0.90}$,则此可疑数应舍去
31. 化学试剂分为(　　)。
(A)标准试剂　(B)专用试剂　(C)一般试剂　(D)高纯试剂
32. 化学试剂一般分为(　　)。
(A)一般试剂　(B)通用试剂　(C)专用试剂　(D)特种试剂
33. 通用化学试剂包括(　　)。
(A)分析纯试剂　(B)光谱纯试剂　(C)化学纯试剂　(D)优级纯试剂
34. 标准试剂包括(　　)。
(A)滴定分析标准试剂　(B)杂质分析标准试剂
(C)色谱标准试剂　(D)高纯试剂
(E)pH 基准试剂

35. 一般化学试剂包括(　　)等。
(A)分析纯试剂　(B)光谱纯试剂　(C)化学纯试剂
(D)优级纯试剂　(E)生化试剂　(F)实验试剂
36. 一般试剂包括(　)。
(A)分析纯试剂　(B)光谱纯试剂
(C)化学纯试剂　(D)优级纯试剂
37. 一般试剂标签有(　　)。
(A)白色　(B)绿色　(C)蓝色　(D)黄色
38. 优级纯试剂可用(　　)英文缩写符号来代表。标签颜色是(　　)。
(A)LR　(B)GR　(C)绿色　(D)棕色
39. 我国试剂标准的基准试剂相当于 IUPAC 中的(　　)。
(A)B 级　(B)A 级　(C)D 级　(D)C 级
40. 下列试剂中杂质含量均高于基准试剂的是(　　)。
(A)分析纯　(B)优级纯　(C)化学纯　(D)实验试剂
41. 分析纯试剂常用于(　　)。
(A)定性分析　(B)定量分析
(C)一般科学研究　(D)精密度要求较高的科学研究
42. 化学纯试剂可用于(　　)。
(A)工厂的一般分析工作　(B)直接配制标准溶液
(C)标定滴定分析标准溶液　(D)教学实验
43. 以下有关化学试剂的说法正确的是(　　)。
(A)化学试剂的规格一般按试剂的纯度及杂质含量划分等级
(B)通用化学试剂是指优级纯、分析纯和化学纯这三种
(C)我国试剂标准的分析纯相当于(IUPAC)的 C 级和 D 级
(D)化学试剂的品种繁多,目前还没有统一的分类方法
44. 直接法配制标准溶液不能使用(　　)。
(A)基准试剂　(B)化学纯试剂　(C)分析纯试剂　(D)优级纯试剂
45. 影响化学试剂变质的因素(　　)。
(A)空气湿度　(B)温度　(C)光　(D)使用的器皿
46. 标定标准溶液的基准试剂其纯度要求(　　)。
(A)99.95%以上　(B)AR　(C)CP　(D)GR
47. 基准物质必须符合(　　)条件。
(A)纯度在 99.9%以上　(B)必须储存于干燥器中
(C)组成与化学式完全相符　(D)性质稳定、具有较大的摩尔质量
48. 基准试剂一般分为(　　)。
(A)A 级基准试剂　(B)B 级基准试剂　(C)C 级基准试剂　(D)D 级基准试剂
49. 取用液体试剂时应注意保持试剂清洁,因此要做到(　　)。
(A)打开瓶塞后,瓶塞不许任意放置,防止沾污,取完试剂后立即盖好
(B)应采用"倒出"的方法,不能用吸管直接吸取,防止带入污物或水

(C)公用试剂用完后应立即放回原处，以免影响他人使用

(D)标签要朝向手心，以防液体流出腐蚀标签

50. 在实验室中，皮肤溅上浓碱液时，在用大量水冲洗后应再用(　　)处理。

(A)5%硼酸　(B)5%小苏打　(C)2%醋酸　(D)2%硝酸

51. 在试剂选取时，以下操作正确的是(　　)。

(A)取用试剂时应注意保持清洁

(B)固体试剂可直接用手拿

(C)量取准确的溶液可用量筒

(D)再分析工作中，所选用试剂的浓度及用量都要适当

52. 将下列数据修约至 4 位有效数字，(　　)是正确的。

(A)3.149 5 ⟶ 3.150　(B)18.284 1 ⟶ 18.28

(C)65 065 ⟶ $6.506\times10^4$　(D)0.164 85 ⟶ 0.164 9

53. 将下列数据修约至 4 位有效数字，(　　)是正确的。

(A)3.149 8 ⟶ 3.150　(B)18.284 1 ⟶ 18.28

(C)65 065 ⟶ $6.506\times10^4$　(D)0.164 85 ⟶ 0.164 9

54. 下列数据中，有效数字位数是 4 位的有(　　)。

(A)0.0520　(B)pH=10.30　(C)10.030

(D)40.02%　(E)$1.006\times10^8$

55. 下列数据中，有效数字位数为 4 位的是(　　)。

(A)$[H^+]$=0.006 mol/L　(B)pH=11.78

(C)$\omega_{MgO}$=14.18%　(D)$c$(NaOH)=0.113 2 mol/L

56. 下列数字保留 4 位有效数字，修约正确的有(　　)。

(A)1.567 5 ⟶ 1.568　(B)0.076 533 ⟶ 0.076 5

(C)0.086 765 ⟶ 0.086 76　(D)100.23 ⟶ 100.2

57. 欲测定水泥熟料中的 $SO_3$ 含量，由 4 人分别测定。试样称取 2.164 g，四份报告如下，不合理的是(　　)。

(A)2.163%　(B)2.163 4%

(C)2.16%半微量分析　(D)2.2

58. 标准溶液配制好后，要用符合试剂要求的密闭容器盛放，并贴上标签，标签上要注明(　　)。

(A)标准名称　(B)浓度　(C)介质　(D)配制日期

59. 关于基本单元下列说法错误的是(　　)。

(A)基本单元必须是分子、离子、原子或官能团

(B)在不同的反应中，相同物质的基本单元不一定相同

(C)基本单元可以是分子、离子、原子、电子及其他粒子，或是这些粒子的特定组合

(D)为了简便，可以一律采用分子、离子、原子作为基本单元

60. 下列标准溶液应贮存于聚乙烯塑料瓶中的有(　　)。

(A)KOH　(B)EDTA　(C)NaOH　(D)硝酸银

61. 进行滴定分析时，滴定管的准备分为(　　)。

(A)洗涤　(B)加标准溶液　(C)调节零点　(D)排气泡

62. 关于滴定管校正的叙述正确的是(　　)。
(A)校准滴定管的原理是称量法
(B)具体校准过程是:称量滴定管某一刻度范围内所放出的纯水质量,根据该温度时纯水的密度,将纯水的质量换算成20℃时的体积,再用此值与滴定管的刻度值相比较,就得到滴定管容积的校准值
(C)换算成20℃时体积的公式为 $V_{实}=(M_{瓶+水}-M_{瓶})/0.99821$
(D)每间隔一定体积(滴定管刻度)校准一次,最后得出总校准值
63. 配制溶液的方法有(　　)。
(A)标定配制法　(B)比较配制法
(C)直接法配制　(D)间接法配制
64. 标定的方法有(　　)。
(A)用基准物标定　(B)用标准溶液标定
(C)用标准物质标定标准溶液　(D)比较法
65. 标准溶液的标定方法有(　　)。
(A)用强酸溶液标定　(B)用基准物标定
(C)用另一种标准溶液标定　(D)用强碱溶液标定
66. 下列物质的干燥条件中,错误的是(　　)。
(A)苯二甲酸氢钾在1 050℃~1 100℃的电烘箱中
(B)$Na_2CO_3$ 在1 050℃~1 100℃的电烘箱中
(C)$CaCO_3$ 放在盛硅胶的干燥器中
(D)$Na_2C_2O_4\cdot 2H_2O$ 放在空的干燥器中
(E)NaCl放在空的干燥器中
67. 下列物质可用于直接配制标准溶液的是(　　)。
(A)固体NaOH(GR)　(B)浓HCl(GR)
(C)固体 $K_2Cr_2O_7$(GR)　(D)固体 $KIO_3$(GR)
(E)固体 $Na_2S_2O_3\cdot 5H_2O$(AR)
68. 下列物质中,只能用间接法配制一定浓度的溶液,然后再标定的是(　　)。
(A)$KMnO_4$　(B)NaOH　(C)$K_2Cr_2O_7$　(D)KHP
69. 指出下列物质中,只能用间接法配制一定浓度的标准溶液的是(　　)。
(A)$KMnO_4$　(B)NaOH　(C)$H_2SO_4$　(D)$H_2C_2O_4\cdot 2H_2O$
70. 制备溶液的方法有(　　)。
(A)标定配制法　(B)比较配制法　(C)直接法配制　(D)间接法配制
71. 标准物质的选择应遵循(　　)的原则。
(A)适用性　(B)代表性　(C)稳定性　(D)容易复制
72. 下列属于标准物质特性的是(　　)。
(A)均匀性　(B)氧化性　(C)准确性　(D)稳定性
73. 属于化学试剂中标准物质的特征是(　　)。
(A)组成均匀　(B)性质稳定
(C)化学成分已确定　(D)辅助元素含量准确

74. 下列属于标准物质应用的是(　　)。
(A)仪器的校正　(B)方法的鉴定
(C)实验室内部的质量保证　(D)用于技术仲裁
75. 标准物质应具有(　　)为特性值。
(A)稳定性　(B)均匀性　(C)准确性　(D)对照性
76. 下列属于标准物质必须具备特征的是(　　)。
(A)材质均匀　(B)性能稳定　(C)准确定值　(D)纯度高
77. 用于统一量值的标准物质,包括(　　)。
(A)化学成分分析标准物质
(B)物理特性与物理化学特性测量标准物质
(C)工程技术特性测量标准物质
(D)基准物质
78. 标准物质的分类有(　　)。
(A)化学成分标准物质　(B)物理化学特性标准物质
(C)工程技术特性标准物质　(D)进口的化学分析物质
79. 标准物质的主要用途有(　　)。
(A)容量分析标准溶液的定值　(B)pH 计的定位
(C)色谱分析的定性和定量　(D)有机物元素分析
80. 标准物质的最显著的特点是(　　)。
(A)具有量值准确性　(B)用于直接法配制标准滴定溶液
(C)用于计量目的　(D)用作基准物质标定待标溶液
81. 标准物质可用于(　　)。
(A)校准分析仪器　(B)评价分析方法
(C)工作曲线　(D)制定标准方法
(E)产品质量监督检验　(F)鉴定新技术
82. 在使用标准物质时必须注意(　　)。
(A)所选用的标准物质数量应满足整个实验计划的使用
(B)可以用自己配制的工作标准代替标准物质
(C)所选用的标准物质稳定性应满足整个实验计划的需要
(D)在分析测试中,可以任意选用一种标准物质
83. 一级标准物质的定级条件有(　　)。
(A)用绝对测量法或两种以上不同原理的准确可靠的方法定值。在只有一种定值方法的情况下,用多个实验时以同种准确可靠的方法定值
(B)准确度具有国内最高水平,均匀性在准确度范围之内
(C)稳定性在一年以上,或达到国际上同类标准物质的先进水平
(D)包装形式符合标准物质技术规范的要求
84. 校准和检定的区别有(　　)。
(A)校准不具法制性,检定具有法制性
(B)校准是对测量器具的计量特性和技术要求的全面评定,检定主要用以确定测量器具

的示值误差

(C)校准的依据必须是检定规程。检定的依据是校准规范、校准方法

(D)校准不判断测量器具合格与否。检定要对所检的测量器具作出合格与否的结论

85. 不违背检验工作的规定的选项是(　　)。

(A)在分析过程中经常发生异常现象属于正常情况

(B)分析检验结论不合格时,应第二次取样复检

(C)分析的样品必须按规定保留一份

(D)所用的仪器、药品和溶液必须符合标准规定

86. 滴定分析法对化学反应的要求是(　　)。

(A)反应必须按化学计量关系进行完全(达 99.9%以上)且没有副反应

(B)反应速度迅速

(C)有适当的方法确定滴定终点

(D)反应必须有颜色变化

87. 下列物质不能用直接法配制标准溶液的是(　　)。

(A)$K_2Cr_2O_7$　　(B)$KMnO_4$　　(C)$I_2$　　(D)$Na_2S_2O_3 \cdot 5H_2O$

88. 下列物质不能用直接法配制标准溶液的是(　　)。

(A)$K_2Cr_2O_7$　　(B)$Na_2S_2O_3 \cdot 5H_2O$

(C)$I_2$　　(D)$CeSO_4 \cdot 2(NH_4)_2SO_4 \cdot 2H_2O$

89. 下列试剂可以用于标定标准溶液的是(　　)。

(A)$KMnO_4$(AR)　　(B)无水 $Na_2CO_3$(GR)

(C)NaOH(GR)　　(D)$C_8H_5KO_4$(GR)

90. 下列正确的是(　　)。

(A)实验人员必须熟悉仪器、设备性能和使用方法,按规定要求进行操作

(B)不准把食物、食具带进实验室

(C)不使用无标签(或标志)容器盛放的试剂、试样

(D)实验中产生的废液、废物应集中处理,不得任意排放

91. 在下列有关留样的作用中,叙述正确的是(　　)。

(A)复核备考用　　(B)比对仪器、试剂、试验方法是否有随机误差

(C)查处检验用　　(D)考核分析人员检验数据重复性

92. 定性分析的灵敏度应用(　　)表示。

(A)最低浓度　　(B)检出限量　　(C)准确度　　(D)精密度

93. 在阳离子第四组与第五组鉴定中,主要是加入碳酸铵而成碳酸盐沉淀,下列属于第四组的阳离子是(　　)。

(A)$Ba^{2+}$　　(B)$Mg^{2+}$　　(C)$Ca^{2+}$　　(D)$Sr^{2+}$

94. 阴离子挥发性实验中,(　　)离子呈阳性反应。

(A)硝酸根　　(B)亚硝酸根　　(C)氯　　(D)硫代硫酸根

95. 下列药品不能混合的是(　　)。

(A)苯胺和双氧水　　(B)盐酸和硫酸钾

(C)氧化钙和水　　(D)氯酸钾和有机物

96. 防静电区不要使用(　　)做地面材料,并应保持环境空气在一定的相对湿度范围内。

(A)塑料地板　　(B)柚木地板　　(C)地毯　　(D)大理石

97. 实验室对所获得的对检测结果有重要影响的标准物质验收时,应当(　　)。

(A)检查制造商的资质

(B)检查证书的有效性、生产日期、有效期及不确定度等是否符合要求

(C)检查外观、包装有无异常

(D)采用实验室可能达到的方法对标准物质的准确性进行验证

98. 根据酸碱质子理论,(　　)是酸。

(A)$NH_4^+$　　(B)$NH_3$　　(C)HAc

(D)HCOOH　　(E)$Ac^-$

99. 下列属于共轭酸碱对的是(　　)。

(A)$HCO^{3-}$ 和 $CO_3^{2-}$　　(B)$H_2S$ 和 $HS^-$

(C)HCl 和 $Cl^-$　　(D)$H_3O^+$ 和 $OH^-$

100. 按质子理论,下列物质中具有两性的物质是(　　)。

(A)$HCO^{3-}$　　(B)$CO_3^{2-}$　　(C)$HPO_4^{2-}$　　(D)$HS^-$

101. 影响酸的强弱的因素有(　　)。

(A)溶剂　　(B)温度　　(C)浓度　　(D)大气压

102. 在酸碱质子理论中,可作为酸的物质是(　　)。

(A)$NH_4^+$　　(B)HCl　　(C)$H_2SO_4$　　(D)$OH^-$

103. 下列酸碱,互为共轭酸碱对的是(　　)。

(A)$H_3PO_4$ 与 $PO_4^{3-}$　　(B)$HPO_4^{2-}$ 与 $PO_4^{3-}$

(C)$HPO_4^{2-}$ 与 $H_2PO_4^-$　　(D)$NH_4^+$ 与 $NH_3$

104. 下列物质为共轭酸碱对的是(　　)。

(A)HAc 和 $NH_3 \cdot H_2O$　　(B)NaCl 和 HCl

(C)$HCO_3^-$ 和 $H_2CO_3$　　(D)$HPO_4^{2-}$ 与 $PO_4^{3-}$

105. 下列物质中,既是质子酸,又是质子碱的是(　　)。

(A)$NH_4^+$　　(B)$HS^-$　　(C)$PO_4^{3-}$　　(D)$HCO_3^-$

106. 用最简式计算弱碱溶液的 $c(OH^-)$时,应满足下列(　　)条件。

(A)$c/K_a \geqslant 500$　　(B)$c/K_b \geqslant 500$

(C)$c \cdot K_a \geqslant 20K_w$　　(D)$c \cdot K_b \geqslant 20K_w$

107. 以下关于多元弱酸的说法正确的是(　　)。

(A)多元弱酸在溶液中是分步离解的,所以其溶液的 pH 计算应该考虑每一步离解

(B)$K_{a1} \gg K_{a2}$,溶液中的氢离子主要决定于第二步离解

(C)多元弱酸的相对强弱通常用它的第一级离解常数来衡量

(D)当 $K_{a1} \gg K_{a2}$,$c/K_{a1} \geqslant 500$ 时,$c(H^+)=(K_{a1} \cdot c)^{1/2}$

108. 在下列溶液中,可作为缓冲溶液的是(　　)。

(A)弱酸及其盐溶液　　(B)弱碱及其盐溶液

(C)高浓度的强酸或强碱溶液　　(D)中性化合物溶液

109. 欲配制 0.100 0 mol/L 的 HCl 标准溶液,需选用的量器是(　　)。

(A)烧杯　(B)滴定管　(C)移液管　(D)量筒

110. 欲配制pH为3的缓冲溶液,应选择的弱酸及其弱酸盐是(　　)。

(A)醋酸($pK_a=4.74$)　(B)甲酸($pK_a=3.74$)

(C)一氯乙酸($pK_a=2.86$)　(D)二氯乙酸($pK_a=1.30$)

111. 下列(　　)溶液是pH测定用的标准溶液。

(A)0.05 mol/L $C_8H_5O_4K$

(B)1 mol/L HAc+1 mol/L NaAc

(C)0.01 mol/L $Na_2B_4O_7 \cdot 10H_2O$(硼砂)

(D)0.025 mol/L $KH_2PO_4$+0.025 mol/L $Na_2HPO_4$

112. 标定盐酸可用以下基准物质(　　)。

(A)邻苯二甲酸氢钾　(B)硼砂

(C)无水碳酸钠　(D)草酸钠

113. 标定HCl溶液常用的基准物有(　　)。

(A)无水$Na_2CO_3$　(B)硼砂($Na_2B_4O_7 \cdot 10H_2O$)

(C)草酸($H_2C_2O_4 \cdot 2H_2O$)　(D)$CaCO_3$

114. 双指示剂法测定精制盐水中NaOH和$Na_2CO_3$的含量,如滴定时第一滴定终点HCl标准滴定溶液过量。则下列说法正确的有(　　)。

(A)NaOH的测定结果是偏高　(B)$Na_2CO_3$的测定结果是偏低

(C)只影响NaOH的测定结果　(D)对NaOH和$Na_2CO_3$的测定结果无影响

115. 双指示剂法测定烧碱含量时,下列叙述正确的是(　　)。

(A)吸出试液后立即滴定　(B)以酚酞为指示剂时,滴定速度不要太快

(C)以酚酞为指示剂时,滴定速度要快　(D)以酚酞为指示剂时,应不断摇动

116. 下列关于判断酸碱滴定能否直接进行的叙述正确的是(　　)。

(A)当弱酸的电离常数$K_a<10^{-9}$时,可以用强碱溶液直接滴定

(B)当弱酸的浓度$c$和弱酸的电离常数$K_a$的乘积$c \cdot K_a \geqslant 10^{-8}$时,滴定可以直接进行

(C)极弱碱的共轭酸是较强的弱酸,只要能满足$c \cdot K_b \geqslant 10^{-8}$的要求,就可以用标准溶液直接滴定

(D)对于弱碱,只有当$c \cdot K_a \leqslant 10^{-8}$时,才能用酸标准溶液直接进行滴定

117. 下列物质中,不能用标准强碱溶液直接滴定的是(　　)。

(A)盐酸苯胺$C_6H_5NH_2 \cdot HCl$($C_6H_5NH_2$的$K_b=4.6\times10^{-10}$)

(B)邻苯二甲酸氢钾(邻苯二甲酸的$K_a=2.9\times10^{-6}$)

(C)$(NH_4)_2SO_4$($NH_3 \cdot H_2O$的$K_b=1.8\times10^{-5}$)

(D)苯酚($K_a=1.1\times10^{-10}$)

118. 下列多元弱酸能分步滴定的有(　　)。

(A)$H_2SO_3$($K_{a1}=1.3\times10^{-2}$,$K_{a2}=6.3\times10^{-8}$)

(B)$H_2CO_3$($K_{a1}=4.2\times10^{-7}$,$K_{a2}=5.6\times10^{-11}$)

(C)$H_2C_2O_4$($K_{a1}=5.9\times10^{-2}$,$K_{a2}=6.4\times10^{-5}$)

(D)$H_3PO_3$($K_{a1}=5.0\times10^{-2}$,$K_{a2}=2.5\times10^{-7}$)

119. 有一碱液,其中可能只含NaOH、$NaHCO_3$、$Na_2CO_3$,也可能含NaOH和$Na_2CO_3$或

$NaHCO_3$ 和 $Na_2CO_3$，现取一定量试样，加水适量后加酚酞指示剂。用 HCl 标准溶液滴定至酚酞变色时，消耗 HCl 标准溶液 $V_1$ mL，再加入甲基橙指示剂，继续用同浓度的 HCl 标准溶液滴定至甲基橙变色为终点，又消耗 HCl 标准溶液 $V_2$ mL，问此碱液是混合物时，$V_1$ 和 $V_2$ 是如下(　　)关系。

(A)$V_1>0$ 且 $V_2=0$　　(B)$V_1=0$ 且 $V_2>0$

(C)$V_1>V_2$ 且 $V_2>0$　　(D)$V_1<V_2$ 且 $V_1>0$

120. $H_2O$ 对(　　)具有区分性效应。

(A)HCl 和 $HNO_3$　　(B)$H_2SO_4$ 和 $H_2CO_3$

(C)HCl 和 HAc　　(D)HCOOH 和 HF

121. 非水酸碱滴定中，常用的滴定剂是(　　)。

(A)盐酸的乙酸溶液　　(B)高氯酸的乙酸溶液

(C)氢氧化钠的二甲基甲酰胺溶液　　(D)甲醇钠的二甲基甲酰胺溶液

122. 非水溶液酸碱滴定时，溶剂选择条件为(　　)。

(A)滴定弱碱选择酸性溶剂　　(B)滴定弱酸选择碱性溶剂

(C)溶剂纯度大　　(D)溶剂黏度大

123. 水酸碱滴定主要用于测定(　　)。

(A)在水溶液中不能直接滴定的弱酸、弱碱

(B)反应速度慢的酸碱物质

(C)难溶于水的酸碱物质

(D)强度相近的混合酸或碱中的各组分

124. 在下面有关非水滴定法的叙述中，正确的是(　　)。

(A)质子自递常数越小的溶剂，滴定时溶液的 pH 变化范围越小

(B)$LiAlH_4$ 常用作非水氧化还原滴定的强还原剂

(C)同一种酸在不同碱性的溶剂中，酸的强度不同

(D)常用电位法或指示剂法确定滴定终点

125. 氨羧配位体有很强的配位能力，原因是它的配位原子能与多数金属离子形成稳定的可溶性配合物，其中有配位能力的配位原子为(　　)。

(A)氨氮　　(B)羧氧　　(C)碳　　(D)氢

126. 关于 EDTA，下列说法正确的是(　　)。

(A)EDTA 是乙二胺四乙酸的简称　　(B)分析工作中一般用乙二胺四乙酸二钠盐

(C)EDTA 与 $Ca^{2+}$ 以 1∶2 的关系配合　　(D)EDTA 与金属离子配合形成螯合物

127. EDTA 与金属离子配位的主要特点是(　　)。

(A)生成配合物的稳定性与溶液的酸度无关

(B)能与大多数金属离子形成稳定的配合物

(C)与金属离子的配位比都是 1∶1

(D)生成的配合物大多数易溶于水

128. EDTA 与金属离子的配合物的特点有(　　)。

(A)EDTA 具有广泛的配位性能，几乎能与所有金属离子形成配合物

(B)EDTA 配合物配位比简单，多数情况下都形成 1∶1 配合物

(C)EDTA 配合物难溶于水，使配位反应较迅速

(D)EDTA 配合物稳定性高，能与金属离子形成具有多个五元环结构的螯合物

129. 以下有关 EDTA 的叙述正确的为(　　)。

(A)在任何水溶液中，EDTA 总以六种型体存在

(B)pH 值不同时，EDTA 的主要存在型体也不同

(C)在不同 pH 值下，EDTA 各型体的浓度比不同

(D)EDTA 的几种型体中，只有 $Y^{4-}$ 能与金属离子直接配位

130. 以下关于 EDTA 标准溶液制备叙述正确的为(　　)。

(A)使用 EDTA 分析纯试剂先配成近似浓度再标定

(B)标定条件与测定条件应尽可能接近

(C)EDTA 标准溶液应贮存于聚乙烯瓶中

(D)标定 EDTA 溶液须用二甲酚橙指示剂

131. 以下属于 EDTA 配位剂的特性有(　　)。

(A)EDTA 具有广泛的配位性能，几乎能与所有的金属离子形成配合物

(B)EDTA 配合物配位比简单，多数情况下都形成 1∶1 配合物

(C)EDTA 配合物稳定性高

(D)EDTA 配合物易溶于水

(E)金属-EDTA 配合物均无色，有利于指示剂确定终点

132. 下列说法正确的是(　　)。

(A)配合物的形成体(中心原子)大多是中性原子或带正电荷的离子

(B)螯合物以六元环、五元环较稳定

(C)配位数就是配位体的个数

(D)二乙二胺合铜(Ⅱ)离子比四氨合铜(Ⅱ)离子稳定

133. EDTA 与金属离子配位的主要特点有(　　)。

(A)因生成的配合物稳定性很高，故 EDTA 配位能力与溶液酸度无关

(B)能与大多数金属离子形成稳定的配合物

(C)无论金属离子有无颜色，均生成无色配合物

(D)生成的配合物大都易溶于水

134. EDTA 与金属离子形成的配合物的特点是(　　)。

(A)经常出现逐级配位现象　　(B)形成配合物易溶于水

(C)反应速度非常慢　　(D)形成配合物较稳定

135. EDTA 与绝大多数金属离子形成的螯合物具有下面(　　)特点。

(A)计量关系简单　　(B)配合物十分稳定

(C)配合物水溶性极好　　(D)配合物都是红色

136. 影响配合物稳定性的主要因素为(　　)。

(A)金属离子电荷数　　(B)金属离子半径

(C)金属离子电子层结构　　(D)溶液的酸度

137. 下列(　　)能降低配合物 MY 的稳定性。

(A)M 的水解效应　　(B)EDTA 的酸效应

(C)M 的其他配位效应　　(D)pH 的缓冲效应

138. EDTA 的副反应有(　　)。

(A)配位效应　(B)水解效应　(C)共存离子效应　(D)酸碱效应

139. 下列关于条件稳定常数正确的是(　　)。

(A)条件稳定常数反映了配合物在一定条件下的实际稳定程度

(B)条件稳定常数越大,配合物越稳定

(C)条件稳定常数越大,滴定突跃范围越大

(D)酸度不影响条件稳定常数

140. EDTA 配位滴定法,消除其他金属离子干扰常用的方法有(　　)。

(A)加掩蔽剂　(B)使形成沉淀

(C)改变金属离子价态　(D)萃取分离

141. 在 EDTA 配位滴定中金属离子指示剂的应用条件是(　　)。

(A)MIn 的稳定性适当地小于 MY 的稳定性

(B)In 与 MIn 应有显著不同的颜色

(C)In 与 MIn 应当都能溶于水

(D)MIn 应有足够的稳定性,且 $K_{MIn}\geqslant K'_{MY}$

142. 在 EDTA(Y)配位滴定中,金属(M)指示剂(In)的应用条件是(　　)。

(A)MIn 应有足够的稳定性,且 $K'_{MIn}\leqslant K'_{MY}$

(B)In 与 MIn 应有显著不同的颜色

(C)In 与 MIn 应当都能溶于水

(D)MIn 应有足够的稳定性,且 $K'_{MIn}>K'_{MY}$

(E)MIn 应有足够的稳定性,且小于 MY 的稳定性,一般要求 $\lg K'_{MY}-\lg K'_{MIn}\geqslant 2$

143. 在 EDTA(Y)配位滴定中,金属(M)离子指示剂(In)的应用条件是(　　)。

(A)In 与 MY 应有相同的颜色　(B)In 与 MIn 应有显著不同的颜色

(C)In 与 MIn 应当都能溶于水　(D)MIn 应有足够的稳定性,且 $K'_{MIn}\leqslant K'_{MY}$

144. 在 EDTA(Y)配位滴定中,金属(M)离子指示剂(In)的应用条件是(　　)。

(A)In 与 MY 应有相同的颜色　(B)MIn 应有足够的稳定性,且 $K'_{MIn}>K'_{MY}$

(C)In 与 MIn 应有显著不同的颜色　(D)In 与 MIn 应当都能溶于水

(E)MIn 应有足够的稳定性,且 $K'_{MIn}<K'_{MY}$

145. 在 EDTA(Y)配位滴定中,金属(M)离子指示剂(In)的应用条件是(　　)。

(A)MIn 应有足够的稳定性,且 $K'_{MIn}<K'_{MY}$

(B)In 与 MIn 应有显著不同的颜色

(C)In 与 MIn 应当都能溶于水

(D)MIn 应有足够的稳定性,且 $K'_{MIn}>K'_{MY}$

146. 在配位滴定中,指示剂应具备的条件是(　　)。

(A)$K_{MIn}<K_{MY}$　(B)指示剂与金属离子显色要灵敏

(C)MIn 应易溶于水　(D)$K_{MIn}>K_{MY}$

147. 目前配位滴定中常用的指示剂主要有(　　)。

(A)铬黑 T 和二甲酚橙　(B)PAN 和酸性铬蓝 K

(C)钙指示剂　(D)甲基橙

148. 配位滴定时，金属指示剂必须具备的条件为（　　）。
(A)在滴定的 pH 范围，游离金属指示剂本身的颜色同配合物的颜色有明显差别
(B)金属离子与金属指示剂的显色反应要灵敏
(C)金属离子与金属指示剂形成配合物的稳定性要适当
(D)金属离子与金属指示剂形成配合物的稳定性要小于金属离子与 EDTA 形成配合物的稳定性

149. EDTA 滴定 $Ca^{2+}$ 的突跃本应很大，但在实际滴定中却表现为很小，这可能是由于滴定时（　　）。
(A) 溶液的 pH 值太高　　(B)被滴定物浓度太小
(C) 指示剂变色范围太宽　　(D)反应产物的副反应严重

150. EDTA 的酸效应曲线是指（　　）。
(A)$\alpha_{Y(H)}$ — pH 曲线　　(B)$pM$ — pH 曲线
(C)$\lg\alpha_{Y(H)}$ — pH 曲线　　(D)$\lg K_{MY}$ — pH 曲线

151. 对于酸效应曲线，下列说法正确的有（　　）。
(A)利用酸效应曲线可确定单独滴定某种金属离子时所允许的最低酸度
(B)可判断混合物金属离子溶液能否连续滴定
(C)可找出单独滴定某金属离子时所允许的最高酸度
(D)酸效应曲线代表溶液 pH 值与溶液中的 MY 的绝对稳定常数($\lg K_{MY}$)以及溶液中 EDTA 的酸效应系数的对数值($\lg\alpha$)之间的关系

152. 对于酸效应曲线，下列说法正确的有（　　）。
(A)利用酸效应曲线可确定单独滴定某种金属离子时所允许的最低酸度
(B)利用酸效应曲线可找出单独滴定某种金属离子时所允许的最高酸度
(C)利用酸效应曲线可判断混合金属离子溶液能否进行连续滴定
(D)利用酸效应曲线可知在一定 pH 范围内，滴定某一离子时，哪些离子有干扰

153. 以 EDTA 为滴定剂，下列叙述中正确的有（　　）。
(A)在酸度较高的溶液中，可形成 MHY 配合物
(B)在碱性较高的溶液中，可形成 MOHY 配合物
(C)不论形成 MHY 或 MOHY，均有利于滴定反应
(D)不论溶液 pH 值的大小，只形成 MY 一种形式配合物

154. 以下为影响配位平衡的主要因素的有（　　）。
(A)Y 与 H 的副反应(酸效应)　　(B)Y 与 N 的副反应(共存离子效应)
(C)金属离子 M 的副反应(配位效应)　　(D)配合物 MY 的副反应

155. 在 EDTA 滴定中，下列效应能降低配合物 MY 的稳定性的有（　　）。
(A)M 水解效应　　(B)EDTA 的酸效应
(C)M 与其他配位效应　　(D)MY 的混合效应

156. 当溶液中有两种(M、N)金属离子共存时、欲以 EDTA 滴定 M 而使 N 不干扰，则要求（　　）。
(A)$C_M K_{MY}/C_N K_{NY} \geqslant 10^5$　　(B)$C_M K_{MY}/C_N K_{NY} \geqslant 10^6$
(C)$C_M K_{MY}/C_N K_{NY} \geqslant 10^8$　　(D)$C_M K_{MY}/C_N K_{NY} \geqslant 10^{-8}$

(E)$C_M K_{MY} \geqslant 10^6$, $C_N K_{NY} \leqslant 10^3$

157. 在配位滴定中,消除干扰离子的方法有(　　)。

(A)掩蔽法　(B)预先分离法

(C)改用其他滴定剂法　(D)控制溶液酸度法

158. 利用不同的配位滴定方式,可以(　　)。

(A)提高准确度　(B)提高配位滴定的选择性

(C)扩大配位滴定的应用范围　(D)计算更方便

159. 提高配位滴定的选择性可采用的方法是(　　)。

(A)增大滴定剂的浓度　(B)控制溶液温度

(C)控制溶液的酸度　(D)利用掩蔽剂消除干扰

160. 由于铬黑 T 不能指示 EDTA 滴定 $Ba^{2+}$,在找不到合适的指示剂时,常用下列(　　)滴定法测定钡量。

(A)沉淀掩蔽法　(B)返滴定法

(C)置换滴定法　(D)间接滴定法

161. 配位滴定法中消除干扰离子的方法有(　　)。

(A)配位掩蔽法　(B)沉淀掩蔽法

(C)氧化还原掩蔽法　(D)化学分离

162. 下列基准物质中,可用于标定 EDTA 的是(　　)。

(A)无水碳酸钠　(B)氧化锌　(C)碳酸钙　(D)重铬酸钾

163. 以 $CaCO_3$ 为基准物标定 EDTA 时,(　　)需用操作液润洗。

(A)滴定管　(B)容量瓶　(C)移液管　(D)锥形瓶

164. 水的硬度测定中,正确的测定条件包括(　　)。

(A)总硬度:pH=10,EBT 为指示剂

(B)钙硬度:pH=12,XO 为指示剂

(C)钙硬度:调 pH 之前,先加 HCl 酸化并煮沸

(D)钙硬度:NaOH 可任意过量加入

165. 影响电极电位的因素有(　　)。

(A)参加电极反应的离子浓度　(B)溶液温度

(C)转移的电子数　(D)大气压

166. 根据电极电位数据,指出下列说法正确的是(　　)。已知:标准电极电位 $E(F_2/2F^-)=2.87$ V, $E(Cl_2/Cl^-)=1.36$ V, $E(Br_2/2Br^-)=1.07$ V, $E(I_2/2I^-)=0.54$ V, $E(Fe^{3+}/Fe^{2+})=0.77$ V。

(A)卤离子中只有 $I^-$ 能被 $Fe^{3+}$ 氧化

(B)卤离子中只有 $Br^-$ 和 $I^-$ 能被 $Fe^{3+}$ 氧化

(C)在卤离子中除 $F^-$ 外,都被 $Fe^{3+}$ 氧化

(D)全部卤离子都被 $Fe^{3+}$ 氧化

(E)在卤素中,除 $I_2$ 之外,都能被 $Fe^{2+}$ 还原

167. 在酸性溶液中 $KBrO_3$ 与过量的 KI 反应,达到平衡时溶液中的(　　)。

(A)两电对 $BrO_3^-/Br^-$ 与 $I_2/2I^-$ 的电位相等

(B)反应产物 $I_2$ 与 KBr 的物质的量相等

(C)溶液中已无 $BrO_3^-$ 存在

(D)反应中消耗的 $KBrO_3$ 的物质的量与产物 $I_2$ 的物质的量之比为 1∶3

168. 下列氧化剂中，当增加反应酸度时，氧化剂的电极电位增大的是(　　)。

(A)$I_2$　(B)$KIO_3$　(C)$FeCl_3$　(D)$K_2Cr_2O_7$

169. 用相关电对的电位可判断氧化还原反应的一些情况，它可以判断(　　)。

(A)氧化还原反应的方向　(B)氧化还原反应进行的程度

(C)氧化还原反应突跃的大小　(D)氧化还原反应的速度

170. 从有关电对的电极电位判断氧化还原反应进行方向的正确方法是(　　)。

(A)某电对的还原态可以还原电位比它低的另一电对的氧化态

(B)电对的电位越低，其氧化态的氧化能力越弱

(C)某电对的氧化态可以氧化电位比它低的另一电对的还原态

(D)电对的电位越高，其还原态的还原能力越强

171. 影响氧化还原反应方向的因素有(　　)。

(A)氧化剂和还原剂的浓度影响　(B)生成沉淀的影响

(C)溶液酸度的影响　(D) 溶液温度的影响

172. 影响氧化还原反应方向的因素有(　　)。

(A)反应物浓度　(B)溶液酸度

(C)两电对电极电位差值　(D)固定不变

173. 影响氧化还原反应方向的因素有(　　)。

(A)电对的电极电位　(B)氧化剂和还原剂的浓度

(C)溶液的酸度　(D)温度

174. 凯氏定氮法测定有机氮含量全过程包括(　　)等步骤。

(A)消化　(B)碱化蒸馏　(C)吸收　(D)滴定

175. 克达尔法测氮元素常用的催化剂有(　　)。

(A)$FeSO_4$　(B)$CuSO_4$　(C)硒粉　(D)汞

176. 氧瓶燃烧法测定有机元素时，瓶中铂丝所起的作用为(　　)。

(A)氧化　(B)还原　(C)催化　(D)支撑

177. 有机物中氮的的定量方法有(　　)。

(A) 凯氏法　(B) 杜马法

(C) 气相色谱中热导检测器法　(D) 重量法

178. 采用燃烧分解法测定有机物中碳和氢含量时，常用的吸水剂是(　　)。

(A)无水氯化钙　(B)高氯酸镁　(C)碱石棉　(D)浓硫酸

179. 采用氧瓶燃烧法测定有机化合物中的硫的含量时，为了使终点变色敏锐，常采取的措施是(　　)。

(A)加入少量的亚甲基蓝溶液作屏蔽剂

(B)用亚甲基蓝作指示剂

(C)滴定在乙醇或异丙醇介质中进行

(D)加入少量溴酚蓝的乙醇溶液作屏蔽剂

180. 含碘有机物用氧瓶燃烧法分解试样后，用 KOH 吸收，得到的混合物有(　　)。

(A)$Na_2S_2O_3$　　(B)KI　　(C)$I_2$　　(D)$KIO_3$

181. 含溴有机物用氧瓶燃烧法分解试样后，得到的混合物有(　　)。

(A)$Na_2S_2O_3$　　(B)HBr　　(C)$Br_2$　　(D)$HBrO_3$

182. 克达尔法测有机物中氮含量时，用硒粉作催化剂效率高，但如果硒粉用量太多，会造成(　　)。

(A)测定结果偏低　　(B)测定结果偏高

(C)氮损失　　(D)氮增多

183. 用氧瓶燃烧法测定有机化合物中的卤素含量时，下面叙述中不正确的是(　　)。

(A)氧瓶燃烧法测定有机卤含量，以二苯卡巴腙作指示剂，用硝酸汞标准溶液滴定吸收液中的卤离子时，终点颜色由紫红色变为黄色

(B)一般情况下，有机氯化物燃烧分解后，可用过氧化氢的碱液吸收；有机溴化物分解后，可用水或碱液吸收

(C)汞量法测定有机碘化物时，硝酸汞标准溶液可用标准碘代苯甲酸进行标定

(D)碘量法测定有机碘化物时，分解吸收后的溶液可用乙酸－乙酸钠缓冲溶液调节 pH 值

184. 有关氧瓶燃烧法测定有机物中硫的叙述正确的是(　　)。

(A)有机硫化物在氧瓶中燃烧分解　　(B)滴定在乙醇或异丙醇介质中进行

(C)磷不干扰测定　　(D)终点时溶液由红色变为黄色

185. 有机物中卤素含量的测定常用的方法有(　　)。

(A)克达尔法、过氧化钠分解法　　(B)氧瓶燃烧法、过氧化钠分解法

(C)卡里乌斯封管法、斯切潘诺夫法　　(D)碱融法、杜马法

186. 酚羟基可用(　　)测定。

(A)非水滴定法　　(B)溴量法

(C)比色法　　(D)重铬酸钾氧化法

187. 肟化法测定醛和酮时，终点确定困难的原因是(　　)。

(A)构成缓冲体系　　(B)pH 值太小

(C)没有合适的指示剂　　(D)突跃范围小

188. 下列不是卡尔・费休试剂所用的试剂是(　　)。

(A)碘、三氧化硫、吡啶、甲醇　　(B)碘、三氧化碳、吡啶、乙二醇

(C)碘、二氧化硫、吡啶、甲醇　　(D)碘化钾、二氧化硫、吡啶、甲醇

189. 测定羧酸衍生物的方法有(　　)。

(A)水解中和法　　(B)水解沉淀滴定法

(C)分光光度法　　(D)气相色谱法

190. 测定羰基化合物的通常方法有(　　)。

(A)羟胺肟化法、银离子氧化法　　(B)氧瓶燃烧法、次碘酸钠氧化法

(C)2、4 —二硝基苯肼法、亚硫酸氢钠法　　(D)碘量法、硫代硫酸钠法

191. 费休试剂是测定微量水的标准溶液，它的组成有(　　)。

(A)$SO_2$ 和 $I_2$　　(B)吡啶　　(C)丙酮　　(D)甲醇

192. 高碘酸氧化法能测定(　　)。

(A)乙醇　(B)乙二醇　(C)丙三醇　(D)己六醇

193. 含羰基的化合物,其羰基可用下列(　　)试剂测定其含量。

(A)NaOH　(B)$HClO_4$　(C)铁氰酸钾　(D)高锰酸钾

194. 卡尔·费休试剂是测定微量水的标准溶液,它的组成有(　　)。

(A)$SO_2$　(B)吡啶　(C)$I_2$　(D)甲醇

195. 卡氏试剂是由碘、二氧化硫和(　　)组成的。

(A)乙醇　(B)甲醇　(C)吡啶　(D)丙酮

## 四、判 断 题

1. 香蕉水可以稀释酚醛磁漆。(　　)
2. $C_2H_5OH$是酒精的化学分子式。(　　)
3. 环氧酯就是环氧树脂。(　　)
4. 油漆类别代号为“I”代表油脂油漆。(　　)
5. 油漆类别代号为“F”代表醇酸树脂磁漆。(　　)
6. 硝基油漆的类别代号为“Y”。(　　)
7. 稀释剂必须要与配套油漆使用。(　　)
8. 任何一种稀释剂都不能通用。(　　)
9. 性质不同的清漆可以混合使用。(　　)
10. 硝基色漆可以与醇酸磁漆混合使用。(　　)
11. 油漆的材质性质不同,涂装方法也不同。(　　)
12. 虫胶清漆主要性能是防水性。(　　)
13. 70%虫胶清漆是含虫胶树脂30%。(　　)
14. 短油度的醇酸树脂含油量是在24%~25%。(　　)
15. 酚醛清漆的干燥成膜性质是属于氧聚合型。(　　)
16. 湿漆膜与空气中氧发生氧化聚合反应叫氧化干燥。(　　)
17. 不需要温度烘烤的油漆称为烤漆。(　　)
18. 油漆中加入防潮剂可加速油漆的干燥。(　　)
19. PQ-1型压缩空气喷枪属于下压式的喷枪。(　　)
20. 磁漆,脱漆剂,硝基漆都属于易燃危险的油漆。(　　)
21. 铁路客车管道手阀柄涂的半黄半蓝的油漆颜色是表示排气阀。(　　)
22. 不含有机溶剂的涂料称为粉末涂料。(　　)
23. 金属腐蚀主要有化学腐蚀和电化学腐蚀两种。(　　)
24. 中绿色醇酸磁漆中主要成分是油料和松香酯。(　　)
25. 苯类溶剂的飞散,对施工者的身体健康危害甚大。(　　)
26. 涂装工艺对涂装质量好坏关系不大。(　　)
27. 铁路机车、客车外墙板涂刮腻子是为增加涂膜的附着力。(　　)
28. 铁路货车金属件表面涂刷面漆的干膜厚度要求在不低于96 $\mu$m。(　　)
29. 集装箱平板车金属的外层面涂刷蓝色调和漆。(　　)

30. 硝基漆常用的稀释剂为松香水。(　　)
31. 体质颜料是起增加色漆的颜色的作用。(　　)
32. 油漆调配是一项比较简单的工作。(　　)
33. 使用各层次的油漆涂装其油漆性质都可以不同。(　　)
34. 醇酸漆类使用的稀释剂是 200 号溶剂汽油。(　　)
35. 油漆涂刷方法是由外向里,由易到难。(　　)
36. 涂装前的表面处理好坏,决定涂装的成败。(　　)
37. 影响涂层寿命的各种因素中,表面处理占 49.5%。(　　)
38. 涂膜质量的病态大部分是油漆质量。(　　)
39. 磷化膜是一种防腐层,对涂层在表面附着无明显作用。(　　)
40. 涂层厚薄程度不能作为衡量防腐蚀性能好坏的一个因素。(　　)
41. 金属在干燥条件或理想环境中不会发生腐蚀。(　　)
42. 当电解质中有任何两种金属相连时,即可构成原电池。(　　)
43. 黄铜合金中,铜做阳极,锌做阴极,形成原电池。(　　)
44. 在高温条件下,金属被氧气氧化是可逆的反应。(　　)
45. 没有水的硫化氢、氯化氢、氯气等也可能对金属发生高温干蚀反应。(　　)
46. 铁在浓硝酸中浸过之后再浸入稀盐酸,比未浸入硝酸就浸入稀盐酸更容易溶解。(　　)
47. 在金属表面涂覆油漆属于覆膜防腐法。(　　)
48. 阴极保护法通常不与涂膜配套使用。(　　)
49. 在应用阴极保护时,涂膜要有良好的耐碱性。(　　)
50. 牺牲阳极保护法中,阳极是较活泼的金属,将会被腐蚀掉。(　　)
51. 马口铁的应用是阴极保护防锈蚀法。(　　)
52. 外加电流保护法常应用在海洋中船体的保护上。(　　)
53. 光就是能够在人眼的视觉系统上引起明亮的颜色感觉的电磁辐射。(　　)
54. 光有时可以发生弯曲。(　　)
55. 发光的物体是光源。(　　)
56. 发亮的物体是光源。(　　)
57. 光是一种电磁波。(　　)
58. 可见光是电磁波中的一个波段。(　　)
59. 人眼对光的感受是人眼对外界刺激的一种反应。(　　)
60. 肥皂泡上的颜色就是它本身的颜色。(　　)
61. 浮在水面上的油花有五颜六色,这是光发生干涉的结果。(　　)
62. 能全部吸收太阳光,物体呈白色。(　　)
63. 白色物体大部分反射了太阳光。(　　)
64. 白光部分被吸收,物体呈彩色。(　　)
65. 白色、灰色、黑色物体为消色物体。(　　)
66. 对反射率大于 75%的物体称为白色。(　　)
67. 对反射率小于 20%的物体称为黑色。(　　)
68. 所有光源发出的光都是一样的。(　　)

69. 物体的颜色不随环境光线变化而变化。(　　)

70. 相邻物体也会发生颜色互相影响的情况。(　　)

71. 物体距离越远颜色越鲜明。(　　)

72. 相邻的大物体会受小物体颜色影响。(　　)

73. 物体表面越粗糙,受环境影响而发生颜色变化越小。(　　)

74. 三刺激值中用 R、G、B 分别代表红、绿、蓝三种颜色。(　　)

75. 光的三原色是红、黄、蓝。(　　)

76. 使用高氯酸进行消解时,可直接向含有机物的热溶液中加入高氯酸,但须小心。(　　)

77. 使用高氯酸进行消解时,不得直接向含有机物的热溶液中加入高氯酸。(　　)

78. 碱性高锰酸钾洗液可用于洗涤器皿上的油污。(　　)

79. 碱性乙醇洗液可用于洗涤器皿上的油污。(　　)

80. 碱性高锰酸钾洗液的配制方法是:将 4 g 高锰酸钾溶于少量水中,然后加入 10%氢氧化钠溶液至 100 mL。(　　)

81. 碱性高锰酸钾洗液的配制方法是:将 4 g 高锰酸钾溶于 80 mL 水中,再加 10%氢氧化钠溶液至 100 mL。(　　)

82. 用于有机物分析的采样瓶,应使用铬酸洗液、自来水、蒸馏水依次洗净,必要时以重蒸的丙酮、乙烷或三氯甲烷洗涤数次,瓶盖也用同样方法处理。(　　)

83. 任何玻璃量器不得用烘干法干燥。(　　)

84. 滴定管活塞密封性检查:在活塞不涂凡士林的清洁滴定管中加蒸馏水至零标线处,放置 5 分钟,液面下降不超过 1 个最小分度者为合格。(　　)

85. 滴定管活塞密封性检查:在活塞不涂凡士林的清洁滴定管中加蒸馏水至零标线处,放置 10 分钟,液面下降不超过 1 个最小分度者为合格。(　　)

86. 滴定管活塞密封性检查:在活塞不涂凡士林的清洁滴定管中加蒸馏水至零标线处,放置 15 分钟,液面下降不超过 1 个最小分度者为合格。(　　)

87. 氢氧化钠摩尔浓度 $c(NaOH)=1$ mol/L,相当于迄今所说的 1 N,即每升含有 40 g NaOH,其基本单元是氢氧化钠分子。(　　)

88. 配置溶液时为了安全,一定要将浓酸或浓碱缓慢地加入水中,并不断搅拌,待溶液温度冷却到室温后,才能稀释到规定的体积。(　　)

89. 配置溶液时为了安全,水缓慢地加入浓酸或浓碱中,并不断搅拌,待溶液温度冷却到室温后,才能稀释到规定的体积。(　　)

90. 带磨口塞的清洁玻璃仪器,如量瓶、称量瓶、碘量瓶、试剂瓶等要衬纸加塞保存。(　　)

91. 带磨口塞的清洁玻璃仪器,如量瓶、称量瓶、碘量瓶、试剂瓶等要与瓶塞一起保存。(　　)

92. 根据水的不同用途,水的纯度级别可分为四级,一级水可供配制痕量金属溶液时使用。(　　)

93. 根据水的不同用途,水的纯度级别可分为四级,二级水为二次蒸馏水,适用于除去有机物比除去痕量金属离子更为重要的场合。(　　)

94. 根据水的不同用途,水的纯度级别可分为四级,三级水则用于分析实验室玻璃器皿的初步洗涤和冲洗。(　　)

95. 根据水的不同用途,水的纯度级别可分为四级,四级水可用在纯度要求不高的场合。(　　)

96. 空白试验是指除用纯水代替样品外,其他所加试剂和操作步骤,均与样品测定完全相同的操作过程,空白试验应与样品测定同时进行。(　　)

97. 空白试验是指除用纯水代替样品外,其他所加试剂和操作步骤,均与样品测定完全相同的操作过程,空白试验应与样品测定分开进行。(　　)

98. 当水样中被测浓度大于 1 000 mg/L 时用百分数表示,当比重等于 1.00 时,1%等于 1 000 mg/L。(　　)

99. 当水样中被测浓度大于 1 000 mg/L 时用百分数表示,当比重等于 1.00 时,1%等于 10 000 mg/L。(　　)

100. 如有汞液散落在地上,要立即将活性炭粉撒在汞上面,以吸收汞。(　　)

101. 如有汞液散落在地上,要立即将硫磺粉撒在汞上面,以减少汞的蒸发量。(　　)

102. 沸点在 150 ℃以下的组分蒸馏时,用直形冷凝管,沸点愈低,冷凝管愈短,沸点很低时,可用直形冷凝管。(　　)

103. 沸点在 150 ℃以下的组分蒸馏时,用直形冷凝管,沸点愈低,冷凝管愈长,沸点很低时,可用蛇形冷凝管。(　　)

104. 液—液萃取时要求液体总体积不超过分液漏斗容积的 5/6,并根据室温和萃取溶剂的沸点适时放气。(　　)

105. 液—液萃取时要求液体总体积不超过分液漏斗容积的 3/4,并根据室温和萃取溶剂的沸点适时放气。(　　)

106. 钾、钠等轻金属遇水反应十分剧烈,应浸没于蒸馏水中保存。(　　)

107. 钾、钠等轻金属遇水反应十分剧烈,应浸没于煤油中保存。(　　)

108. 不溶于水,密度小于水的、易燃及可燃物质,如石油烃类化合物及苯等芳香族化合物着火时,不得用水灭火。(　　)

109. 不溶于水,密度小于水的、易燃及可燃物质,如石油烃类化合物及苯等芳香族化合物着火时,可以用水灭火。(　　)

110. 测定硅、硼项目的水样可使用任何玻璃容器。(　　)

111. 测油类的水样可选用塑料和玻璃材质的容器。(　　)

112. 测油类的采样容器,按一般通用洗涤法洗涤后,还应用萃取剂彻底荡洗 2～3 次再烘干(或晾干)。(　　)

113. 用碘量法测定水中溶解氧,在采集水样后,不需固定。(　　)

114. 对含悬浮物的样品应分别单独定容,全部用于测定。(　　)

115. 在采集好的水样中加入氯化汞可以阻止生物作用。(　　)

116. pH 值表示酸的浓度。(　　)

117. pH 值越大,酸性越强。(　　)

118. pH 值表示溶液的酸碱度强弱程度。(　　)

119. pH 值越小,溶液酸性越强。(　　)

120. 中性水的 pH 值为 0。(　　)

121. pH 标准溶液在冷暗处可长期保存。(　　)

122. 测定 pH 时,玻璃电极的球泡应全部浸入溶液中。(　　)

123. 测定水中悬浮物,通常采用滤膜的孔径为 0.45 $\mu$m。(　　)

124. 用不同型号的定量滤膜测定同一水样的悬浮物,结果是一样的。(　　)

125. 硫酸肼有毒、致癌!使用时应注意。(　　)

126. 测定氯化物的水样,必须加固定剂。(　　)

127. 测定氯化物的水样,只能用玻璃瓶储存。(　　)

128. 氰化物主要来源于生活污水。(　　)

129. 采集水样必须加入氢氧化钠固定剂使氰化物固定。(　　)

130. 油类物质应单独采样,不允许在实验室内分样。(　　)

131. 无水硫酸钠应在高温炉内 500℃加热 2 小时。(　　)

132. 油采样瓶应作一标记,塑料瓶、玻璃瓶都可以采油类样品。(　　)

133. 每台锅炉测定时所采集样品累计的总采气量不得少于 1 $m^3$。(　　)

134. 酸雨主要是由于人类生产和生活中排出的二氧化碳造成的。(　　)

135. 大气污染物只有二氧化硫。(　　)

136. 工业“三废”通常指的是废水、废气、废渣。(　　)

137. 纯水 pH 值在任何温度下都等于 7。(　　)

138. 二氧化硫在 24 小时连续采样时,当更换干燥剂后,需及时校正流量。(　　)

139. 水污染中的五毒是酚、氰、铜、铬、砷。(　　)

140. 碳酸盐硬度又称“永硬度”。(　　)

141. 非碳酸盐硬度又称“暂硬度”。(　　)

142. 测定硬度的水样,采集后每升水样中应加入硝酸作保护剂。(　　)

143. 当水样在测定过程中,虽加入了过量的 EDTA 溶液亦无法变蓝色,出现这一现象的原因可能是溶液的 pH 值偏低。(　　)

144. 用 EDTA 标准溶液滴定总硬度时,整个滴定过程应在 10 分钟内完成。(　　)

145. 用 EDTA 滴定总硬度时,最好是在常温条件下进行。(　　)

146. 水中溶解氧的测定只能碘量法进行测量。(　　)

147. 膜电极法适用于测定天然水、污水、盐水中的溶解氧。(　　)

148. 化学探头法测定水中溶解氧的特点是简便、快捷、干扰少,可用于现场测定。(　　)

149. 水中溶解氧在中性条件下测定。(　　)

150. 配置硫代硫酸钠标准溶液时,加入 0.2 g 碳酸钠,其作用是使溶液保持微碱性抑制细菌生长。(　　)

151. 测定溶解氧所需的试剂硫代硫酸钠溶液需三天标定一次。(　　)

152. 溶解氧的测定结果有效数字取 3 位小数。(　　)

153. 样品中存在氧化或还原性物质时需采集 3 个样品。(　　)

154. 测定水中氨氮进行蒸馏预处理时,应使用硫酸作吸收液。(　　)

155. 配好的纳氏试剂要静置后取上清液,贮存于聚乙烯瓶中。(　　)

156. 用纳氏试剂光度法测定氨氮时,水中如含余氯,可加入适当的硫代硫酸钠。(　　)

157. 纳氏试剂应贮存于棕色玻璃瓶中。(　　)

158. 我们所称的氨氮是指游离态的氨和铵离子。(　　)

159. 通常所称的氨氮是指有机氨化合物、铵离子和游离态的氨。(　　)

160. 非离子氨是指以游离态的氨形式存在的氨。(　　)

161. 水中非离子氨的浓度与水温有很大的关系。(　　)

162. 测定氨氮水样应储存在聚乙烯瓶或玻璃瓶中,常温下保存。(　　)

163. 重量法测定水样中悬浮物硝酸盐可使结果偏高。(　　)

164. 未经过任何处理的做物理化学检验用的清洁的水样,最长存放时间为 72 小时。(　　)

165. 重铬酸钾法中,重铬酸钾标准溶液称取预先在 120 ℃烘干 2 小时。(　　)

166. 重铬酸钾法中,硫酸亚铁氨必须精称。(　　)

167. 未经过任何处理的做物理化学检验用的轻度污染的水样,最长存放时间为 48 小时。(　　)

168. 重量法测油时需要 200 mL 定溶。(　　)

169. 未经过任何处理的做物理化学检验用的严重污染的水样,最长存放时间为 12 小时。(　　)

170. 水样保存的目的是尽量减少存放期间因水样变化而造成的损失。(　　)

171. 空白试验以无氨水代替水样,按样品测定相同步骤进行显色和测量。(　　)

172. 企业可以根据其具体情况和产品的质量情况制订适当低于国家或行业同种产品标准的企业标准。(　　)

173. 测定的精密度好,但准确度不一定好,消除了系统误差后,精密度好的,结果准确度就好。(　　)

174. 所谓化学计量点和滴定终点是一回事。(　　)

175. 直接法配制标准溶液必需使用基准试剂。(　　)

176. 所谓终点误差是由于操作者终点判断失误或操作不熟练而引起的。(　　)

177. 滴定分析的相对误差一般要求为小于 0.1%,滴定时消耗的标准溶液体积应控制在 10～15 mL。(　　)

178. 在进行油浴加热时,由于温度失控,导热油着火。此时只要用水泼可将火熄灭。(　　)

179. 汽油等有机溶剂着火时不能用水灭火。(　　)

180. 把乙炔钢瓶放在操作时有电弧火花发生的实验室里。(　　)

181. 在电烘箱中蒸发盐酸。(　　)

182. 在实验室常用的去离子水中加入 1～2 滴酚酞,则呈现红色。(　　)

183. 根据酸碱质子理论,只要能给出质子的物质就是酸,只要能接受质子的物质就是碱。(　　)

184. 酸碱滴定中有时需要用颜色变化明显的变色范围较窄的指示剂即混合指示剂。(　　)

185. 配制酸碱标准溶液时,用吸量管量取 HCl,用台秤称取 NaOH。(　　)

186. 酚酞和甲基橙都是可用于强碱滴定弱酸的指示剂。(　　)

187. 缓冲溶液在任何 pH 值条件下都能起缓冲作用。(　　)

188. 双指示剂就是混合指示剂。(　　)

189. 滴定管属于量出式容量仪器。(　　)

190. 盐酸标准滴定溶液可用精制的草酸标定。(　　)

191. 用基准试剂草酸钠标定 $KMnO_4$ 溶液时,需将溶液加热至 75 ℃～85 ℃进行滴定。若超过此温度,会使测定结果偏低。(　　)

192. $H_2C_2O_4$ 的两步离解常数为 $K_{a1}=5.6\times10^{-2}$,$K_{a2}=5.1\times10^{-5}$,因此不能分步滴定。(　　)

193. 配制好的 $KMnO_4$ 溶液要盛放在棕色瓶中保护,如果没有棕色瓶应放在避光处保存。(　　)

194. 在滴定时,$KMnO_4$ 溶液要放在碱式滴定管中。(　　)

195. 用 $Na_2C_2O_4$ 标定 $KMnO_4$,需加热到 70 ℃～80 ℃,在 HCl 介质中进行。(　　)

196. 用高锰酸钾法测定 $H_2O_2$ 时,需通过加热来加速反应。(　　)

197. 配制 $I_2$ 溶液时要滴加 KI。(　　)

198. 配制好的 $Na_2S_2O_3$ 标准溶液应立即用基准物质标定。(　　)

199. 由于 $KMnO_4$ 性质稳定,可作基准物直接配制成标准溶液。(　　)

200. 由于 $K_2Cr_2O_7$ 容易提纯,干燥后可作为基准物直接配制标准液,不必标定。(　　)

## 五、简 答 题

1. 鉴别下列离子溶液:$SO_4^{2-}$,$SO_3^{2-}$,$S_2O_3^{2-}$,$S_2^{2-}$。

2. 铝比铜活泼,但浓硝酸溶解铜而不能溶解铝,为什么?

3. 用反应方程式说明下列现象:

(1)铜器在潮湿空气中会慢慢生成一层铜绿;

(2)金溶于王水。

4. 举出鉴别 $Fe^{2+}$,$Fe^{3+}$,$Co^{2+}$,$Ni^{2+}$ 离子的常用方法。

5. 写出下列物质的质子条件式:

(1)$H_2SO_4$

(2)$NH_4Cl$

6. $K_2Cr_2O_7$法测定铁矿石中的铁,采用何种试剂作为还原剂?加入硫磷混合酸的作用是什么?

7. 原子吸收分光光度法为什么要采用锐线光源?在实际应用中采用什么光源?

8. 试简述原子发射光谱法中自吸现象及影响自吸现象的因素。

9. 用 $K_2Cr_2O_7$作基准物质标定 $Na_2S_2O_3$溶液,应注意哪些试验条件?

10. 为什么 $CO_2$灭火器不能用于扑灭活泼金属引起的火灾?

11. 气相色谱法有哪些特点?

12. 气相色谱的分离原理是什么?

13. 配柱时常用的固定液溶剂有哪些?选用溶剂的原则是什么?

14. 原子光谱法中也定义了灵敏度,为什么还要给出检出极限?

15. 构成电位分析法的化学电池中的两极的名称是什么?各自的特点是什么?

16. 什么是同系列与同分异构现象?

17. 解释甲烷氯化反应中观察到的现象。

18. 什么是直立键和平伏键? 哪一种键更稳定?

19. 解释定位效应。

20. 卤代芳烃在结构上有何特点?

21. 什么叫溶液的浓度? 浓度和溶解度有什么区别和联系?

22. 氟化氢和氢氟酸有哪些特性?

23. 试比较卤素 X—X 键的键能大小,并简要说明理由。

24. 碳和硅都是第ⅣA 族元素,为什么碳的化合物种类很多,而硅的化合物种类远不如碳的化合物那样多? 为什么常温下 $CO_2$是气体而 $SiO_2$是固体?

25. 在焊接金属时,使用硼砂的原理是什么? 什么叫硼砂珠试验?

26. 分子是构成物质的最小微粒,这种说法对吗?

27. 由于相对原子质量和平均原子质量数值上相同,因此,相对原子质量就是平均原子的质量,这种说法对吗?

28. 系统与环境间的界面是真实存在的,只有这样才能给研究带来方便,对吗? 为什么?

29. 什么叫标准状态? 定义它有何意义?

30. 可逆相变与不可逆相变过程的焓值是否相等?

31. 什么是熵增加原理?

32. 偏摩尔体积的物质意义是什么?

33. 相对分子质量与摩尔质量有何区别?

34. 温度升高,气体的溶解度是增加还是减小? 为什么?

35. 什么叫相? 小水滴与水蒸气混在一起,它们都有相同的组成和化学性质,它们是否是同一相?

36. 什么叫独立组分数?

37. 平衡转化率、平衡产率各根据什么反映出反应的限度?

38. 一种物质也能配成缓冲溶液,此物质应具备什么条件?

39. 如何理解当盐的浓度减少(稀释)时,水解度增大,而水解产物的浓度却是减小的?

40. 请写出分光光度法中不少于四种参比溶液,并举例说明。

41. 简述分析结果采取算术平均值的理由。

42. 简述标准物质的主要用途。

43. 为什么要研究分析方法的精密度?

44. 回答过硫酸铵银盐滴定法测定钢铁中锰时的下列问题:

(1)该法氧化剂、催化剂各是什么? 加入氯化钠的作用是什么?

(2)滴定时为什么要亚砷酸钠—亚硝酸钠混合使用?

(3)高铬试样(>2%)用滴定法测定遇到什么困难? 应如何处理?

45. 回答过硫酸铵氧化—亚铁滴定钢中铬时的下列问题:

(1)分解试样时,为了完全破坏碳化物,可采用哪些措施?

(2)测定铬所得数据是否一定是试样中含铬量? 为什么?

(3)含钨样品应如何处理？为什么？

46. 回答碘量法测定铜合金中铜时的下列问题：

(1)滴定在什么酸度下进行？加入氟化氢铵的作用是什么？

(2)用什么样的指示剂？为什么指示剂不可加入过早？

(3)加入硫氰酸盐的作用是什么？

47. 何为电导分析法？简述电导法测定钢铁中碳含量的方法原理。

48. 简述气体容量法测定碳的基本原理。

49. 王水能溶解铂、金等贵金属和某些难溶的高合金钢，简述其原理。

50. 原子吸收法的干扰有哪五类？其中化学干扰如何消除？

51. 简述火花光电直读光谱分析原理。

52. 酸溶性硼和酸不溶性硼是怎样定义的？如何划分？

53. 用络合滴定法测定酸性炉渣中高钙低镁试样时，为了提高镁的分析精度，宜采取哪些措施？

54. 怎样写试验总结？试验总结包括哪些内容？

55. 举例说明准确度与精密度的区别与联系。

56. 光谱仪常用的激发光源有哪些？

57. 简述原子发射光谱分析原理。

58. 简述内标法的方法原理。

59. 何为质量保证？它有哪两种目的？

60. 玻璃仪器常用的洗涤剂有哪些？分别适用于哪些污物？

61. 实验室常用的滴定管有几种？如何选用滴定管？

62. 标准滴定溶液的配制方法有哪两种？如何正确选用？

63. 引起化学试剂变质的因素有哪些？怎样贮存化学试剂？

64. 测定有机物熔点、沸点时，温度计为什么要校正？

65. 什么是难溶化合物的容度积常数？它与溶液的温度有什么关系？

66. 用于配位滴定的反应必须具备什么条件？

67. 简述沉淀称量法中测定结果偏低的原因。

68. 提高水的沸点可采用什么方法？

69. HAc 在液氨和硫酸溶剂中是以何种形式存在？用什么方程式表示？

70. 在卤素化合物中，Cl、Br、I 为什么可呈多种氧化值？

## 六、综 合 题

1. 称取黄铜试样 0.500 0 g，按操作方法处理后，稀释至 250 mL，吸取 25 mL，按分析方法滴定用去 0.020 0 mol/L HEDTA 溶液 14.20 mL，计算黄铜中锌的含量。

2. 今有一水样，取 100 mL，调节 pH=10，以铬黑 T 为指示剂，用 0.010 0 mol/L EDTA 溶液滴定到终点，计用去 25.40 mL；另取一份 100 mL 水样，调节 pH=12，用钙指示剂，用去 0.010 0 mol/L EDTA 溶液 14.25 mL，求每升水样中所含 Ca 和 Mg 的毫克数？

3. 称取铝合金 0.400 0 g，用变色酸法测定其中钛含量，按操作方法处理试样后，稀释至 100 mL，吸取 10 mL 显色，用 1 cm 比色皿，在 500 nm 波长处测得吸光度 $A_{样}=0.426$，同样条

件下测定浓度 $C=1.36\times10^{-6}$ mol,标液吸光度 $A_{标}=0.355$,试求铝合金中的钛含量。(已知 $M_{Ti}=47.88$,检量线是通过原点的直线)

4. 用重量法分析铁矿石的含铁量,称取试样为 0.500 0 g,铁形成 $Fe(OH)_3$,沉淀经灼烧称得灼烧物质量为 0.319 4 g,求该铁矿中含铁量。(已知 $M_{Fe}=55.85$,$M_O=16$)

5. 0.500 0 g 的含铁样品,溶于酸并将铁还原后,以 $KMnO_4$ 标准溶液滴定用去 $KMnO_4$ = 15.50 mL,求试样中 $Fe_2O_3$ 的百分含量。(已知:$T_{H_2C_2O_4 \cdot 2H_2O}=0.012\ 6$ g/mL,$M_{H_2C_2O_4 \cdot 2H_2O}=126.1$ g/mol,$M_{Fe_2O_3}=159.7$ g/mol)

6. 用滴定法对锰铁中的锰的含量进行三次测定,测得以下分析数据:67.47%,67.43%,67.48%。求平均偏差和相对平均偏差。

7. 铬酸银在 25 ℃时的溶解度为 $1.34\times10^{-4}$ mol/L,计算它的溶度积常数。

8. 计算 5.6 g 氧气,在标准状态下的体积是多少升?($M_{O_2}=32$ g/mol)

9. 已知 $IO_3^-$ 在酸性溶液中的反应:$2IO_3^- + 12H^+ + 10I^- \Longrightarrow 6I_2 + 6H_2O$,当各物质的浓度均为 1 mol/L 时,反应向右进行,计算当溶液中其他物质浓度不变时,而 $H^+$ 浓度降低为$10^{-10}$ mol/L 时,电对 $2IO_3^-/I_2$ 和电对 $I_2/2I^-$ 的电位,并判断此时反应进行的方向。($E^{\ominus}_{2IO_3^-/I_2}=1.197$ V,$E^{\ominus}_{I_2/2I^-}=0.536$ V)

10. 称取 0.880 6 g 邻苯二甲酸氢钾(KHP)样品,溶于适量水后用 0.205 0 mol/L NaOH 标准溶液滴定,用去 NaOH 标准溶液 20.10 mL,求该样品中所含纯 KHP 的质量是多少?($M_{KHP}=204.22$ g/mol)

11. 25.00 mL KI 溶液用稀 HCl 及 10.00 mL 0.050 00 mol/L $KIO_3$ 溶液处理煮沸以挥发释出的 $I_2$。冷却后,加入过量 KI,使之与剩余的 $KIO_3$ 反应。释出的 $I_2$ 需 21.14 mL、0.100 8 mol/L $Na_2S_2O_3$ 标准溶液滴定。计算 KI 溶液的浓度。

12. 用 pH 玻璃电极测定溶液的 pH 值,测得 $pH_{标}=4.0$ 的缓冲溶液的电池电动势为-0.14 V,测得试液的电池电动势为 0.02 V,试计算试液的 pH 值。

13. 某溶液中含 0.10 mol/L $Cd^{2+}$ 和 0.10 mol/L $Zn^{2+}$。为使 $Cd^{2+}$ 形成 CdS 沉淀而与 $Zn^{2+}$ 分离,$S^{2-}$ 的浓度应控制在什么范围?(已知:$K_{sp}(CdS)=3.6\times10^{-29}$,$K_{sp}(ZnS)=1.2\times10^{-23}$)

14. 现有 80%($\rho_1=1.73$)和 40%($\rho_2=1.30$)的硫酸溶液,用这两种溶液配制 60%($\rho_3=1.50$)1 000 mL,应各取多少 mL?

15. 将 0.500 0 g 钢标样中铬氧化成 $Cr_2O_7^{2-}$,然后加入 $c((NH_4)_2Fe(SO_4)_2)=0.025\ 00$ mol/L 溶液 10.00 mL,再用 $c(1/5KMnO_4)=0.025\ 16$ mol/L 溶液反滴定至终点,消耗 2.22 mL,计算铬的百分含量。(已知:Cr 原子量 52)

16. 锌标准溶液 20.00 mL(含纯锌 1.308 g),用 EDTA 溶液滴定,用去 30.00 mL,求 EDTA 溶液的物质的量浓度。(已知:Zn 的原子量 65.40)

17. 在重铬酸钾溶液中,加入过量的碘化钾(酸度适宜),析出碘后,用 $c(Na_2S_2O_3)=0.200\ 0$ mol/L 标准溶液滴定,消耗 15.00 mL,问溶液中重铬酸钾有多少克?(已知:$K_2Cr_2O_7$ 分子量 294.0)

18. 将下列波长换算成波数。

(1)$\lambda=190$ nm (2)$\lambda=600$ nm

19. 若使某原子的价电子激发所需要的能量为 3.42 eV,计算该原子产生的光谱线的波长是多少？（$h=6.626\times10^{-34}$ J/s，$c=2.998\times10^{10}$ cm/s，$E=1.602\times10^{-19}$ J）

20. 将 1 eV 换算为频率和波长。

21. 钠 D 线在真空中的波长是 589 nm，试计算它通过空气（$n=1.000\ 27$）时的波数。

22. 有一光栅，当入射角是 60°，其衍射角为 −40°，为了获得波长为 500 nm 的第一级光谱，试问光栅的刻线为多少？

23. 若光栅的宽度是 5.00 mm，每毫米有 72 条刻线，那么该光栅的第一级光谱的分辨率是多少？对波数为 1 000 $cm^{-1}$ 的红光，光栅能分辨的最靠近的二条谱线的波长差是多少？

24. 一束多色光射入含有 1 400 条/mm 刻线的光栅，光束相对于光栅法线的入射角为 30°，试计算衍射角为 9°时光的波长（一二级光谱线）为多少？

25. 已知一凹面光栅的曲率半径为 2.3 cm，光栅常数为 460 nm/条，当衍射角为 5°时，线色散率（对于一级光谱）是多少？

26. 用 $\frac{dn}{d\lambda}$ 等于 $5.0\times10^{-4}$ $nm^{-1}$ 的 60°熔凝石英棱镜和刻有 1 800 条/mm 的光栅来色散 310.067 nm 和 310.037 nm 两条一级光谱线，试计算：(1)分辨率；(2)棱镜和光栅的大小。

27. 采用发射光谱法分析低合金钢中 Cr 时，用高低标样标准化时，校正因子为 1.001。测得标样 0.22%Cr 的光谱强度为 5 400，测得试样的光谱强度为 6 102，求试样中 Cr 的百分含量。

28. 使总压力为 6.93 kPa 的 $C_2H_4$ 和过量 $H_2$ 的混合气体，通过铂催化剂进行下列反应 $C_2H_4(g)+H_2(g)$ ══ $C_2H_6(g)$ 完全反应后，在相同的体积和温度下，总压力为 4.53 kPa，求原来混合物中 $C_2H_4$ 的摩尔分数。

29. 已知在 100 ℃时 $CuSO_4$ 的溶解度为 75.04 g/100 g $H_2O$，15 ℃时为 19.0 g/100 g $H_2O$。现有不纯的 $CuSO_4\cdot5H_2O$ 1 000 g 欲有重结晶法提纯，(1)问最少需要加入多少克水就可使其全溶？(2)最后重结晶时最多能得纯 $CuSO_4\cdot5H_2O$ 多少克？

30. 298 K 时，AgCl 的 $K_{sp}=1.56\times10^{-10}$。如果加 HCl 于 AgCl 饱和溶液中，当 $c(Ag^+)=1.25\times10^{-8}$ mol/L 时溶液的 pH 值必须为多少？

31. 某含铬和锰的钢样品 10.00 g，经适当处理后，铬和锰被氧化为 $Cr_2O_7^{2-}$ 和 $MnO_4^-$ 的溶液共 250 mL，精确量取上述溶液 10.00 mL，加入 $BaCl_2$ 溶液并调节酸度，使铬全部沉淀下来，得到了 0.054 9 g $BaCrO_4$，取另一份上述溶液 10.00 mL，在酸性介质中用 $Fe^{2+}$ 溶液（0.075 mol/L）滴定，用去 15.95 mL，计算钢样品中铬和锰的质量分数。（Cr 的分子量 52，$BaCrO_4$ 分子量 253.3）。

32. $Fe^{2+}$ 用邻二氮菲显色，当 $c(Fe^{2+})=20$ μg/mL，$\lambda=510$ nm，吸收池厚度 $b=2$ cm，测量的 $T=53.3\%$，求摩尔吸收系数 ε 为多少？

33. 今有 $KClO_3$ 和 $MnO_2$ 的混合物 5.36 g，加热完全分解后剩余 3.76 g，问开始时混合物中有多少克 $KClO_3$？（$KClO_3$ 分子量为 122.5，KCl 的分子量为 74.55）。

34. 以铬蓝黑 R 为指示剂，在 pH=10.0 时以 0.02 mol/L EDTA 滴定同浓度的 $Mg^{2+}$，求终点误差。（$\lg K_{MgY}=8.7$；pH=10 时，$\lg\alpha_{Y(H)}=0.45$，铬蓝黑 R 的 $pK_{a1}=7.3$，$pK_{a2}=13.5$；$\lg K_{MgIn}=7.6$）

35. 某含 PbO 和 $PbO_2$ 的试样 1.234 g，用 20.00 mL 0.250 0 mol/L 的 $H_2C_2O_4$，使 $Pb^{4+}$

还原为 $Pb^{2+}$，降低溶液酸度，使 $Pb^{2+}$ 定量沉淀为 $PbC_2O_4$，过滤，滤液酸化后，用 0.040 0 mol/L 的 $KMnO_4$ 滴定，用去 10.00 mL，沉淀用酸溶解后，用同样的 $KMnO_4$ 滴定，用去 30.00 mL，计算试样中 PbO 和 $PbO_2$ 的质量分数。($M_{PbO}=223.2$，$M_{PbO_2}=239.2$)

36. 以 0.100 mol/L NaOH 溶液滴定 0.20 mol/L $NH_4Cl$ 和 0.100 mol/L 的二氯乙酸的混合溶液，化学计量点时溶液的 pH 是多少？(已知：$CHCl_2COOH$ 的 $pK_a=1.30$，$NH_3$ 的 $pK_b=4.74$)

# 化学检验工(高级工)答案

## 一、填 空 题

1. $\lambda-T$　2. 3　3. 直流电弧　4. 示差极谱
5. 甲基橙　6. 偏低　7. $Na_2H_2Y \cdot 2H_2O$　8. $I_2$——$I^-$
9. 除二氧化碳　10. 回　11. AgCl　12. 越小
13. $Ag^+$——$Ag_2O$ 沉淀　14. $I_2$　15. $V_甲>V_酚$　16. $H_2PO_4^-$ 和 $HPO_4^{2-}$
17. 0.5　18. 苯酚钠　19. 5　20. 0.029 84
21. 无影响　22. −0.2%　23. (60.68±0.03)%　24. 3%
25. 10　26. 大于　27. 小于　28. 偏低
29. 置信区间　30. $Mn^{2+}$ 的催化作用　31. 电化学分析
32. 黑色　33. 透光度　34. 工作曲线　35. 参比物
36. 7～12　37. 1～5　38. 紫外　39. 越高
40. 键合　41. 越高　42. 微分型　43. 20 ℃～40 ℃
44. 程序升温　45. 高　46. 信号　47. 电池电动势
48. 电子　49. 钼酸铵　50. 消除 P 和 As 的干扰
51. $Na_2B_4O_7 \cdot 12H_2O$　52. Sn 67%,Pb 33%　53. 极性共价键
54. 二氯化·一亚硝酸根·三氨·二水合钴(Ⅲ)　55. 钨
56. 强酸　57. 1200　58. ⅣB 族金属元素　59. 不一定相同
60. 三羰基·一吡啶合镍(0)　61. $Cl_2$、$F_2$、$Br_2$、$I_2$ 逐渐降低
62. 后者　63. He　64. $NCl_3$　65. +3,+5
66. Zr 和 Hf　67. $CaF_2$(萤石)　68. $C_2O_4^{2-}$　69. $CCl_4$ 或 $CO_2$
70. 3d＜4d＞5d　71. 104.30　72. 基本不变　73. 增加
74. $Zn+Ag_2O+H_2O \longrightarrow 2Ag+Zn(OH)_2$　75. $Fe^{2+}$
76. 五氯化 μ-羟·二[五氨合铬(Ⅲ)]　77. 激发态的氧分子 $^1O_2$
78. ＜400　79. 选择性吸收　80. 氧化　81. 少量多次
82. 负　83. 分辨　84. $[H^+]=0.1+[SO_4^{2-}]+[OH^-]$
85. 检测器　86. 保留时间　87. 热导　88. 浓度
89. 扩散式　90. 非硅藻土　91. 碘化钾　92. 大量冷水
93. 200 ℃　94. 棕色　95. 定量　96. 中
97. 分析天平　98. 氢氟酸　99. 熔融法　100. 沉淀
101. 标定　102. 落球黏度计　103. 表面吸附　104. 快速
105. pH 值　106. 络合滴定法　107. 30.00 mL　108. 原点
109. 准确度　110. 偏差　111. 0.003 28　112. 1.124

113. 6.73　114. 绿　115. 红　116. 蓝
117. 实验试剂　118. pH 值　119. 电极电位　120. 金属离子浓度
121. 氧化　122. 还原　123. 0.150 0 mol/L　124. 正硅酸
125. 偏硅酸　126. 灵敏性　127. 精制　128. 氧化
129. 明火直接　130. 烘干　131. 胶皮或木头　132. 酸式滴定管
133. 上方　134. 阴离子　135. ±0.000 5　136. 10 mL 无分度移液管
137. 标定法　138. 碘量法　139. 碱　140. 1 000 000
141. 碱性　142. 棕　143. 白色沉淀　144. 玻璃
145. 规定　146. 比色法　147. pH<5.6　148. 三价
149. 时间　150. 二苯碳酰二肼　151. 540　152. 镁
153. 锌　154. 当日配制　155. 碱　156. 当场
157. 废液　158. 粒子状　159. 100 mg/L　160. 70 mg/L
161. 10 mg/L　162. 6～9　163. 器皿　164. 搅拌
165. 65 dB　166. 8.4　167. 11.7　168. 4 g
169. 100 g 溶剂　170. 1.3　171. 分析纯
172. 无水碳酸钠，邻苯二甲酸氢钾　173. $H_4Y$　174. 50
175. 增大　176. 8.0～10.0　177. 1∶1　178. 5，$Mn^{2+}$
179. +5　180. 共沉淀　181. 二氧化硅　182. 稀硝酸
183. 评价测量法　184. 国际标准化　185. 变色硅胶，无水氯化钙
186. 吸水，脱水，氧化　187. 三级，一级　188. 溶解，熔融　189. 硝酸
190. 分配系数　191. 蓝，12　192. 溶解度，水　193. 不同，相同
194. 物质的量浓度，mol/L　195. 8.33　196. 0.02 mol/L
197. 酸碱度，pH 值　198. 降低，同离子效应　199. 减少，升高
200. 玻璃电极，饱和甘汞电极

## 二、单项选择题

1. B　2. D　3. D　4. C　5. A　6. B　7. B　8. D　9. C
10. C　11. B　12. D　13. D　14. B　15. D　16. C　17. A　18. C
19. B　20. A　21. B　22. C　23. B　24. D　25. A　26. A　27. B
28. D　29. B　30. B　31. D　32. D　33. B　34. B　35. C　36. A
37. C　38. C　39. C　40. D　41. C　42. D　43. B　44. D　45. B
46. C　47. B　48. A　49. C　50. C　51. C　52. D　53. B　54. C
55. B　56. B　57. C　58. D　59. C　60. D　61. B　62. C　63. D
64. B　65. B　66. D　67. A　68. B　69. C　70. C　71. D　72. B
73. A　74. D　75. A　76. B　77. C　78. D　79. B　80. D　81. B
82. B　83. A　84. D　85. D　86. D　87. D　88. B　89. B　90. B
91. D　92. D　93. B　94. C　95. D　96. C　97. D　98. B　99. B
100. C　101. B　102. D　103. D　104. C　105. D　106. B　107. C　108. C
109. C　110. D　111. A　112. B　113. D　114. D　115. C　116. C　117. C

118. C　119. B　120. C　121. C　122. D　123. E　124. A　125. B　126. A
127. B　128. E　129. C　130. E　131. C　132. B　133. B　134. C　135. C
136. A　137. C　138. A　139. D　140. D　141. D　142. B　143. A　144. C
145. B　146. E　147. B　148. E　149. D　150. B　151. C　152. E　153. B
154. D　155. E　156. B　157. C　158. C　159. C　160. D　161. C　162. C
163. D　164. B　165. C　166. D　167. D　168. D　169. D　170. B　171. D
172. C　173. A　174. D　175. A　176. B　177. C　178. B　179. D　180. C
181. B　182. C　183. B　184. C　185. A　186. A　187. B　188. C　189. A
190. B　191. A　192. A　193. C　194. A　195. B　196. B　197. A　198. B
199. B　200. C

## 三、多项选择题

1. ABCD　2. AD　3. CD　4. BD　5. ACD　6. CD
7. CDF　8. CD　9. BCD　10. AC　11. CD　12. AE
13. AD　14. AD　15. ABC　16. AB　17. AB　18. ABCE
19. BD　20. BCD　21. BD　22. BCD　23. BC　24. ABCD
25. ACD　26. ACD　27. AD　28. ACD　29. AC　30. CD
31. ABCD　32. AC　33. ACD　34. ABCE　35. ABCDEF　36. ACD
37. BCD　38. BC　39. CD　40. ACD　41. ABC　42. AD
43. ABD　44. BCD　45. ABCD　46. AD　47. ACD　48. CD
49. ACD　50. AC　51. AD　52. ABC　53. ABC　54. DE
55. CD　56. ACD　57. BCD　58. ABCD　59. AD　60. ABC
61. ABCD　62. ABCD　63. CD　64. ABC　65. BC　66. BCE
67. CD　68. AB　69. ABC　70. CD　71. ABD　72. ACD
73. ABC　74. ABCD　75. ABC　76. ABC　77. ABC　78. ABC
79. ABCD　80. AC　81. ABEF　82. AC　83. ABCD　84. AD
85. BCD　86. ABC　87. BCD　88. BC　89. BD　90. ABCD
91. ACD　92. AB　93. ACD　94. BD　95. ACD　96. AC
97. ABCD　98. ACD　99. ABC　100. ACD　101. AB　102. ABC
103. BCD　104. BD　105. BD　106. BD　107. CD　108. ABC
109. AD　110. BC　111. ACD　112. BC　113. AB　114. AB
115. ABD　116. BC　117. CD　118. AD　119. CD　120. BCD
121. BD　122. ABC　123. ACD　124. BCD　125. AB　126. ABD
127. BD　128. ABD　129. BCD　130. ABC　131. ABCD　132. ABD
133. BD　134. BD　135. ABC　136. ABCD　137. ABC　138. CD
139. ABC　140. ABCD　141. ABC　142. BCE　143. BC　144. CDE
145. BC　146. ABC　147. ABC　148. ABCD　149. ABD　150. CD
151. BCD　152. BCD　153. ABC　154. AC　155. ABC　156. AE
157. ABCD　158. BC　159. CD　160. BC　161. ABCD　162. BC

163. AC 164. AC 165. ABC 166. AE 167. AD 168. BD
169. ABC 170. BC 171. ABC 172. ABC 173. ABCD 174. ABCD
175. BCD 176. CD 177. ABC 178. AB 179. AC 180. BCD
181. BC 182. AC 183. AB 184. AB 185. BC 186. ABCD
187. AD 188. ABD 189. ABCD 190. AC 191. ABD 192. BCD
193. ABC 194. ABCD 195. BC

## 四、判 断 题

1. × 2. √ 3. × 4. × 5. × 6. × 7. √ 8. √ 9. ×
10. × 11. √ 12. × 13. √ 14. × 15. √ 16. √ 17. × 18. ×
19. × 20. √ 21. √ 22. × 23. √ 24. × 25. √ 26. × 27. ×
28. × 29. √ 30. × 31. × 32. × 33. × 34. × 35. × 36. √
37. √ 38. × 39. × 40. × 41. × 42. × 43. × 44. √ 45. √
46. × 47. √ 48. × 49. √ 50. √ 51. × 52. √ 53. √ 54. ×
55. √ 56. × 57. √ 58. √ 59. √ 60. × 61. √ 62. × 63. ×
64. √ 65. √ 66. √ 67. × 68. √ 69. × 70. √ 71. × 72. ×
73. √ 74. √ 75. × 76. × 77. √ 78. √ 79. √ 80. √ 81. √
82. √ 83. √ 84. × 85. × 86. √ 87. √ 88. √ 89. × 90. √
91. × 92. √ 93. √ 94. √ 95. √ 96. × 97. × 98. √ 99. ×
100. √ 101. × 102. √ 103. × 104. √ 105. × 106. √ 107. √ 108. ×
109. × 110. × 111. √ 112. × 113. √ 114. √ 115. × 116. × 117. √
118. √ 119. × 120. × 121. √ 122. √ 123. × 124. √ 125. × 126. ×
127. × 128. √ 129. √ 130. × 131. × 132. √ 133. × 134. × 135. ×
136. × 137. √ 138. × 139. × 140. × 141. √ 142. √ 143. √ 144. √
145. × 146. √ 147. √ 148. √ 149. √ 150. × 151. × 152. × 153. √
154. √ 155. √ 156. × 157. √ 158. × 159. √ 160. √ 161. × 162. √
163. √ 164. √ 165. × 166. √ 167. × 168. √ 169. √ 170. √ 171. ×
172. × 173. √ 174. × 175. √ 176. × 177. × 178. × 179. √ 180. ×
181. × 182. × 183. √ 184. √ 185. × 186. × 187. × 188. × 189. √
190. × 191. × 192. √ 193. √ 194. × 195. × 196. × 197. √ 198. ×
199. × 200. √

## 五、简 答 题

1. 答:盐酸溶液(1分):$SO_4^{2-}$无现象(1分);$SO_3^{2-}$放出刺激性气味(1分);$S_2O_3^{2-}$放出刺激性气味并且生成乳白色浑浊(1分);$S_2^{2-}$放出臭鸡蛋气味气体且析出乳白色浑浊S(1分)。

2. 答:铝和浓硝酸生成致密的三氧化二铝而钝化(2分),故铝不能溶解于浓硝酸(1分);铜因为无钝化现象而溶解(2分)。

3. 答:(1)$2Cu+O_2+H_2O+CO_2 = Cu(OH)_2CO_3$(2.5分)

(2)$Au+4HCl+HNO_3 = HAuCl_4+NO\uparrow+2H_2O$(2.5分)

4. 答:滴加稀 NaOH 溶液(1 分),生成白色沉淀且振荡后沉淀颜色变深的是 $Fe^{2+}$(1 分),生成粉红色沉淀振荡后颜色加深的是 $Co^{2+}$(1 分),生成绿色沉淀且较稳定的是 $Ni^{2+}$(1 分),生成棕红色沉淀的是 $Fe^{3+}$(1 分)。

5. 答:(1)$[H^+]$ ══ $[OH^-]+2[SO_4^{2-}]$ (2.5 分)

(2)$[H^+]$ ══ $[NH_4^+]+[OH^-]$ (2.5 分)

6. 答:以 $Sn_2$-$TiCl_3$ 为还原剂(1 分)

硫磷混合酸的作用:(1)加入酸,使反应速度加快,单纯用磷酸达不到此酸度(2 分);(2)$Fe^{3+}$ 与磷酸生成络合物 $Fe(HPO_4)^{2-}$,一方面可以掩蔽 $Fe^{3+}$ 的黄色对终点颜色的干扰,另外还可以降低$[Fe^{3+}]$,提高滴定准确度(2 分)。

7. 答:吸收线的半宽度极窄,一般检测器不具备足够的分辨率,故采用半宽比吸收峰更窄的锐线光源(3 分),实际多用空心阴极灯(2 分)。

8. 答:由于试样在弧焰边缘温度较低有大量基态原子(2 分),有些吸收原子发射线(1 分),产生自吸(1 分),自吸严重则产生自蚀(1 分)。

9. 答:(1)酸度 0.2~0.4 mol/L,以增加反应速度(1.5 分)。

(2)$Cr_2O_7^{2-}$ 与 $I^-$ 反应时,应放置在暗处,使反应完全(1.5 分)。

(3)在滴定前,应稀释降低 $Cr^{3+}$ 的浓度,使其颜色不干扰终点的判断(2 分)。

10. 答:因活泼金属可与 $CO_2$ 反应,故不能用 $CO_2$ 灭火器扑灭活泼金属引起的火灾(2 分)。反应如下:

$4M+CO_2$ ══ $2M_2O+C$(如 Na) (1.5 分)

或 $2M+CO_2$ ══ $2MO+C$(如 Mg) (1.5 分)

11. 答:气相色谱是色谱中的一种,就是用气体做为流动相的色谱法,在分离分析方面,具有如下一些特点:

(1)高灵敏度:可检出 $10^{-10}$ g 的物质,可作超纯气体、高分子单体的痕迹量杂质分析和空气中微量毒物的分析(1.5 分)。

(2)高选择性:可有效地分离性质极为相近的各种同分异构体和各种同位素(1.5 分)。

(3)高效能:可把组分复杂的样品分离成单组分(1 分)。

(4)速度快:一般分析只需几分钟即可完成,有利于指导和控制生产(1 分)。

12. 答:气相色谱是一种物理的分离方法(1 分)。利用被测物质各组分在不同两相间分配系数(溶解度)的微小差异(1 分),当两相作相对运动时,这些物质在两相间进行反复多次的分配(1 分),使原来只有微小的性质差异产生很大的效果(1 分),而使不同组分得到分离(1 分)。

13. 答:常用的溶剂有:甲醇、乙醇、乙醚、丙酮、正丁醇、正己烷、石油醚、苯、甲苯和氯仿等(至少 3 个,3 分)。选用的原则是:溶解性好(0.5 分)、不与固定液起化学反应(0.5 分)、沸点低(0.5 分)、毒性小(0.5 分)。

14. 答:灵敏度(1 分)和检出极限(1 分)是评价分析方法和分析仪器两个不同的重要指标。灵敏度是指吸光度值的增量与相应待测元素的浓度增量之比(1 分),而检出限的定义是指对于某一特定分析方法,在一定置信水平下被检出的最低浓度或最小量(1 分)。因此两者所反映的指标是不同的(1 分)。

15. 答:电位分析法中的两极常称为指示电极(1 分)和参比电极(1 分)。指示电极电极电位值与溶液中电活性物质活度常服从 Nernst 方程(2 分);参比电极通常在电化学测量过程中,其电极电位基本不发生变化(1 分)。

16. 答:具有同一分子式结构通式,且结构和性质相似的一系列化合物称为同系列(2 分)。分子式相同而结构相异,因而其性质也各异的不同化合物,称为同分异构体(2 分),这种现象叫同分异构现象(1 分)。

17. 答:(1)在室温和黑暗中,无引发剂自由基产生(1 分)。

(2)光照射,产生氯自由基非常活泼与甲烷立即反应(1 分)。

(3)光照射,氯气产生的氯自由基在黑暗中重新变为 $Cl_2$,失去活性(1 分)。

(4)光照射,$CH_4$ 不能生成自由基,不能与 $Cl_2$ 在黑暗中反应(1 分)。

(5)自由基具有连锁反应(1 分)。

18. 答:在环己烷的构象中,每个碳原子上的两个碳氢键,可以分为两类:一类是垂直于碳环所在的平面,称为直立键(a 键)(2 分);另一类是大体平行碳环的平面,称为平伏键(e 键)(2 分)。理论上来说 e 键比 a 键更稳定(1 分)。

19. 答:邻、对位定位基的推电子作用是苯环活化的原因(1 分),这又可分为两种情况:(1)在与苯环成键的原子上有一对未共享电子,这对电子可以通过大 π 键离域到苯环上(1 分);(2)虽无未共享电子对,但能通过诱导效应或超共轭效应起推电子作用的基团,如甲基或其他烷基(1 分)。

当邻、对位定位基直接连在带 $\delta^+$ 的碳上时,能更好地使中间体 δ 络合物稳定,故新取代基主要进入邻、对位(1 分)。反之取代基进入间位(1 分)。

20. 答:在卤代芳烃分子中,卤素连在 $sp^2$ 杂化的碳原子上(1 分)。卤原子中具有孤电子对的 p 轨道与苯环的 π 轨道形成 p-π 共轭体系(2 分)。由于这种共轭作用,使得卤代芳烃的碳卤键与卤代脂环烃比较,明显缩短(2 分)。

21. 答:一定量溶液或溶剂中所含溶质的量称为溶液的浓度(1 分)。浓度和溶解度都用来表示溶质在溶液或溶剂中的含量(1 分)。但溶解度是某种溶剂单位体积(或质量)中所能溶解的溶质的最大值(1.5 分)。浓度指各种程度下溶液中的溶质的量(1.5 分)。

22. 答:氟化氢的熔点(0.5 分)、沸点(0.5 分)和汽化热(0.5 分)特别高,不符合卤化氢的性质依 HCl-HBr-HI 顺序的变化规律(1 分)。

氢氟酸的特点:是弱酸(0.5 分),且溶液浓度增大时,$HF_2^-$ 增多(1 分);能与二氧化硅或硅酸盐反应生成气态 $SiF_4$(1 分)。

23. 答:键能 $Cl_2 > Br_2 > F_2 > I_2$(2 分)

从 $Cl_2$、$Br_2$、$I_2$ 次序看,主要是原子半径增大而造成键能减小(1 分),虽然 F 的原子半径最小,但由于外层孤电子对之间的排斥作用使 F 与 F 之间结合程度降低,即降低了 $F_2$ 分子中 F—F 键的键能,因此其键能不是最大的(2 分)。

24. 答:因 Si 原子半径比 C 原子半径大得多(0.5 分),故 Si—Si 键远不如 C—C 键稳定(1 分),使硅的化合物种类少于碳化合物的种类(0.5 分);$CO_2$ 由于属于分子晶体(0.5 分),晶格结点之间作用力为范德华力(0.5 分),作用力小而呈气态(0.5 分),$SiO_2$ 属原子晶体(0.5 分),晶格结点之间作用力为共价键(0.5 分),结合强烈而呈固态(0.5 分)。

25. 答:使用硼砂可除去金属表面的氧化物(1 分),如

$Na_2B_4O_7 + Co = 2NaBO_2 \cdot Co(BO_2)_2$(2 分)

硼砂在熔融状态下能溶解一些金属氧化物成圆珠状,并依金属的不同而显出特征颜色,这类实验称为硼砂珠试验(2 分)。

26. 答:广义地讲,由于分子可再分,这种说法是不对的(2 分)。在保持物质化学性质的前提下,分子是构成物质的最小微粒(1 分)。虽然有些物质的原子也能保持物质的化学性质,如惰性气体,这时我们可把这些原子看作单原子分子(2 分)。

27. 答:不对(1 分)。相对原子质量是个相对量,无单位(1 分),而平均原子质量有单位,其单位是 u(1 分)。当平均原子质量单位取 u 时,相对原子质量和平均原子质量在数值上相同,但这是两个不同的概念(1 分),当平均原子质量取别的单位时,它们在数值上也不会相等(1 分)。

28. 答:不对(1 分)。有时系统与环境间存在真实界面(1 分),如研究一个封闭容器内的物质,该封闭容器与外界界面就是系统和环境的界面,是真实存在的。但多数情况下,系统和环境间并没有一个真实界面存在(1 分),而仅在概念上或在想象中存在界面,如研究 1 mol 水从液态变成气态的过程,这时体系(水)和环境之间就不存在一真实界面,概念上把体系和环境分割开来的界面是研究者想象的(1 分),当然,这种想象的界面也必须是合理的(1 分)。

29. 答:不同物质的具体标准状态并不相同(1 分),但所以物质的标准状态其压力为标准压力 $p^{\odot}=100$ kPa,即标准状态是指 $p=p^{\odot}$,温度为 $T$ 的状态,也叫热力学标准态(2 分),每个温度都有其标准态。定义标准态(1 分),是计算热力学函数的相对值建立一个公共的参考态(1 分)。

30. 答:如果相变前后的状态相同,则不管是可逆相变还是不可逆相变,其焓值($\Delta H$)相等(1 分),因 $H$ 是状态函数(1 分),$\Delta H$ 的值与过程无关(1 分)。如果可逆相变前后的状态与不可逆相变的状态不同,则可逆相变与不可逆相变过程的焓变($\Delta H$)也不相等(2 分)。

31. 答:在绝热条件下,任何实际过程都是朝着系统的熵值增加的方向进行,在绝热可逆过程中的熵值不变,而熵值减小的过程是不可能发生的。这就是绝热过程的熵增加原理(5 分)。

32. 答:偏摩尔体积的物理意义是:一定温度、压力下,往无限大量的某一定浓度的溶液中加入 1 mol 某组分 B 所引起的总体积增加值,叫做 B 组分在此温度、压力和浓度下的偏摩尔体积(5 分)。

33. 答:相对分子质量是单个分子质量相对于一个 $^{12}$C 原子质量的 1/12 所得到的数值(1 分),摩尔质量是 1 mol 物质的绝对质量(1 分),单位是 g/mol 或 kg/mol(1 分),当摩尔质量的单位用 g/mol 时,相对分子质量和摩尔质量在数值上相同,但显然这是不同的两个概念(2 分)。

34. 答:温度升高,气体的溶解度减少(1 分)。随着温度升高,分子运动加剧(1 分),溶解在溶液中的气体分子容易挣脱溶液中分子引力的束缚而逃逸至气相中(2 分),使得气体在溶液中的溶解度减少(1 分)。

35. 答:系统中物理性质(1 分)和化学性质(1 分)完全相同(1 分)的部分称为相。

不是(1 分),因为它们的物理性质不同(1 分)。

36. 答:在一定条件下,系统内可以任意改变其数量的物质这类称独立组分数(2 分)。我们可以如此理解,系统中能独立存在的物质种类数目(物种数)为 $K$,独立组分为 $K'$,$K \geqslant K'$,则只要确定体系中 $K'$种物质的浓度,体系中所有物质($K$ 种)的浓度都确定(3 分)。

37. 答:从平衡转化率和平衡产率的定义得知:平衡转化率是根据反应物反映出反应的限度(2.5 分),而平衡产率是根据生成物反映出反应的限度(2.5 分)。

38. 答:一种物质要能配成缓冲溶液,则该物质在水中电离后应能形成足够浓度的共轭酸碱对(5 分)。

39. 答:这个问题和弱酸浓度减小时,电离度增大$[H^+]$减小的道理是一样的(1 分)。水解产物浓度取决于两个因素(1 分):一是水解的离子的分数(水解度)(1 分),另一个是单位体积内离子的数目(1 分),当盐浓度减小时,后一种因素起主导作用,从而使水解产物的浓度减小(1 分)。

40. 答:(1)以水或溶剂作参比溶液。如钢铁中 P、Mn 的分析(1 分)。

(2)以试剂作参比溶液。如 W 的测定,以 $TiCl_3$作参比液;稀土的测定,以偶氮氯膦Ⅲ配成溶液作参比液(1 分)。

(3)以试样作参比溶液。如测定 Mo,不加 $SCN^-$;测 Ni 不加丁二肟(0.5 分)。

(4)退色后作参比溶液。测 Ti 加氟化氢铵使变色酸退色;测 Mg 加 EDTA 使 CPAI 退色(1 分)。

(5)不显色试液作参比溶液。颠倒试剂加入顺序,如测 Si,先加草酸,再加钼酸铵(0.5 分)。

(6)平行操作参比。可选不加被测组分的试样与被测试样同条件上操作,作参比。如铅的测定(1 分)。

41. 答:(1)它是一组测定值求出的最集中位置的特征数(1 分);

(2)它出现的概率最大(1 分);

(3)它代表一组测定值的典型水平(1 分);

(4)它与各次测定值的偏差平方和为最小(1 分);

(5)它最接近真实值是个可信赖的最佳值(1 分)。

42. 答:(1)用于量值传递和保证测定的一致性(1.5 分);

(2)用于评定分析方法的精密度和准确度(1.5 分);

(3)用于校正仪器和充当工作标准(1 分);

(4)用于控制分析质量(1 分)。

43. 答:因为分析方法的精密度与被测定样品的均匀性(0.5 分),所用的仪器试剂(0.5 分),实验操作者(0.5 分),实验室环境条件(0.5 分)及测定次数(0.5 分)有关,因此无论是研究新方法,还是应用已有方法都应在相应条件下针对具体样品研究分析方法的精密度(2.5 分)。

44. 答:(1)氧化剂是过硫酸铵(0.5 分),催化剂是硝酸银(0.5 分),加入 NaCl 的作用是沉淀硝酸银(0.5 分),形成 AgCl↓,使终点明显(0.5 分)。

(2)单使用亚砷酸钠,只能使 $Mn^{7+}$ 还原到 $Mn^{3+}$,终点呈淡绿色,难以判断(0.5 分)。单独使用亚硝酸钠,$NO_2^-$与 $MnO_4^-$反应慢,且 $NO_2^-$不稳定,易挥发分解(0.5 分),采用混合溶液发挥两者的优点(0.5 分)。

(3)高铬试样(>2%)滴定终点呈黄绿色(0.5 分),应采用光度法或溶样后加 $HClO_4$或 $HCl+H_2O_2$挥发铬(1 分)。

45. 答:(1)(a)对普碳钢,采用 $H_2SO_4$溶样,滴加浓 $HNO_3$分解碳化物(0.5 分);

(b)低合金钢,用稀的硫—磷酸溶样,滴加浓 $HNO_3$分解碳化物(0.5 分);

(c)中合金钢、高速钢,用浓硫—磷酸溶样,滴加浓 $HNO_3$分解碳化物(0.5 分);

(d)不锈钢用王水溶样,高氯酸冒烟(0.5 分);

(e)高碳铬钢,以 $Na_2O_2$熔融浸出(0.5 分);

(f)含 W 样,用硫—磷酸溶样时,多加入磷酸(0.5 分)。

(2)测得数据不一定是含铬量,若试样中不含 V 则测得为 Cr 量,当试样中含 V 时,测得为 Cr、V 总量(0.5 分)。因为溶样时 $Cr^{3+}\rightarrow Cr^{6+}$ 被氧化的同时,$V^{4+}\rightarrow V^{5+}$,以 $Fe^{2+}$ 滴定时,

$Cr^{6+}$、$V^{5+}$同时被滴定(0.5分)。

(3)对含钨样应多加 $H_3PO_4$(0.5分),使 $H_2WO_4$形成 $H_3PO_4 \cdot 12WO_3$可溶性络合物存在于溶液中,避免 $H_2WO_4$析出时带出部分 Cr (0.5分)。

46. 答:(1)滴定时的酸度为 pH=3~4(1分)。加入氟化氢铵的作用有:(a)缓冲作用,pH值控制在 3~4(1分);(b)络合作用,掩蔽铁的干扰(1分)。

(2)用淀粉指示剂(0.5分),淀粉过早加入会使 $I_2$被淀粉胶粒包围于其中,释放不出来,终点不明显(0.5分)。

(3)硫氰酸盐使 CuI 转化为更难溶的硫氰酸亚铜(0.5分),释放出 CuI 吸附的少量 $I_2$,使终点更明显(0.5分)。

47. 答:电导分析法是以测量物质的电导为基础来确定物质含量的分析方法(2分)。测 C:试样在高温炉中,通氧燃烧,此时钢铁中的碳被氧化成二氧化碳,其化学反应如下:$C+O_2 = CO_2$,$4FeC+7O_2 = 4CO_2+2Fe_2O_3$(1分),生成二氧化碳与过剩的氧,经除硫后,通入装有 NaOH 溶液的电导池中,吸收其中的二氧化碳,其化学反应如下:$CO_2 + 2NaOH = Na_2CO_3+H_2O$(1分)。吸收二氧化碳后,吸收液电导率降低了,根据电导的变化值与碳含量的关系曲线实现含碳量的测定(1分)。

48. 答:试样置于高温炉中通氧燃烧(1分),使碳氧化成二氧化碳(1分)。混合气体经除硫后收集于量气管中(1分),然后以 KOH 溶液吸收其中的二氧化碳(1分),吸收前后体积之差即为二氧化碳体积,由此计算碳含量(1分)。

49. 答:王水是一份硝酸和三份盐酸的混合酸(1分),二者混合之后生成氯气和氯化亚硝酰都是强氧化剂(1分)。盐酸还能提供氯离子,与一些金属离子发生络合作用(1分)。$HNO_3 + 3HCl = NOCl+Cl_2\uparrow+2H_2O$(1分),因此能使铂、金等贵金属和某些高合金钢溶解(1分)。

50. 答:原子吸收分析法的干扰有五类:化学干扰(0.5分)、电离干扰(0.5分)、光谱干扰(0.5分)、基体干扰(0.5分)和背景干扰(0.5分)。消除化学干扰的方法有:用较高温度的火焰(1分),在样品和标样溶液中加入释放剂(0.5分)、保护剂和缓冲剂(0.5分)及预先分离干扰物质(0.5分)。

51. 答:块状试样在高压火花放电下被激发,跳回基态时发出特征谱线,经光栅色散后,通过出射狭缝,照射到光电倍增管产生电信号(元素含量高,电信号强),此信号经计算机处理之后,根据元素含量和信号强弱的对应关系,直读被测元素的含量,并记录打印(5分)。

52. 答:以 5N 硫酸(不加任何氧化剂)溶解试样,测得之硼为酸溶硼(2分)。酸溶硼主要为固溶硼(0.5分)、硼氧化物(0.5分)、铁碳硼化合物(0.5分)。酸不溶硼的分解一般采用碳酸钠熔融法(1分),酸不溶硼主要是氮化硼(0.5分)。

53. 答:在氧化钙、氧化镁同时存在,且钙高镁低,为了提高镁的分析精度可采用pH=6.5酸性条件下(1分),铜试剂沉淀分离铁、铝、锰、钛、钼、铬、钒、稀土等干扰元素(0.5分)。滴定前加 EGTA 掩蔽钙(0.5分),酒石酸钾钠—三乙醇胺掩蔽沉淀分离后滤液内残存的铁、铝、锰离子(1分)。在 pH=10 的氢氧化铵介质中(0.5分),以铬黑作指示剂(0.5分),用 EDTA 标准溶液滴定(0.5分),根据耗用 EDTA 毫升数计算氧化镁的百分含量(0.5分)。

54. 答:(1)方法的历史(前人的工作)、方法依据及基本概念,应包含量理论依据、主要反应和方法适用范围(1分)。

(2)测试方法,是设计或改进的分析方法通过条件试验和考核后得出的分析操作规程(1分)。

(3)条件实验,详细叙述各种条件试验的过程,并列出所得的数据和得到的有关结论(1分)。

(4)方法考核,列出各种不同含量的基准物质或标准试样所测得的数据,并由此得出的所拟订的分析方法评价(结论)(1分)。

(5)参考文献,列出所参阅的有关文献的名称和作者(1分)。

55. 答:精密度表示测定结果的重复性(0.5分),准确度则表示测定结果的正确性(0.5分)。两者既有区别,又有联系(0.5分)。例如三位化验员测定同一种黄铜中铜的含量,标准值为59.41%,各分析三次,测定结果如下:

| | A | B | C |
|---|---|---|---|
| | 59.22% | 59.20% | 59.42% |
| | 59.19% | 59.30% | 59.40% |
| | 59.17% | 59.25% | 59.41% |
| $\overline{X}$ | 59.19% | 59.25% | 59.40% |

从三人分析情况看,A的分析结果精密度较高,说明偶然误差小,但平均值与真实值相差较大,故准确度不高,说明系统误差较大;B的分析结果精密度不高,准确度也不高,说明系统和偶然误差都大;C的分析结果精密度和准确度都比较高,说明方法中的系统误差和偶然误差都小(2分)。由此可以看出,精密度是保证准确度的基础,只有在精密度比较高的前提下,才能保证分析的可靠性(1.5分)。

56. 答:(1)电弧光源(交、直流电弧)(2分);(2)火花光源(高、低压火花)(1.5分);(3)电感耦合等离子体光源(ICP光源)(1.5分)。

57. 答:试样在火花、电弧等激发光源的作用下使原子由基态被激发至激发态(1分),当回到基态时产生特征光谱(1分),经单色器色散后,用检测器记录得到一定顺序排列的谱线(1分),它是元素是否存在的特征标志(0.5分),这是光谱定性分析的依据(0.5分);特征谱线的强度是光谱定量分析的依据(1分)。

58. 答:选择一条分析线和一条内标线组成分析线对(1.5分),以分析线和内标线的相对光谱强度对被测元素的含量(1.5分)绘制校准曲线进行光谱定量分析(2分)。

59. 答:质量保证是为了提供足够的信任,表明实体能够满足质量要求(2.5分),而在质量体系中实施,并根据需要进行证实的全部计划和有系统的活动(2.5分)。

60. 答:肥皂、去污粉、洗衣粉等(1分),适用于能用毛刷直接刷洗的烧杯、三角瓶、试剂瓶等(1分);酸性或碱性洗液(1分),适用于滴定管、移液管、容量瓶、比色管、比色皿等(1分);有机溶剂(1分),适用于除去各种有机污染物(1分)。

61. 答:有酸式滴定管(1分),碱式滴定管(1分),自动滴定管(1分)和微量滴定管四种(1分)。首先根据滴定溶液的性质选择滴定管的种类(0.5分),然后根据滴定溶液的用量选择滴定管的容量(0.5分)。

62. 答:直接配制法和标定法(2分)。标准溶液本身是基准物的可直接配制(1.5分),不是基准物的必须用标定法配制(1.5分)。

63. 答:空气中$O_2$和$CO_2$的影响(0.5分);光线的影响(0.5分);温度的影响(0.5分);湿度的影响(0.5分)。大量的试剂应放在药品库内(0.5分),避光(0.5分)、通风(0.5分)、低温(0.5分),严禁明火(0.5分)。各种试剂分类存放,贵重试剂要有专人保管(0.5分)。

64. 答:温度计中毛细管孔径可能不均匀(1分);刻度可能不准确(1分);全浸式温度计露

出部分的汞柱温度较低(1.5 分);长期使用后温度计玻璃可能变形(1.5 分)。

65. 答:在一定温度下难溶化合物的饱和溶液中,各离子浓度的乘积是一个常数,即容度积常数(3 分)。它随着温度的变化而变化(1 分),温度升高时,多数化合物的容度积增大(1 分)。

66. 答:反应必须定量进行(1 分);生成的配合物要稳定(1 分);配位比要恒定(1 分);反应速度要快(1 分);要有适当的指示剂(1 分)。

67. 答:由于沉淀剂用量不当使沉淀不够完全(1.5 分);过滤和洗涤时溶液溅出或转移不完全(1.5 分);灼烧时温度不当发生了副反应等(2 分)。

68. 答:提高水的沸点可采用加压的方法(2 分),也可采用加入少量其他物质(2 分),尤其是难挥发的非电解质(1 分)。

69. 答:HAc 在液氨中发生如下反应:

$CH_3COOH+NH_3 \longrightarrow CH_3COO^-+NH_4^+$ (2 分)

故以 $CH_3COO^-$ 形式存在(0.5 分)。

HAc 在硫酸中发生如下反应:

$CH_3COOH+H_2SO_4 \longrightarrow CH_3COOH_2^++HSO_4^-$ (2 分)

因此以 $CH_3COOH_2^+$ 形式存在(0.5 分)。

70. 答:因为 Cl、Br、I 的最外层中都有空的 d 轨道(1 分),这些轨道可参加成键(1 分),当它们与电负性更大的元素化合时,p 轨道上成对的电子拆开进入 d 轨道形成具有正氧化态的共价化合物(3 分)。

## 六、综 合 题

1. 解:已知:$W=0.500\ 0$ g,$C_{HEDTA}=0.020\ 0$ mol/L

$V_{HEDTA}=14.20$ mL,Zn 的原子量为 65.38

$$\omega_{Zn}=\frac{V_{HEDTA}\cdot C_{HEDTA}\cdot\frac{M_{Zn}}{1\ 000}}{G\times\frac{25}{250}}\times100\%=\frac{14.20\times0.020\ 0\times\frac{65.38}{1\ 000}}{0.500\ 0\times\frac{25}{250}}\times100\%=37.14\%$$(等式关系 5 分,结果 4 分)

答:黄铜中锌含量为 37.14%(1 分)。

2. 解:以铬黑 T 作指示剂时,测得的是 Ca 和 Mg 的总量(1 分),用钙作指示剂时,仅 Ca 被 EDTA 滴定(1 分),所以与 Ca 反应的 0.010 0 mol/L EDTA 是 14.25 mL(1 分),与 Mg 反应的 0.010 0 mol/L EDTA 溶液为:25.40－14.25＝11.15 mL(1 分),已知 Ca 的原子量＝40.08,Mg 的原子量＝24.31

1 mL 0.010 0 mol/L 的 EDTA 溶液相当于 0.401 mg 的 Ca (1 分)

1 mL 0.010 0 mol/L 的 EDTA 溶液相当于 0.243 mg 的 Mg (1 分)

100 mL 水中含 Ca 量＝0.401×14.25＝5.71 mg (1 分)

100 mL 水中含 Mg 量＝0.243×11.15＝2.71 mg (1 分)

答:每升水样中所含 Ca 和 Mg 分别为 5.71 mg 和 2.71 mg (2 分)。

3. 解:$A=\varepsilon\cdot b\cdot c$,检量线是通过原点的直线,则:

$C_{样}=A_{样}/A_{标}\cdot C_{标}=\frac{0.426\times 1.36\times 10^{-6}}{0.355}=1.63\times 10^{-6}$ mol (5 分)

$\omega_{Ti}=C_{样}\cdot M_{分子量}/G\times 100\%=\frac{1.63\times 10^{-6}\times 47.88}{0.400\times \frac{10}{100}}\times 100\%=0.195\%$(4 分)

答:铝合金钛的含量为 0.195% (1 分)。

4. 解:灼烧后得到 $Fe_2O_3$ 为 0.319 4 g

$2Fe \longrightarrow Fe_2O_3$(2 分)

$$\omega_{Fe}=\frac{W_{Fe_2O_3}\times \frac{2Fe}{Fe_2O_3}}{G}\times 100\%=\frac{0.3194\times \frac{111.7}{159.7}}{0.5000}\times 100\%=44.68\%(7 分)$$

答:矿石中含铁量为 44.68%(1 分)。

5. 解:反应式:$5C_2O_4^{2-}+2MnO_4^{-}+16H^{+}=\!=\!=2Mn^{2+}+8H_2O+10CO_2\uparrow$ (3 分)

$5Fe^{2+}+MnO_4^{-}+8H^{+}=\!=\!=5Fe^{3+}+Mn^{2+}+4H_2O$ (3 分)

$$\omega_{Fe_2O_3}=\frac{T_{H_2C_2O_4\cdot 2H_2O}\times V_{KMnO_4}\times \frac{M_{Fe_2O_3}}{2000}}{\frac{M_{H_2C_2O_4\cdot 2H_2O}}{2000}\times G}\times 100\%=\frac{0.0126\times 15.50\times \frac{159.7}{2000}}{\frac{126.1}{2000}\times 0.5000}\times 100\%=$$

49.47%(3 分)

答:试样中 $Fe_2O_3$ 的含量为 49.47%(1 分)。

6. 解:$\bar{X}=(67.47\%+67.43\%+67.48\%)/3=67.46\%$ (2 分)

$X_i-\bar{X}$ 分别为

67.47%−67.46%=0.01%,67.43%−67.46%=−0.03%

67.48%−67.46%=0.02% (3 分)

$\sum_{i=1}^{n}|X_i-\bar{X}|=0.01\%+0.03\%+0.02\%=0.06\%$ (2 分)

平均偏差=0.06%/3=0.02%(1 分)

相对平均偏差=0.02%/67.46%×100%=0.03% (1 分)

答:平均偏差为 0.02%,相对平均偏差为 0.03% (1 分)。

7. 解:溶解的 $Ag_2CrO_4$ 完全电离,但 1 mol $Ag_2CrO_4$ 含有 2 mol $Ag^+$ 和 1 mol $CrO_4^{2-}$。

$Ag_2CrO_4=2Ag^{+}+CrO_4^{2-}$ (3 分)

因此,在 $Ag_2CrO_4$ 的饱和溶液中

$[Ag^{+}]=2\times 1.34\times 10^{-4}$ mol/L (2 分)

$[CrO_4{}^{2-}]=1.34\times 10^{-4}$ mol/L (2 分)

$K_{sp}(Ag_2CrO_4)=[Ag^{+}]^2[CrO_4{}^{2-}]=(2\times 1.34\times 10^{-4})^2\times(1.34\times 10^{-4})$

$=9.6\times 10^{-12}$(2 分)

答:25 ℃时,$Ag_2CrO_4$ 的 $K_{sp}$ 为 $9.6\times 10^{-12}$(1 分)。

8. 解:$M_{O_2}=32$ g/mol,5.6 g 氧气的物质的量=5.6/32=0.175 mol(5 分)。标准状态下,1 mol任何气体体积都为 22.4 L,所以氧气的体积=0.175×22.4=3.92 L (5 分)。

答：5.6 g氧气在标准状态下的体积是3.92 L。

9. 解：$2IO_3^{3-}+12H^++10I^- = 6I_2+6H_2O$的半反应为

$2IO_3^-+12H^++10e = I_2+6H_2O$ (2分)

$I_2+2e = 2I^-$ (2分)

按能斯特方程式 $E=E^\ominus+\frac{0.059\ 2}{n}\lg\frac{[氧化型]}{[还原型]}$ (2分)

则 $E_{2IO_3^-/I_2}=E^\ominus_{2IO_3^-/I_2}+\frac{0.059\ 2}{n}\lg\frac{[IO_3^-]^2\cdot[H^+]^{12}}{[I_2]}$ (2分)

$=1.197+\frac{0.059\ 2}{10}\lg\frac{1\times(10^{-10})^{12}}{1}$

$=0.489$ V (1分)

$E_{2IO_3^-/I_2}=0.489$ V，而 $E_{I_2/2I^-}=E^\ominus_{I_2/2I^-}=0.536$ V。此时

$E_{2IO_3^-/I_2}<E_{I_2/2I^-}$，所以反应向左进行(1分)。

答：$E_{2IO_3^-/I_2}=0.489$ V，$E_{I_2/2I^-}=0.536$ V，此时反应向左进行。

10. 解：设$m_{KHP}$为样品中所含纯净的KHP的质量(1分)，

已知：$V_{NaOH}=20.10$ mL，$C_{NaOH}=0.205\ 0$ mol/L

因 $V_{NaOH}\times C_{NaOH}\times\frac{1}{1\ 000}=\frac{m_{KHP}}{M_{KHP}}$ (4分)

$m_{KHP}=V_{NaOH}\times C_{NaOH}\times\frac{1}{1\ 000}\times M_{KHP}$ (3分)

$=0.205\ 0\times 20.10\times\frac{1}{1\ 000}\times 204.22$

$=0.841\ 4$(g) (2分)

答：在0.880 6 g样品中，含纯KHP 0.841 4 g。

11. 解：此题所涉及的反应为：

$IO_3^-+5I^-+6H^+ = 3I_2+3H_2O$ (A) (1分)

$IO_3^-+5I^-+6H^+ = 3I_2+3H_2O$ (B) (1分)

剩余

$I_2+2S_2O_3^{2-} = S_4O_6^{2-}+2I^-$ (C) (1分)

挥发阶段，根据反应式(A)知$KIO_3$和KI反应的物质的量之比为1/5。即1 mol $KIO_3$可与5 mol KI反应(0.5分)。

滴定阶段，根据反应式(B)和(C)，$KIO_3$与$Na_2S_2O_3$间的物质的量之比(通过$I_2$来实现)为1/6，即1 mol $KIO_3$与6 mol $Na_2S_2O_3$相当(0.5分)。

根据题意：设剩余的$KIO_3$溶液的体积为$V$(mL)(0.5分)，加过量的KI后，析出的$I_2$用$Na_2S_2O_3$标准溶液滴定，当达到化学计量点时，则有：

$V\times 0.050\ 00\times 6=21.14\times 0.100\ 8$ (1分)

$V=\frac{21.14\times 0.100\ 8}{0.050\ 00\times 6}=7.10$ mL (0.5分)

故只有$10.00-7.10=2.90$ mL $KIO_3$溶液是用来与25.00 mL、浓度为$c$(KI)的KI溶液作用，析出的$I_2$借煮沸而挥发掉(1分)。因此，$KIO_3$溶液的物质的量等于KI的物质的量

(1 分),即$(10.00-7.10)\times 0.050\,00\times 5=25.00\times c(KI)$ (1 分)

$c(KI)=0.028\,97$ mol/L (1 分)

答:KI 的浓度为 0.028 97 mol/L。

12. 解:根据 $pH_x=pH_{标}+\dfrac{E_x-E_{标}}{0.059}=4.0+\dfrac{0.02-(-0.14)}{0.059}=6.7$(等式关系 5 分,结果 5 分)

答:该试液的 pH 值为 6.7。

13. 解:沉淀 $Cd^{2+}$ 时所需 $S^{2-}$ 的最低浓度:

$[S^{2-}]=\dfrac{K_{sp}}{[Cd^{2+}]}=\dfrac{3.6\times 10^{-29}}{0.10}=3.6\times 10^{-28}$ mol/L(等式关系 2 分,结果 2 分)

不使 ZnS 沉淀 $S^{2-}$ 的最高浓度:

$[S^{2-}]=\dfrac{K_{sp}}{[Zn^{2+}]}=\dfrac{1.2\times 10^{-23}}{0.10}=1.2\times 10^{-22}$ mol/L(等式关系 2 分,结果 2 分)

答:$[S^{2-}]$在 $3.6\times 10^{-28}\sim 1.2\times 10^{-22}$ mol/L 之间可以使 CdS 沉淀,而 $Zn^{2+}$ 留在溶液中。当$[S^{2-}]=1.2\times 10^{-22}$ mol/L 时,溶液中残留的$[Cd^{2+}]=\dfrac{3.6\times 10^{-29}}{1.2\times 10^{-22}}=3\times 10^{-7}$ mol/L,说明 $Cd^{2+}$ 已沉淀完全(2 分)。

14. 解:设各取 80%和 40%的硫酸溶液 $V_1$ 和 $V_2$(2 分)。

由于两种溶液混合溶液的溶质不变(2 分),得出方程:

$80\%\cdot V_1\cdot\rho_1+40\%\cdot V_2\cdot\rho_2=60\%\times 1\,000\rho_3$(2 分)

代入数据得:$V_1=440$ mL (2 分),$V_2=560$ mL (2 分)

答:应取 80%的硫酸溶液 440 mL,40%的硫酸溶液 560 mL。

15. 解:已知 $V_{(NH_4)_2Fe(SO_4)_2}=10.00$ mL,$c((NH_4)_2Fe(SO_4)_2)=0.025\,0$ mol/L

$V_{KMnO_4}=2.22$ mL,$c(1/5\ KMnO_4)=0.025\,16$ mol/L

$M_{Cr}=52$,$1/3\ M_{Cr}=17.33$ g/mol

则样品中的 Cr 含量为:$(10.00\times 0.025\,0-2.22\times 0.025\,16)\times 17.33/1\,000$(5 分)

则 $\omega_{Cr}=\dfrac{(10.00\times 0.025\,0-2.22\times 0.025\,16)\times 17.33}{1\,000\times 0.500\,0}\times 100\%=0.673\%$(5 分)

答:铬的百分含量为 0.673%。

16. 解:已知 20 mL 中含纯锌 1.308 g,$M_{Zn}=65.40$ g/mol

$c(Zn)=\dfrac{\dfrac{1.308}{65.40}}{\dfrac{20}{1\,000}}=1.000$ mol/L(3 分)

根据:$C_{Zn}\cdot V_{Zn}=C_{EDTA}\cdot V_{EDTA}$(4 分)

$C_{EDTA}=\dfrac{C_{Zn}\cdot V_{Zn}}{V_{EDTA}}=\dfrac{1.000\times 20.00}{30.00}=0.666\,7$ mol/L(3 分)

答:EDTA 溶液物质的量浓度为 0.666 7 mol/L。

17. 解:已知:$c(Na_2S_2O_3)=0.200\,0$ mol/L,$V_{Na_2S_2O_3}=15.00$ mL

$1/6M_{K_2Cr_2O_7}=\frac{294.0}{6}=49.00\ g/mol$

根据:$C\cdot V=\frac{m}{M}$ (4 分)

则 $m_{K_2Cr_2O_7}=\frac{C_{Na_2S_2O_3}\times V_{Na_2S_2O_3}\times\frac{1}{6}M_{K_2Cr_2O_7}}{1\ 000}=\frac{0.200\ 0\times 15.00\times 49.00}{1\ 000}=0.147\ 0(g)$

(等式关系 3 分,结果 3 分)

答:溶液中重铬酸钾的量为 0.147 0 g。

18. 解:(1)由公式 $\bar{\nu}=\frac{1}{\lambda}$ 得知,$\bar{\nu}=\frac{1}{190\times 10^{-7}}=52\ 362(cm^{-1})$(5 分)

(2)同理,$\bar{\nu}=\frac{1}{600\times 10^{-7}}=16\ 667(cm^{-1})$(5 分)

答:换算后波数分别为 52 362 $cm^{-1}$ 和 16 667 $cm^{-1}$。

19. 解:由公式 $\lambda=\frac{h\cdot c}{E}$(5 分)得知:

$\lambda=\frac{6.626\times 10^{-34}\times 2.998\times 10^{10}}{3.42\times 1.602\times 10^{-19}}\times 10^{7}=363(nm)$ (5 分)

答:该原子产生的光谱的波长是 363 nm。

20. 解:由公式 $E=h\cdot\nu$,1 eV$=1.602\times 10^{-19}$ J (4 分)

$\nu=\frac{E}{h}=\frac{1\times 1.602\times 10^{-19}}{6.626\times 10^{-34}}=2.418\times 10^{14}\ Hz$

$\lambda=\frac{h\cdot c}{E}=\frac{6.626\times 10^{-34}\times 2.998\times 10^{10}}{1\times 1.602\times 10^{-19}}\times 10^{7}=1\ 240\ nm$(每个结果 5 分)

答:频率为 $2.418\times 10^{14}$ Hz,波长是 1 240 nm (1 分)。

21. 解:在空气媒质中,钠 D 线的波长为 $\lambda'=\frac{\lambda}{n}=\frac{589}{1.002\ 7}=588.84\ nm$ (5 分)

$\bar{\nu}=\frac{1}{\lambda'}=\frac{1}{588.84}\times 10^{7}=169\ 83(cm^{-1})$ (5 分)

答:它通过空气时的波数是 169 83 $cm^{-1}$。

22. 解:根据光栅方程式 $n\lambda=d(\sin\theta+\sin i)$

$d=\frac{n\lambda}{\sin\theta+\sin i}=\frac{1\times 500\times 10^{-7}}{\sin(-40^\circ)+\sin 60^\circ}=\frac{500\times 10^{-7}}{\sin 60^\circ-\sin 40^\circ}=\frac{500\times 10^{-7}}{0.866-0.643}=2.242\times 10^{-4}$

(cm/条) (6 分)

光栅的刻线 $I=\frac{1}{d}=\frac{1}{2.242\times 10^{-4}}=4\ 460$(条/cm) (4 分)

答:光栅的刻线为 4 460 条/cm。

23. 解:由光栅的分辨率公式:$R=n\cdot N$ (2 分)

当 $n=1$ 时,$R=1\times 72\times 5.00=360$

又 $R=\frac{\bar{\lambda}}{\Delta\lambda}$,则 $\Delta\lambda=\frac{\bar{\lambda}}{R}$ (2 分)

波数为 1 000 $cm^{-1}$的红光的波长 $\lambda=\frac{1}{\nu}=\frac{1}{1\,000}\times10^7=10\,000(nm)$ (2分)

且二条谱线最靠近,可近似记作 $\lambda_1\approx\lambda_2=\lambda$(2分)

$\Delta\lambda=\frac{\bar{\lambda}}{R}=\frac{(\lambda_1+\lambda_2)}{2\cdot R}\approx\frac{(10\,000+10\,000)}{2\times360}\approx27.8(nm)$ (2分)

答:该光栅的第一级光栅的分辨率为 360,最靠近的两条谱线的光长差为 27.8 nm。

24. 解:由题意得光栅常数 $d=\frac{1}{1\,440}\times10^6=694(nm/条)$ (2分)

根据光栅方程式:$n\lambda=d(\sin\theta+\sin i)$ (2分)

$\lambda=\frac{694}{n}(\sin9°+\sin30°)=\frac{694}{n}\times(0.156+0.500)=\frac{456}{n}$ (2分)

当 $n=1$ 时,$\lambda_1=\frac{456}{1}=456(nm)$ (2分)

当 $n=2$ 时,$\lambda_2=\frac{456}{2}=228(nm)$ (2分)

答:衍射角为 9°时光的波长分别为:一级光谱线 456 nm;二级光谱线 228 nm。

25. 解:根据线散率公式:

$\frac{dl}{d\lambda}=\frac{n\cdot r}{d\cdot\cos\theta}=\frac{1\times2.3\times10^7}{460\times\cos5°}=\frac{2.3\times10^7}{460\times\cos5°}=\frac{2.3\times10^7}{460\times0.996}=50\,201$(公式 5 分,结果 5 分)

答:线色散率是 50 201。

26. 解:(1)棱镜和光栅的分辨率:

$R=\frac{\bar{\lambda}}{\Delta\lambda}=\frac{310.067+310.037}{2\times(310.067-310.037)}=10\,335$(3分)

(2)棱镜的大小,即底边的有效长度 $b$:

由 $R=\frac{\bar{\lambda}}{\Delta\lambda}=b\cdot\frac{dn}{d\lambda}$得知:

$b=\frac{\bar{\lambda}}{\Delta\lambda}\cdot\frac{1}{\frac{dn}{d\lambda}}=10\,335\times\frac{1}{5.0\times10^{-4}}\times10^{-7}=\frac{10\,335\times10^{-7}}{5.0\times10^{-4}}=2.1\ cm$(3分)

光栅的总线数:

$N=\frac{\bar{\lambda}}{\Delta\lambda}\cdot\frac{1}{n}=10\,335\times\frac{1}{1}=10\,335$ (2分)

光栅的大小即光栅宽度 $W$:

$W=N\cdot d=10\,335\times\frac{1}{1\,800}\times0.1=0.57\ cm$ (2分)

答:棱镜和光栅的分辨率为 10 335,棱镜的大小为 2.1 cm,光栅宽度为 0.57 cm。

27. 解:根据赛伯-罗马金公式 $I=a\cdot c^b$(因为在低浓度时自吸忽略不计,则 $b=1$),谱线强度与试样中被测元素的含量成正比,即 $I_s=a\cdot C_s$,$I_i=a\cdot C_i$(每个公式 3 分)

$\frac{I_s}{I_i}=\frac{C_s}{C_i}$,$I_s=\frac{C_s}{C_i}\times I_i=\frac{0.22}{5\,400}\times6\,120\times100\%=0.25\%$ (4分)

答:试样中含铬 0.25%。

28. 解:设原来混合物中 $C_2H_4$ 的摩尔分数为 $x$(2 分),则

| | $C_2H_4(g)+$ | $H_2(g)$ === | $C_2H_6(g)$ (3 分) |
|---|---|---|---|
| 反应前各物质分压 | $6.93x$ | $6.93(1-x)$ | 0 |
| 反应后各物质分压 | 0 | $6.93(1-x)-6.93x$ | $6.93x$ (3 分) |

则 $0+6.93(1-x)-6.93x+6.93x=4.53$

$x=0.346$ (2 分)

答:原来混合物中 $C_2H_4$ 的摩尔分数为 34.6%。

29. 解:假定 1 000 g $CuSO_4 \cdot 5H_2O$ 是纯的,则其中所含水的质量为

$\frac{5\times18}{249.5}\times1\,000=360.7$ g (1 分)

而 $CuSO_4$ 的质量为

$W_{CuSO_4}=1\,000-360.7=639.3$ g (1 分)

要想把 639.3 g $CuSO_4$ 在 100 ℃时溶解掉,最少所需水量为

$W_{H_2O}=\frac{639.3}{75.40}\times100=847.9$ g (1 分)

又因 $CuSO_4 \cdot 5H_2O$ 中含有水 360.7 g,故实需加水量为

$847.9-360.7=487.2$ g (1 分)

设温度由 100 ℃降低到 15 ℃时析出的 $CuSO_4 \cdot 5H_2O$ 的质量为 $x$(g)(1 分),则其中含有 $CuSO_4$ 的质量为

$x\times\frac{159.5}{249.5}=0.639x$ (1 分)

根据 15 ℃时溶液中溶解 $CuSO_4$ 的量可列出下述等式

$639.3-0.639x=\frac{19.00}{100}[847.9-(1-0.639x)]$ (2 分)

即 $478.3=0.571x$

$x=837.3$ g(1 分)

因此,最后析出 $CuSO_4 \cdot 5H_2O$ 837.3 g (1 分)

答:(1)需加 487.2 g 水使其全溶,(2)最多得纯 $CuSO_4 \cdot 5H_2O$ 837.3 g。

30. 解:$AgCl(s)$ === $Ag^++Cl^-$ (2 分)

$K_{sp}=[Ag^+][Cl^-]$ (2 分)

$[Cl^-]=K_{sp}/[Ag^+]=1.56\times10^{-10}/1.25\times10^{-8}=1.25\times10^{-2}$(mol/L) (2 分)

$Cl^-$ 主要来自 HCl,所以

$[H^+]=[HCl]=1.25\times10^{-2}$(mol/L) (2 分)

$pH=-\lg[H^+]=1.90$(2 分)

答:溶液的 pH 值必须为 1.90。

31. 解:(1)设 10.00 g 钢中含铬 $x$(g),锰 $y$(g) (1 分)。

依据反应的物质的量之比

Cr ～ $BaCrO_4$

$x\times\frac{10}{250}$ (g)　　　　0.054 9 (g)

52　　　　253.3

$$\frac{x\times\frac{10}{250}}{52}=\frac{0.054\ 9}{253.3}$$

求得 $x=0.281\ 8$ g(对应关系 2 分,等式 2 分,结果 2 分)

故样品中 Cr 的百分含量=(0.281 8/10)×100%=2.818%

(2)

$$\frac{0.281\ 8\times\frac{10}{250}}{52}\times\frac{6}{2}+\frac{y\times\frac{10}{250}}{54.94}\times 5=0.075\times 15.95\times 10^{-3}$$

求得 $y=0.150$ g

故样品中 Mn 的百分含量$=\frac{0.150}{10}\times 100\%=1.50\%$(等式关系 1.5 分,结果 1.5 分)

答:钢样品中的铬和锰的质量分数分别为 2.818%和 1.50%。

32. 解:已知 $c(Fe^{2+})=20\ \mu g/mL=\frac{20\times 10^{-3}}{56.5}=3.52\times 10^{-4}(mol/L)$ (2 分)

$b=2$ cm

$T=53.5\%=0.535$

根据公式　　$A=-\lg T$ (2 分)

所以　　$A=0.272$ (1 分)

又因为 $A=\varepsilon\cdot b\cdot c$(3 分)

所以 $\varepsilon=\frac{A}{b\cdot c}=\frac{0.272}{2\times 3.54\times 10^{-4}}=384.18$ L/(mol·cm) (2 分)

答:摩尔吸收系数 ε 为 384.18 L/(mol·cm)。

33. 解:设开始时混合物 5.36 g 中有 $x$(g)(1 分)$KClO_3$,$(5.36-x)$(g)$MnO_2$。加热完全分解后剩余的量应为 KCl 与 $MnO_2$之和(1 分)。因为 $MnO_2$是催化剂,反应前后的量不变(1 分)。所以反应产物 KCl 的量为

KCl　　$[3.76-(5.36-x)]$ g$=(x-1.60)$ g (3 分)

$2KClO_3 = 2KCl+3O_2\uparrow$

2×122.5　　2×74.55

$x$　　　　$x-1.60$ (2 分)

$x=4.08$(g)(2 分)

答:开始时混合物中有 4.08 g $KClO_3$。

34. 解:$\lg K'_{MIn}=7.6-\lg\alpha_{In(H)}$ (2 分)

$\lg\alpha_{In(H)}=3.5$ (2 分)

$\lg K'_{MIn}=4.1=pMg'ep$ (2 分)

$[Mg^{2+}]'_{sp}=10^{-5.12}$

$\Delta pMg'=-1.02$ (2 分)

$T=-0.8\%$ (2 分)

答:终点误差为$-0.8\%$。

35. 解:用于还原和沉淀 $Pb^{2+}$ 的 $C_2O_4^{2-}$ 总量:

$20.00\times0.2500-0.0400\times10.00\times5/2=4$(mmol) (2 分)

沉淀相当于 $C_2O_4{}^{2-}$ 的量:

$30.00\times0.0400\times5/2=3$(mmol) (2 分)

故 $Pb^{2+}$ 的量:$3-2=1$(mmol) (1 分)

$PbO_2$的量:$4-3+1=2$(mmol) (1 分)

$PbO_2$的质量分数:$2\times239.2/1000\times1.234\times100\%=38.77\%$ (2 分)

PbO 的质量分数:$223.2/1000\times1.234\times100\%=18.09\%$ (2 分)

答:试样中 PbO 和 $PbO_2$ 的质量分数分别为 18.09%和 38.77%。

36. 解:反应完毕产物:$CHCl_2COONa+NH_4Cl$ (2 分)

$CHCl_2COONa$:0.05 mol　　　$NH_4Cl$:0.1 mol

PBE:$[H^+]=[OH^-]+[NH_3]-[CHCl_2COOH]$ (2 分)

$[H^+]=K'_a[NH_4^+]/[H^+]-[H^+]\times0.05/10^{-3}$ (3 分)

所以:pH=5.28 (2 分)

答:化学计量点时溶液的 pH 是 5.28 (1 分)。

# 化学检验工(初级工)技能操作考核框架

## 一、框架说明

1. 依据《国家职业标准》注，以及中国北车确定的“岗位个性服从于职业共性的原则”，提出化学检验工(初级工)技能操作考核框架(以下简称：技能考核框架)。

2. 本职业等级技能操作考核评分采用百分制。即：满分为 100 分，60 分为及格，低于 60 分为不及格。

3. 实施“技能考核框架”时，考核制件(活动)命题可以选用本企业的加工件(活动项目)，也可以结合实际另外组织命题。

4. 实施“技能考核框架”时，考核的时间和场地条件等应依据《国家职业标准》，并结合企业实际确定。

5. 实施“技能考核框架”时，其“职业功能”的分类按以下要求确定：

(1)“检测与测定”、“测后工作”属于本职业等级技能操作的核心职业活动，其“项目代码”为“E”。

(2)“工作准备”、“设备养护”、“安全实验”属于本职业等级技能操作的辅助性活动，其“项目代码”分别为“D”和“F”。

6. 实施“技能考核框架”时，其“鉴定项目”和“选考数量”按以下要求确定：

(1)按照《国家职业标准》有关技能操作鉴定比重的要求，本职业等级技能操作考核制件的“鉴定项目”应按“D”+“E”+“F”组合，其考核配分比例相应为“D”占 20 分，“E”占 60 分(其中：鉴定与测定 50 分，测后工作 10 分)，“F”占 20 分(其中：设备养护 10 分，安全实验 10 分)。

(2)依据中国北车确定的“核心职业活动选取 2/3，并向上取整”的规定，在“E”类鉴定项目——“检测与测定”和“测后工作”的全部 4 项中，至少选取 3 项。

(3)依据中国北车确定的“其余‘鉴定项目’的数量可以任选”的规定，“D”和 “F”类鉴定项目——“工作准备”、“设备养护”、“安全实验”中，至少分别选取 1 项。

(4)依据中国北车确定的“其余‘选考数量’时，所涉及‘鉴定要素’的数量占比，应不低于对应‘鉴定项目’范围内‘鉴定要素’总数的 60%，并向上取整”的规定，考核制件的鉴定要素“选考数量”应按以下要求确定：

①在“D”类“鉴定项目”中，在已选定的 1 个或全部鉴定项目中，至少选取已选鉴定项目所对应的全部鉴定要素的 60%项，并向上保留整数。

②在“E”类“鉴定项目”中，在已选的 3 个鉴定项目所包含的全部鉴定要素中，至少选取总数的 60%项，并向上保留整数。

③在“F”类“鉴定项目”中，对应“设备养护”的 4 个鉴定要素，至少选取 3 项；对应“安全实验”的 6 个鉴定要素，至少选取 4 项。

举例分析：

按照上述“第6条”要求，若命题时按最少数量选取，即：在“D”类鉴定项目中选取了“了解检验方案”和“准备工作”2项，在“E”类鉴定项目中选取了“项目检验（低合金钢）”、“分析方法”、“数据处理”3项，在“F”类鉴定项目中分别选取了“设备仪器保养与维修”和“实验室及人员安全”2项，则：

此考核制件所涉及的“鉴定项目”总数为7项，具体包括：“了解检验方案”、“准备工作”、“项目检验（低合金钢）”、“分析方法”、“数据处理”、“设备仪器保养与维修”和“实验室及人员安全”；

此考核制件所涉及的鉴定要素“选考数量”相应为28项，具体包括：“了解检验方案”鉴定项目包含的全部4个鉴定要素中的3项，“准备工作”鉴定项目包含的全部4个鉴定要素中的3项，“项目检验（低合金钢）”、“分析方法”、“数据处理”3个鉴定项目包括的24个鉴定要素中的15项，“设备养护”鉴定项目的全部4个鉴定要素中的3项，“安全实验”鉴定项目中包含的全部6个鉴定要素中的4项。

7. 本职业等级技能操作需要两人及以上共同作业的，可由鉴定组织机构根据“必要、辅助”的原则，结合实际情况确定协助人员的数量。在整个操作过程中，协助人员只能起必要、简单的辅助作用。否则，每违反一次，至少扣减应考者的技能考核总成绩10分，直至取消其考试资格。

8. 实施“技能考核框架”时，应同时对应考者在质量、安全、工艺纪律、文明生产等方面行为进行考核。对于在技能操作考核过程中出项的违章作业现象，每违反一项（次）至少扣减技能考核总成绩10分，直至取消其考试资格。

注：按照中国北车规定，各《职业技能操作考核框架》的编制依据现行的《国家职业标准》或现行的《行业职业标准》或现行的《中国北车职业标准》的顺序执行。

## 二、化学检验工（初级工）技能操作鉴定要素细目表

| 职业功能 | 鉴定项目 | | | | 鉴定要素 | | |
|---|---|---|---|---|---|---|---|
| | 项目代码 | 名称 | 鉴定比重(%) | 选考方式 | 要素代码 | 名称 | 重要程度 |
| 工作准备 | D | 样品交接 | 20 | 任选 | 001 | 认真的进行样品交接 | X |
| | | | | | 002 | 填写检验登记表 | X |
| | | | | | 003 | 查验样品 | X |
| | | | | | 004 | 按规定贮存样品 | X |
| | | 了解检验方案 | | | 001 | 选择被测样品的分析标准 | Y |
| | | | | | 002 | 选择分析方法 | X |
| | | | | | 003 | 选择分析仪器 | X |
| | | | | | 004 | 各检验类别的相关基本知识 | X |
| | | 准备工作 | | | 001 | 明确采样方案中的各项规定 | X |
| | | | | | 002 | 读懂检验装置示意图 | X |
| | | | | | 003 | 正确制备各种形态固体样品 | X |
| | | | | | 004 | 正确填写样品标签和采样记录 | X |
| 检测与测定 | E | 检验项目（低合金钢） | 40 | 必选 | 001 | C、S元素检测 | X |
| | | | | | 002 | Si、Mn、P、Cu、Cr、Ni、Mo元素（任选其一）检测 | X |
| | | | | | 003 | 样品的加工 | X |
| | | | | | 004 | 器皿的正确使用 | X |

续上表

| 职业功能 | 鉴定项目 | | | | 鉴定要素 | | |
|---|---|---|---|---|---|---|---|
| | 项目代码 | 名称 | 鉴定比重(%) | 选考方式 | 要素代码 | 名　　称 | 重要程度 |
| 检测与测定 | E | 检验项目(低合金钢) | | 必选 | 005 | 化学试剂的选用 | X |
| | | | | | 006 | 样品的溶解方法 | X |
| | | | | | 007 | 仪器的正确操作 | X |
| | | | | | 008 | 化学分析过程各种现象的判别 | X |
| | | | | | 009 | 标准样品的正确选择 | X |
| | | | | | 010 | 标准溶液的配制和选用 | X |
| | | 分析方法 | 10 | | 001 | 光谱分析 | X |
| | | | | | 002 | 光谱理论知识 | X |
| | | | | | 003 | 分光光度法分析 | X |
| | | | | | 004 | 光度法相关理论知识 | X |
| | | | | | 005 | 重量法分析 | X |
| | | | | | 006 | 重量变化过程分析 | X |
| | | | | | 007 | 滴定法分析 | X |
| | | | | | 008 | 滴定过程的现象分析 | X |
| 测后工作 | | 分析用器皿的处理 | 10 | 任选 | 001 | 器皿的清洗方法 | X |
| | | | | | 002 | 器皿的正确存放 | X |
| | | 数据处理 | | | 001 | 数据的正确修约和运算 | X |
| | | | | | 002 | 校准曲线的正确运用 | X |
| | | | | | 003 | 有效数字和数字修约规则 | Y |
| | | | | | 004 | 极限值表示方法 | X |
| | | | | | 005 | 极限值判定方法 | X |
| | | | | | 006 | 根据相关标准判定结果 | X |
| 设备养护 | F | 设备仪器保养与维修 | 10 | 任选 | 001 | 正确保养、维护仪器设备 | X |
| | | | | | 002 | 及时发现设备故障 | X |
| | | | | | 003 | 常见故障现象 | X |
| | | | | | 004 | 仪器设备简单结构知识 | Y |
| 安全实验 | | 实验室及人员安全 | 10 | | 001 | 实验室安全守则 | X |
| | | | | | 002 | 消防器材的正确使用 | X |
| | | | | | 003 | 各种电器的安全使用 | X |
| | | | | | 004 | 正确使用通风柜 | X |
| | | | | | 005 | 废液、废渣处理 | X |
| | | | | | 006 | 防护用品的正确使用 | Y |

注:重要程度中X表示核心要素,Y表示一般要素,Z表示辅助要素。下同。

# 化学检验工(初级工)技能操作考核样题与分析

职业名称：______________________

考核等级：______________________

存档编号：______________________

考核站名称：______________________

鉴定责任人：______________________

命题责任人：______________________

主管负责人：______________________

中国北车股份有限公司劳动工资部制

**职业技能鉴定技能操作考核制件图示或内容**

钢铁中硅含量的测定(光度法)

选择分析标准(4′)
选择分析方法(3′)
选择分析仪器(3′)
能够读懂检验装置示意图(3′)
正确取样(4′)
正确填写样品标签和采样记录(3′)

正确选用试验用玻璃仪器(移液管、容量瓶等)(2′)
样品的加工(2′)
正确操作玻璃仪器(4′)
正确选用试验用试剂(5′)
样品溶解(4′)
实验过程各种现象的判别(如试样溶解终点,显色反应等)(6′)
光度法的基本原理(2′)
分光光度计的正确使用(4′)
标准溶液的选用和配制(5′)
校准曲线的使用(4′)
数据的运算和修约(8′)
根据相关标准判定结果(4′)

测后玻璃仪器的处理(3′)
比色皿的清洗(2′)
分光光度计的正确整理和安放(2′)
检测过程出现小故障的应急处理(2′)
试验中各种电器的安全使用(2′)
通风柜的正确使用(2′)
试验后废液废渣的处理(5′)
实验过程中防护品的正确使用(2′)

| 职业名称 | 化学检验工 |
|---|---|
| 考核等级 | 初级工 |
| 试题名称 | 钢铁中硅含量的测定 |
| 材质等信息 | |

**职业技能鉴定技能操作考核准备单**

| 职业名称 | 化学检验工 |
|---|---|
| 考核等级 | 初级工 |
| 试题名称 | 钢铁中硅含量的测定 |

## 一、材料准备

1. 材料规格
2. 坯件尺寸

## 二、设备、工、量、卡具准备清单

| 序号 | 名　称 | 规　格 | 数量 | 备　注 |
|---|---|---|---|---|
| 1 | 分光光度计 | 根据不同单位自选 | 1 | |
| 2 | 容量瓶 | 根据不同单位自选 | 若干 | |
| 3 | 高温炉 | 根据不同单位自选 | 1 | |
| 4 | 天平 | 根据不同单位自选 | 1 | |
| 5 | 切割机 | 根据不同单位自选 | 1 | |

## 三、考场准备

1. 相应的公用设备、设备与器具的润滑与冷却等
2. 相应的场地及安全防范措施
3. 其他准备

## 四、考核内容及要求

1. 考核内容(按考核制件图示及要求制作)
2. 考核时限:90 分钟
3. 考核评分(表)

| 职业名称 | 化学检验工 | 考核等级 | 初级工 | | |
|---|---|---|---|---|---|
| 试题名称 | 钢铁中硅含量的测定 | 考核时限 | 90 分钟 | | |
| 鉴定项目 | 考核内容 | 配分 | 评分标准 | 扣分说明 | 得分 |
| 了解检验方案和工作准备 | 选择分析标准 | 4 | 标准正确即得分 | | |
| | 选择分析方法 | 3 | 选择方法正确得分 | | |
| | 选择分析仪器 | 3 | 仪器选用正确得分 | | |
| | 能够读懂检验装置示意图 | 3 | 实验过程熟悉装置的使用 | | |
| | 正确取样 | 4 | 安全取样且能够用来检测即可得分 | | |
| | 正确填写样品标签和采样记录 | 3 | 有序,不混乱即可得分 | | |

续上表

| 鉴定项目 | 考核内容 | 配分 | 评分标准 | 扣分说明 | 得分 |
|---|---|---|---|---|---|
| 检验项目(低合金钢)、分析方法和数据处理 | 样品的加工 | 2 | 安全、可用 | | |
| | 正确选用试验用玻璃仪器(移液管、容量瓶等) | 2 | 错一项扣0.5分,扣完2分为止 | | |
| | 正确操作玻璃仪器 | 5 | 错一次扣0.5分,扣完5分为止 | | |
| | 样品溶解 | 4 | 溶解完全即可得分 | | |
| | 实验过程各种现象的判别(如试样溶解终点,显色反应等) | 6 | 能够回答考官随机提出的问题 | | |
| | 标准溶液的选用 | 2 | 选对即得分 | | |
| | 标准溶液的配制 | 3 | 达到所需浓度得分 | | |
| | 正确选用试验用试剂 | 5 | 选错一种扣1分,扣完5分为止 | | |
| | 光度法的基本原理 | 2 | 了解每步的作用 | | |
| | 分光光度计的正确使用 | 4 | 无操作错误 | | |
| | 校准曲线的使用 | 4 | 会用即可得分 | | |
| | 数据的运算和修约 | 8 | 依据公式正确计算和取值 | | |
| | 根据相关标准判定结果 | 4 | 根据标准判定结果 | | |
| 设备养护和安全实验 | 测后玻璃仪器的处理 | 3 | 正确清洗可用作下次试验 | | |
| | 检测过程出现小故障的应急处理 | 2 | 出现小故障能够正确处理 | | |
| | 分光光度计的正确整理和安放 | 2 | 放回原位,保持清洁 | | |
| | 比色皿的清洗 | 2 | 透明无附着物 | | |
| | 试验中各种电器的安全使用 | 2 | 无错误操作 | | |
| | 通风柜的正确使用 | 2 | 合适的时间使用 | | |
| | 试验后废液废渣的处理 | 5 | 做到安全、无污染或可二次利用 | | |
| | 实验过程中防护品的正确使用 | 2 | 做好必要的安全防护即可 | | |
| 质量、安全、工艺纪律、文明生产等综合考核项目 | 考核时限 | 不限 | 每超时5分钟,扣10分 | | |
| | 工艺纪律 | 不限 | 依据企业有关工艺纪律管理规定执行,每违反一次扣10分 | | |
| | 劳动保护 | 不限 | 依据企业有关劳动保护管理规定执行,每违反一次扣10分 | | |
| | 文明生产 | 不限 | 依据企业有关文明生产管理规定执行,每违反一次扣10分 | | |
| | 安全生产 | 不限 | 依据企业有关安全生产管理规定执行,每违反一次扣10分 | | |

## 职业技能鉴定技能考核制件(内容)分析

| 职业名称 | 化学检验工 |
|---|---|
| 考核等级 | 初级工 |
| 试题名称 | 钢铁中硅含量的测定 |
| 职业标准依据 | 国家职业标准 |

试题中鉴定项目及鉴定要素的分析与确定

| 分析事项 \ 鉴定项目分类 | 基本技能"D" | 专业技能"E" | 相关技能"F" | 合计 | 数量与占比说明 |
|---|---|---|---|---|---|
| 鉴定项目总数 | 3 | 4 | 2 | 9 | |
| 选取的鉴定项目数量 | 2 | 3 | 2 | 7 | 检验项目中的002必选 |
| 选取的鉴定项目数量占比 | 67% | 75% | 100% | 78% | |
| 对应选取鉴定项目所包含的鉴定要素总数 | 8 | 25 | 10 | 43 | |
| 选取的鉴定要素数量 | 6 | 15 | 7 | 28 | 分析方法只选相关的两个鉴定要素 |
| 选取的鉴定要素数量占比 | 75% | 60% | 60% | 63% | |

所选取鉴定项目及相应鉴定要素分解与说明

| 鉴定项目类别 | 鉴定项目名称 | 国家职业标准规定比重(%) | 《框架》中鉴定要素名称 | 本命题中具体鉴定要素分解 | 配分 | 评分标准 | 考核难点说明 |
|---|---|---|---|---|---|---|---|
| D | 了解检验方案和工作准备 | 20 | 001选择被测样品的分析标准、002选择分析方法、003选择分析仪器 | 选择分析标准 | 4 | 标准正确即得分 | |
| | | | | 选择分析方法 | 3 | 选择方法正确得分 | |
| | | | | 选择分析仪器 | 3 | 仪器选用正确得分 | |
| | | | 002读懂检验装置示意图、003正确制备各种形态固体样品、004正确填写样品标签和采样记录 | 能够读懂检验装置示意图 | 3 | 实验过程熟悉装置的使用 | |
| | | | | 正确取样 | 4 | 安全取样且能够用来检测即可得分 | |
| | | | | 正确填写样品标签和采样记录 | 3 | 有序,不混乱即可得分 | |
| E | 检验项目(低合金钢)、分析方法和数据处理 | 60 | 检验项目:002 Si、Mn、P、Cu、Cr、Ni、Mo元素(任选其一)检测、003样品的加工、004器皿的正确使用、005化学试剂的选用、006样品的溶解方法、007仪器的正确操作、008化学分析过程各种现象的判别、010标准溶液的配制和选用 | 样品的加工 | 2 | 安全、可用 | |
| | | | | 正确选用试验用玻璃仪器(移液管、容量瓶等) | 2 | 错一项扣0.5分,扣完2分为止 | |
| | | | | 正确操作玻璃仪器 | 5 | 错一次扣0.5分,扣完5分为止 | |
| | | | | 样品溶解 | 4 | 溶解完全即可得分 | 时间和温度的控制 |
| | | | | 实验过程各种现象的判别(如试样溶解终点,显色反应等) | 6 | 能够回答考官随机提出的问题 | 对实验原理完全掌握 |
| | | | | 标准溶液的选用 | 2 | 选对即得分 | |
| | | | | 标准溶液的配制 | 3 | 达到所需浓度得分 | |
| | | | | 正确选用试验用试剂 | 5 | 选错一种扣1分,扣完5分为止 | 掌握试验用各种试剂 |

续上表

| 鉴定项目类别 | 鉴定项目名称 | 国家职业标准规定比重(%) | 《框架》中鉴定要素名称 | 本命题中具体鉴定要素分解 | 配分 | 评分标准 | 考核难点说明 |
|---|---|---|---|---|---|---|---|
| E | 检验项目(低合金钢)、分析方法和数据处理 | | 分析方法:003 分光光度法分析、004 光度法相关理论知识 | 光度法的基本原理 | 2 | 了解每步的作用 | |
| | | | | 分光光度计的正确使用 | 4 | 无操作错误 | |
| | | | 数据处理:001 数据的正确修约和运算、002 校准曲线的正确运用、005 极限值判定方法 | 校准曲线的使用 | 4 | 会用即可得分 | |
| | | | | 数据的运算和修约 | 8 | 依据公式正确计算和取值 | 理解公式 |
| | | | | 根据相关标准判定结果 | 4 | 根据标准判定结果 | |
| F | 设备养护和安全实验 | 20 | 设备养护:001 正确保养、维护仪器设备、002 及时发现设备故障、003 常见故障现象 | 测后玻璃仪器的处理 | 3 | 正确清洗可用作下次试验 | |
| | | | | 检测过程出现小故障的应急处理 | 2 | 出现小故障能够正确处理 | |
| | | | | 分光光度计的正确整理和安放 | 2 | 放回原位,保持清洁 | |
| | | | | 比色皿的清洗 | 2 | 透明无附着物 | |
| | | | 安全实验:003 各种电器的安全使用、004 正确使用通风柜、005 废液、废渣处理、006 防护用品的正确使用 | 试验中各种电器的安全使用 | 2 | 无错误操作 | |
| | | | | 通风柜的正确使用 | 2 | 合适的时间使用 | |
| | | | | 试验后废液废渣的处理 | 5 | 做到安全、无污染或可二次利用 | 掌握化学试剂的处理方法 |
| | | | | 实验过程中防护品的正确使用 | 2 | 做好必要的安全防护即可 | |
| 质量、安全、工艺纪律、文明生产等综合考核项目 | | | | 考核时限 | 不限 | 每超时 5 分钟,扣 10 分 | |
| | | | | 工艺纪律 | 不限 | 依据企业有关工艺纪律管理规定执行,每违反一次扣 10 分 | |
| | | | | 劳动保护 | 不限 | 依据企业有关劳动保护管理规定执行,每违反一次扣 10 分 | |
| | | | | 文明生产 | 不限 | 依据企业有关文明生产管理规定执行,每违反一次扣 10 分 | |
| | | | | 安全生产 | 不限 | 依据企业有关安全生产管理规定执行,每违反一次扣 10 分 | |

# 化学检验工(中级工)技能操作考核框架

## 一、框架说明

1. 依据《国家职业标准》注，以及中国北车确定的“岗位个性服从于职业共性的原则”，提出化学检验工(中级工)技能操作考核框架(以下简称：技能考核框架)。

2. 本职业等级技能操作考核评分采用百分制。即：满分为 100 分，60 分为及格，低于 60 分为不及格。

3. 实施“技能考核框架”时，考核制件(活动)命题可以选用本企业的加工件(活动项目)，也可以结合实际另外组织命题。

4. 实施“技能考核框架”时，考核的时间和场地条件等应依据《国家职业标准》，并结合企业实际确定。

5. 实施“技能考核框架”时，其“职业功能”的分类按以下要求确定：

(1)“检测与测定”、“测后工作”属于本职业等级技能操作的核心职业活动，其“项目代码”为“E”。

(2)“工作准备”、“设备养护”、“安全实验”属于本职业等级技能操作的辅助性活动，其“项目代码”分别为“D”和“F”。

6. 实施“技能考核框架”时，其“鉴定项目”和“选考数量”按以下要求确定：

(1)按照《国家职业标准》有关技能操作鉴定比重的要求，本职业等级技能操作考核制件的“鉴定项目”应按“D”+“E”+“F”组合，其考核配分比例相应为“D”占 20 分，“E”占 64 分(其中：鉴定与测定 50 分，测后工作 14 分)，“F”占 16 分(其中：设备养护 10 分，安全实验 6 分)。

(2)依据中国北车确定的“核心职业活动选取 2/3，并向上取整”的规定，在“E”类鉴定项目——“检测与测定”和“测后工作”的全部 4 项中，至少选取 3 项。

(3)依据中国北车确定的“其余‘鉴定项目’的数量可以任选”的规定，“D”和 “F”类鉴定项目——“工作准备”、“设备养护”、“安全实验”中，至少分别选取 1 项。

(4)依据中国北车确定的“其余‘选考数量’时，所涉及‘鉴定要素’的数量占比，应不低于对应‘鉴定项目’范围内‘鉴定要素’总数的 60%，并向上取整”的规定，考核制件的鉴定要素“选考数量”应按以下要求确定：

①在“D”类“鉴定项目”中，在已选定的 1 个或全部鉴定项目中，至少选取已选鉴定项目所对应的全部鉴定要素的 60%项，并向上保留整数。

②在“E”类“鉴定项目”中，在已选的 3 个鉴定项目所包含的全部鉴定要素中，至少选取总数的 60%项，并向上保留整数。

③在“F”类“鉴定项目”中，对应“设备养护”的 4 个鉴定要素，至少选取 3 项；对应“安全实验”的 4 个鉴定要素，至少选取 3 项。

举例分析：

按照上述“第 6 条”要求，若命题时按最少数量选取，即：在“D”类鉴定项目中选取了“样品交接”和“准备工作”2 项，在“E”类鉴定项目中选取了“项目检验(低合金钢、高合金钢)”、“分析方法”、“数据处理”3 项，在“F”类鉴定项目中分别选取了“设备仪器保养与维修”和“实验室及人员安全”2 项，则：

此考核制件所涉及的“鉴定项目”总数为 7 项，具体包括：“样品交接”、“准备工作”、“项目检验(低合金钢、高合金钢)”、“分析方法”、“数据处理”、“设备仪器保养与维修”和“实验室及人员安全”；

此考核制件所涉及的鉴定要素“选考数量”相应为 31 项，具体包括：“样品交接”鉴定项目包含的全部 4 个鉴定要素中的 3 项，“准备工作”鉴定项目包含的全部 5 个鉴定要素中的 4 项，“项目检验(低合金钢)”、“分析方法”、“数据处理”3 个鉴定项目包括的 27 个鉴定要素中的 18 项，“设备养护”鉴定项目的全部 4 个鉴定要素中的 3 项，“安全实验”鉴定项目中包含的全部 4 个鉴定要素中的 3 项。

7. 本职业等级技能操作需要两人及以上共同作业的，可由鉴定组织机构根据“必要、辅助”的原则，结合实际情况确定协助人员的数量。在整个操作过程中，协助人员只能起必要、简单的辅助作用。否则，每违反一次，至少扣减应考者的技能考核总成绩 10 分，直至取消其考试资格。

8. 实施“技能考核框架”时，应同时对应考者在质量、安全、工艺纪律、文明生产等方面行为进行考核。对于在技能操作考核过程中出项的违章作业现象，每违反一项(次)至少扣减技能考核总成绩 10 分，直至取消其考试资格。

注：按照中国北车规定，各《职业技能操作考核框架》的编制依据现行的《国家职业标准》或现行的《行业职业标准》或现行的《中国北车职业标准》的顺序执行。

## 二、化学检验工(中级工)技能操作鉴定要素细目表

| 职业功能 | 鉴定项目 | | | | 鉴定要素 | | |
|---|---|---|---|---|---|---|---|
| | 项目代码 | 名称 | 鉴定比重(%) | 选考方式 | 要素代码 | 名　称 | 重要程度 |
| 工作准备 | D | 样品交接 | 20 | 任选 | 001 | 认真的进行样品交接 | Y |
| | | | | | 002 | 填写检验登记表 | X |
| | | | | | 003 | 查验样品 | X |
| | | | | | 004 | 按规定贮存样品 | X |
| | | 明确检验方案 | | | 001 | 读懂复杂的检测方法、标准和操作规范 | X |
| | | | | | 002 | 读懂较复杂的实验装置示意图 | X |
| | | | | | 003 | 分析操作的一般程序 | X |
| | | | | | 004 | 各检验类别的相关基本知识 | X |
| | | 准备工作 | | | 001 | 明确采样方案中的各项规定 | X |
| | | | | | 002 | 准备试验用水、溶液 | X |
| | | | | | 003 | 检验实验用水 | X |
| | | | | | 004 | 正确选用专用仪器设备 | X |
| | | | | | 005 | 各种辅助设备的调试 | X |

续上表

| 职业功能 | 鉴定项目 | | | | 鉴定要素 | | |
|---|---|---|---|---|---|---|---|
| | 项目代码 | 名称 | 鉴定比重(%) | 选考方式 | 要素代码 | 名　称 | 重要程度 |
| 检测与测定 | E | 检验项目(低合金钢、高合金钢) | 40 | 必选 | 001 | C、S 元素检测 | X |
| | | | | | 002 | O、N 元素检测 | X |
| | | | | | 003 | Si、Mn、P、Cu、Cr、Ni、Mo 元素(任选其一)检测 | X |
| | | | | | 004 | 样品的加工 | X |
| | | | | | 005 | 器皿的正确使用 | X |
| | | | | | 006 | 化学试剂的选用 | X |
| | | | | | 007 | 样品的溶解方法 | X |
| | | | | | 008 | 仪器的正确操作 | X |
| | | | | | 009 | 化学分析过程各种现象的判别 | X |
| | | | | | 010 | 标准样品的正确选择 | X |
| | | 分析方法 | 10 | | 001 | 光谱分析 | X |
| | | | | | 002 | 光谱理论知识 | X |
| | | | | | 003 | 分光光度法分析 | X |
| | | | | | 004 | 光度法相关理论知识 | X |
| | | | | | 005 | 重量法分析 | X |
| | | | | | 006 | 重量变化过程分析 | X |
| | | | | | 007 | 滴定法分析 | X |
| | | | | | 008 | 滴定过程的现象分析 | X |
| 测后工作 | | 数据处理 | 14 | 至少选择1项 | 001 | 计算校正系数 | X |
| | | | | | 002 | 校正测定结果,消除系统误差 | Y |
| | | | | | 003 | 结果可疑值的处理 | X |
| | | | | | 004 | $Q$ 值检验法的运用 | X |
| | | | | | 005 | 格鲁布斯法的运用 | X |
| | | 校核原始记录 | | | 001 | 校核他人原始记录 | X |
| | | | | | 002 | 验证检验方法 | X |
| | | | | | 003 | 检验报告的完整填写 | X |
| | | | | | 004 | 检验误差产生原因 | X |
| 设备养护 | F | 设备仪器检修 | 10 | 必选 | 001 | 正确保养、维护仪器设备 | X |
| | | | | | 002 | 及时发现设备故障 | Z |
| | | | | | 003 | 排除简单故障 | X |
| | | | | | 004 | 常见故障判定 | X |
| 安全实验 | | 安全事故的处理 | 6 | 必选 | 001 | 突发安全事故处理 | X |
| | | | | | 002 | 人员急救 | X |
| | | | | | 003 | 各种电器的安全使用 | X |
| | | | | | 004 | 防护用品的正确使用 | Y |

# 化学检验工(中级工)技能操作考核样题与分析

职业名称：____________________

考核等级：____________________

存档编号：____________________

考核站名称：____________________

鉴定责任人：____________________

命题责任人：____________________

主管负责人：____________________

中国北车股份有限公司劳动工资部制

## 职业技能鉴定技能操作考核制件图示或内容

<table>
<tr><td colspan="2">

不锈钢化学成分分析

认真进行样品交接(2′)<br>
填写检验登记表(3′)<br>
查验样品(3′)<br>
准备实验用水、溶液(3′)<br>
检验实验用水(2′)<br>
正确选用准用仪器设备(2′)<br>
辅助设备调试(净化器气压,通风橱的使用等)(5′)

按标准明确所需检验元素(4′)<br>
CS 检测样品的加工(2′)<br>
ICP 化学分析样品的加工(2′)<br>
溶样混合酸的选取和配制(4′)<br>
样品溶解(4′)<br>
实验过程各种现象的判别(如试样溶解终点,黑色沉淀的产生及消除等)(6′)<br>
溶液的正确定容(冷却至室温、多次冲洗等)(6′)<br>
标准样品的正确选择(4′)<br>
ICP 光谱仪的正确操作(5′)<br>
CS 仪的正确操作(5′)<br>
光谱分析的基本原理(2′)<br>
标准曲线的使用(4′)<br>
校正测定结果,消除系统误差(8′)<br>
结果可疑值的处理(4′)

测后玻璃仪器的处理(2′)<br>
测后 ICP 内部管道的冲洗(2′)<br>
仪器参数的调试(4′)<br>
检测过程出现小故障的应急处理(4′)<br>
试验中各种电器的安全使用(2′)<br>
实验过程中防护品的正确使用(2′)

</td></tr>
</table>

| 职业名称 | 化学检验工 |
|---|---|
| 考核等级 | 中级工 |
| 试题名称 | 不锈钢化学成分分析 |
| 材质等信息 | |

**职业技能鉴定技能操作考核准备单**

| 职业名称 | 化学检验工 |
|---|---|
| 考核等级 | 中级工 |
| 试题名称 | 不锈钢化学成分分析 |

## 一、材料准备

1. 材料规格
2. 坯件尺寸

## 二、设备、工、量、卡具准备清单

| 序号 | 名称 | 规格 | 数量 | 备注 |
|---|---|---|---|---|
| 1 | ICP 化学分析仪 | 根据不同单位自选 | 1 | |
| 2 | CS 分析仪 | 根据不同单位自选 | 1 | |
| 3 | 高温炉 | 根据不同单位自选 | 1 | |
| 4 | 天平 | 根据不同单位自选 | 1 | |
| 5 | 切割机 | 根据不同单位自选 | 1 | |
| 6 | 容量瓶 | 根据不同单位自选 | 若干 | |
| 7 | 钳子 | 根据不同单位自选 | 1 | |

## 三、考场准备

1. 相应的公用设备、设备与器具的润滑与冷却等
2. 相应的场地及安全防范措施
3. 其他准备

## 四、考核内容及要求

1. 考核内容(按考核制件图示及要求制作)
2. 考核时限:90 分钟
3. 考核评分(表)

| 职业名称 | 化学检验工 | 考核等级 | 中级工 | | |
|---|---|---|---|---|---|
| 试题名称 | 不锈钢化学成分分析 | 考核时限 | 90 分钟 | | |
| 鉴定项目 | 考核内容 | 配分 | 评分标准 | 扣分说明 | 得分 |
| 样品交接和工作准备 | 认真进行样品交接 | 2 | 无损坏,能识别即可 | | |
| | 填写检验登记表 | 3 | 正确、规范 | | |
| | 查验样品 | 3 | 可用即可 | | |
| | 正确选用专用仪器设备 | 2 | 选对即可得分 | | |

续上表

| 鉴定项目 | 考核内容 | 配分 | 评分标准 | 扣分说明 | 得分 |
|---|---|---|---|---|---|
| 样品交接和工作准备 | 辅助设备调试(净化器气压,通风橱的使用等) | 5 | 每错一步扣1分,直至5分扣完 | | |
| | 准备实验用水、溶液 | 4 | 纯度和量 | | |
| | 检验实验用水 | 3 | 会检验即可得分 | | |
| 检验项目(低合金钢、高合金钢)、分析方法和数据处理 | 按标准明确所需检验元素 | 4 | 错一项扣0.5分,扣完4分为止 | | |
| | CS检测样品的加工 | 2 | 安全、可用 | | |
| | ICP化学分析样品的加工 | 2 | 安全、可用 | | |
| | 溶样混合酸的选取和配制 | 4 | 能够快速完全溶解式样 | | |
| | 样品溶解 | 4 | 溶解完全即可得分 | | |
| | 实验过程各种现象的判别(如试样溶解终点,黑色沉淀的产生及消除等) | 6 | 选对即得分 | | |
| | 溶液的正确定容 | 6 | 冷却至室温、多次冲洗等 | | |
| | 标准样品的正确选择 | 4 | 选对即得分 | | |
| | ICP光谱仪的正确操作 | 5 | 了解每步的作用 | | |
| | CS仪的正确操作 | 5 | 无操作错误 | | |
| | 光谱分析的基本原理 | 2 | 能回答考官的相关提问 | | |
| | 校准曲线的使用 | 4 | 会用即可得分 | | |
| | 校正测定结果,消除系统误差 | 8 | 依据公式正确计算和取值 | | |
| | 结果可疑值的处理 | 4 | 根据标准判定结果 | | |
| 设备仪器检修和安全事故的处理 | 测后玻璃仪器的处理 | 2 | 正确清洗可用作下次试验 | | |
| | 仪器参数的调试 | 4 | 可用 | | |
| | 测后ICP内部管道的冲洗 | 2 | 冲净管道内溶液 | | |
| | 检测过程出现小故障的应急处理 | 4 | 出现小故障能够正确处理 | | |
| | 试验中各种电器的安全使用 | 2 | 无错误操作 | | |
| | 实验过程中防护品的正确使用 | 2 | 做好必要的安全防护即可 | | |
| 质量、安全、工艺纪律、文明生产等综合考核项目 | 考核时限 | 不限 | 每超时5分钟,扣10分 | | |
| | 工艺纪律 | 不限 | 依据企业有关工艺纪律管理规定执行,每违反一次扣10分 | | |
| | 劳动保护 | 不限 | 依据企业有关劳动保护管理规定执行,每违反一次扣10分 | | |
| | 文明生产 | 不限 | 依据企业有关文明生产管理规定执行,每违反一次扣10分 | | |
| | 安全生产 | 不限 | 依据企业有关安全生产管理规定执行,每违反一次扣10分 | | |

## 职业技能鉴定技能考核制件(内容)分析

| 职业名称 | 化学检验工 | | | | |
|---|---|---|---|---|---|
| 考核等级 | 中级工 | | | | |
| 试题名称 | 不锈钢化学成分分析 | | | | |
| 职业标准依据 | 国家职业标准 | | | | |
| 试题中鉴定项目及鉴定要素的分析与确定 | | | | | |
| 分析事项 \ 鉴定项目分类 | 基本技能“D” | 专业技能“E” | 相关技能“F” | 合计 | 数量与占比说明 |
| 鉴定项目总数 | 3 | 4 | 2 | 9 | |
| 选取的鉴定项目数量 | 2 | 3 | 2 | 7 | 检验项目中003必选 |
| 选取的鉴定项目数量占比 | 67% | 75% | 100% | 78% | |
| 对应选取鉴定项目所包含的鉴定要素总数 | 9 | 23 | 8 | 40 | |
| 选取的鉴定要素数量 | 6 | 14 | 6 | 26 | 分析方法只选相关的两个鉴定要素 |
| 选取的鉴定要素数量占比 | 67% | 60% | 75% | 65% | |

所选取鉴定项目及相应鉴定要素分解与说明

| 鉴定项目类别 | 鉴定项目名称 | 国家职业标准规定比重(%) | 《框架》中鉴定要素名称 | 本命题中具体鉴定要素分解 | 配分 | 评分标准 | 考核难点说明 |
|---|---|---|---|---|---|---|---|
| D | 样品交接和工作准备 | 20 | 001认真的进行样品交接、002填写检验登记表、003查验样品 | 认真进行样品交接 | 2 | 无损坏,能识别即可 | |
| | | | | 填写检验登记表 | 3 | 正确、规范 | |
| | | | | 查验样品 | 3 | 可用即可 | |
| | | | 002准备试验用水、溶液、003检验实验用水、004正确选用专用仪器设备、005各种辅助设备的调试 | 正确选用专用仪器设备 | 2 | 选对即可得分 | |
| | | | | 辅助设备调试(净化器气压,通风橱的使用等) | 5 | 每错一步扣1分,直至5分扣完 | 熟悉配套设备 |
| | | | | 准备实验用水、溶液 | 4 | 纯度和量 | |
| | | | | 检验实验用水 | 3 | 会检验即可得分 | |
| E | 检验项目(低合金钢、高合金钢)、分析方法和数据处理 | 64 | 检验项目:001 C、S元素检测、003 Si、Mn、P、Cu、Cr、Ni、Mo元素(任选其一)检测、004样品的加工、005器皿的正确使用、006化学试剂的选用、007样品的溶解方法、008仪器的正确操作、010标准样品的正确选择 | 按标准明确所需检验元素 | 4 | 错一项扣0.5分,扣完4分为止 | |
| | | | | CS检测样品的加工 | 2 | 安全、可用 | |
| | | | | ICP化学分析样品的加工 | 2 | 安全、可用 | |
| | | | | 溶样混合酸的选取和配制 | 4 | 能够快速完全溶解式样 | |
| | | | | 样品溶解 | 4 | 溶解完全即可得分 | 时间和温度的控制 |
| | | | | 实验过程各种现象的判别(如试样溶解终点,黑色沉淀的产生及消除等) | 6 | 选对即得分 | 对实验原理完全掌握 |
| | | | | 溶液的正确定容 | 6 | 冷却至室温、多次冲洗等 | 熟练的化学仪器操作技能 |
| | | | | 标准样品的正确选择 | 4 | 选对即得分 | |

续上表

| 鉴定项目类别 | 鉴定项目名称 | 国家职业标准规定比重(%) | 《框架》中鉴定要素名称 | 本命题中具体鉴定要素分解 | 配分 | 评分标准 | 考核难点说明 |
|---|---|---|---|---|---|---|---|
| E | 检验项目(低合金钢、高合金钢)、分析方法和数据处理 | | 分析方法:001 光谱分析、002 光谱理论知识 | ICP 光谱仪的正确操作 | 5 | 了解每步的作用 | |
| | | | | CS 仪的正确操作 | 5 | 无操作错误 | |
| | | | | 光谱分析的基本原理 | 2 | 能回答考官的相关提问 | |
| | | | 数据处理:001 计算校正系数、002 校正测定结果,消除系统误差、003,结果可疑值的处理 | 校准曲线的使用 | 4 | 会用即可得分 | |
| | | | | 校正测定结果,消除系统误差 | 8 | 依据公式正确计算和取值 | 理解公式 |
| | | | | 结果可疑值的处理 | 4 | 根据标准判定结果 | |
| F | 设备仪器检修和安全事故的处理 | 16 | 设备仪器检修:001 正确保养、维护仪器设备、002 及时发现设备故障、003 排除简单故障 | 测后玻璃仪器的处理 | 2 | 正确清洗可用作下次试验 | |
| | | | | 仪器参数的调试 | 4 | 可用 | |
| | | | | 测后 ICP 内部管道的冲洗 | 2 | 冲净管道内溶液 | |
| | | | | 检测过程出现小故障的应急处理 | 4 | 出现小故障能够正确处理 | |
| | | | 安全事故的处理:001 突发安全事故处理、003 各种电器的安全使用、004 防护用品的正确使用 | 试验中各种电器的安全使用 | 2 | 无错误操作 | |
| | | | | 实验过程中防护品的正确使用 | 2 | 做好必要的安全防护即可 | |
| 质量、安全、工艺纪律、文明生产等综合考核项目 | | | | 考核时限 | 不限 | 每超时 5 分钟,扣 10 分 | |
| | | | | 工艺纪律 | 不限 | 依据企业有关工艺纪律管理规定执行,每违反一次扣 10 分 | |
| | | | | 劳动保护 | 不限 | 依据企业有关劳动保护管理规定执行,每违反一次扣 10 分 | |
| | | | | 文明生产 | 不限 | 依据企业有关文明生产管理规定执行,每违反一次扣 10 分 | |
| | | | | 安全生产 | 不限 | 依据企业有关安全生产管理规定执行,每违反一次扣 10 分 | |

# 化学检验工(高级工)技能操作考核框架

## 一、框架说明

1. 依据《国家职业标准》注,以及中国北车确定的"岗位个性服从于职业共性的原则",提出化学检验工(高级工)技能操作考核框架(以下简称:技能考核框架)。

2. 本职业等级技能操作考核评分采用百分制。即:满分为 100 分,60 分为及格,低于 60 分为不及格。

3. 实施"技能考核框架"时,考核制件(活动)命题可以选用本企业的加工件(活动项目),也可以结合实际另外组织命题。

4. 实施"技能考核框架"时,考核的时间和场地条件等应依据《国家职业标准》,并结合企业实际确定。

5. 实施"技能考核框架"时,其"职业功能"的分类按以下要求确定:

(1)"检测与测定"、"测后工作"属于本职业等级技能操作的核心职业活动,其"项目代码"为"E"。

(2)"工作准备"、"检验仪器设备"、"技术管理与创新"、"培训与指导"属于本职业等级技能操作的辅助性活动,其"项目代码"分别为"D"和"F"。

6. 实施"技能考核框架"时,其"鉴定项目"和"选考数量"按以下要求确定:

(1)按照《国家职业标准》有关技能操作鉴定比重的要求,本职业等级技能操作考核制件的"鉴定项目"应按"D"+"E"+"F"组合,其考核配分比例相应为"D"占 20 分,"E"占 63 分(其中:鉴定与测定 55 分,测后工作 8 分),"F"占 17 分(其中:检验仪器设备 12 分,技术管理与创新 5 分)。

(2)依据中国北车确定的"核心职业活动选取 2/3,并向上取整"的规定,在"E"类鉴定项目——"检测与测定"和"测后工作"的全部 3 项中,至少选取 2 项。

(3)依据中国北车确定的"其余'鉴定项目'的数量可以任选"的规定,"D"和 "F"类鉴定项目——"工作准备"、"检验仪器设备"、"技术管理与创新"中,至少分别选取 1 项。

(4)依据中国北车确定的"其余'选考数量'时,所涉及'鉴定要素'的数量占比,应不低于对应'鉴定项目'范围内'鉴定要素'总数的 60%,并向上取整"的规定,考核制件的鉴定要素"选考数量"应按以下要求确定:

①在"D"类"鉴定项目"中,在已选定的 1 个或全部鉴定项目中,至少选取已选鉴定项目所对应的全部鉴定要素的 60%项,并向上保留整数。

②在"E"类"鉴定项目"中,在已选的 2 个鉴定项目所包含的全部鉴定要素中,至少选取总数的 60%项,并向上保留整数。

③在"F"类"鉴定项目"中,对应"检验仪器设备"的 8 个鉴定要素,至少选取 6 项;对应"技术管理与创新"的 4 个鉴定要素,至少选取 3 项。

举例分析：

按照上述“第6条”要求，若命题时按最少数量选取，即：在“D”类鉴定项目中选取了“样品交接”和“准备工作”2项，在“E”类鉴定项目中选取了“项目检验(低合金钢、高合金钢及铝合金)”、“分析方法”2项，在“F”类鉴定项目中分别选取了“安装调试验收设备”和“排除仪器故障”2项，则：

此考核制件所涉及的“鉴定项目”总数为7项，具体包括：“样品交接”、“准备工作”、“项目检验(低合金钢、高合金钢及铝合金)”、“分析方法”、“数据处理”、“安装调试验收设备”和“排除仪器故障”；

此考核制件所涉及的鉴定要素“选考数量”相应为24项，具体包括：“样品交接”鉴定项目包含的全部3个鉴定要素中的2项，“准备工作”鉴定项目包含的全部6个鉴定要素中的4项，“项目检验(低合金钢、高合金钢和铝合金)”、“分析方法”2个鉴定项目包括的19个鉴定要素中的13项，“排除仪器故障”鉴定项目的全部3个鉴定要素中的2项，“技术管理与创新”鉴定项目中包含的全部4个鉴定要素中的3项。

7. 本职业等级技能操作需要两人及以上共同作业的，可由鉴定组织机构根据“必要、辅助”的原则，结合实际情况确定协助人员的数量。在整个操作过程中，协助人员只能起必要、简单的辅助作用。否则，每违反一次，至少扣减应考者的技能考核总成绩10分，直至取消其考试资格。

8. 实施“技能考核框架”时，应同时对应考者在质量、安全、工艺纪律、文明生产等方面行为进行考核。对于在技能操作考核过程中出项的违章作业现象，每违反一项(次)至少扣减技能考核总成绩10分，直至取消其考试资格。

注：按照中国北车规定，各《职业技能操作考核框架》的编制依据现行的《国家职业标准》或现行的《行业职业标准》或现行的《中国北车职业标准》的顺序执行。

## 二、化学检验工(高级工)技能操作鉴定要素细目表

| 职业功能 | 鉴定项目 | | | | 鉴定要素 | | |
|---|---|---|---|---|---|---|---|
| | 项目代码 | 名称 | 鉴定比重(%) | 选考方式 | 要素代码 | 名称 | 重要程度 |
| 工作准备 | D | 样品交接 | 20 | 任选 | 001 | 全面了解产品质量方面有关问题 | Y |
| | | | | | 002 | 正确回答样品交接中出现的疑难问题 | Y |
| | | | | | 003 | 查验样品 | X |
| | | 了解检验方案 | | | 001 | 读懂复杂的检测方法、标准和操作规范 | X |
| | | | | | 002 | 读懂较复杂的实验装置示意图 | X |
| | | | | | 003 | 分析操作的一般程序 | X |
| | | | | | 004 | 各检验类别的相关基本知识 | X |
| | | 准备工作 | | | 001 | 明确采样方案中的各项规定 | X |
| | | | | | 002 | 准备实验用水、溶液 | X |
| | | | | | 003 | 准备仪器设备 | X |
| | | | | | 004 | 操作计算机 | X |
| | | | | | 005 | 设计检验记录表格 | X |
| | | | | | 006 | 各种辅助设备的使用 | X |

续上表

| 职业功能 | 鉴定项目 | | | | 鉴定要素 | | |
|---|---|---|---|---|---|---|---|
| | 项目代码 | 名称 | 鉴定比重(%) | 选考方式 | 要素代码 | 名 称 | 重要程度 |
| 检测与测定 | E | 检验项目(低合金钢、高合金钢和铝合金) | 45 | 必选 | 001 | C、S元素检测 | X |
| | | | | | 002 | O、N元素检测 | X |
| | | | | | 003 | Si、Mn、P、Cu、Cr、Ni、Mo元素(任选其一)检测 | X |
| | | | | | 004 | Fe、Mg、Zn、Al、Ti、V、Zr元素(任选其一)检测 | X |
| | | | | | 005 | 样品的加工 | X |
| | | | | | 006 | 器皿的正确使用 | Y |
| | | | | | 007 | 化学试剂的选用 | X |
| | | | | | 008 | 样品的溶解方法 | X |
| | | | | | 009 | 仪器的正确操作 | X |
| | | | | | 010 | 化学分析过程各种现象的判别 | X |
| | | | | | 011 | 标准样品的正确选择 | X |
| | | 分析方法 | 10 | | 001 | 光谱分析 | X |
| | | | | | 002 | 光谱理论知识 | X |
| | | | | | 003 | 分光光度法分析 | X |
| | | | | | 004 | 光度法相关理论知识 | X |
| | | | | | 005 | 重量法分析 | X |
| | | | | | 006 | 重量变化过程分析 | X |
| | | | | | 007 | 滴定法分析 | X |
| | | | | | 008 | 滴定过程的现象分析 | X |
| 测后工作 | | 审定检验报告 | 8 | 必选 | 001 | 填写内容与原始记录是否相符 | X |
| | | | | | 002 | 检验依据是否适用 | X |
| | | | | | 003 | 环境条件是否满足要求 | X |
| | | | | | 004 | 结论的判定是否正确 | Y |
| | | | | | 005 | 检验报告的要求 | X |
| 检验仪器设备 | F | 安装调试验收设备 | 12 | 任选 | 001 | 读懂工作原理及结构组成 | X |
| | | | | | 002 | 按规程安装、调试 | X |
| | | | | | 003 | 验证技术参数 | X |
| | | 排除仪器故障 | | | 001 | 仪器的故障检修方法 | Y |
| | | | | | 002 | 能检验出常用设备故障 | X |
| | | | | | 003 | 正确更换仪器的易耗件 | X |
| 技术管理与创新 | | 编写操作规程与改进检验装置 | 5 | 必选 | 001 | 制定一般仪器操作规程 | X |
| | | | | | 002 | 编写产品的检验操作规范 | X |
| | | | | | 003 | 掌握实验装置结构及作用 | X |
| | | | | | 004 | 改进试验装置 | X |

# 化学检验工（高级工）技能操作考核样题与分析

职业名称：________________

考核等级：________________

存档编号：________________

考核站名称：________________

鉴定责任人：________________

命题责任人：________________

主管负责人：________________

中国北车股份有限公司劳动工资部制

## 职业技能鉴定技能操作考核制件图示或内容

铝合金中 Zn 的测定(滴定法)

了解产品质量方面有关问题(2′)
正确回答交接中的问题(3′)
准备实验用水和溶液(5′)
准备仪器设备(3′)
设计检验记录表格(5′)
辅助设备的使用(2′)

样品加工(5′)
玻璃器皿的正确选用和操作(10′)(每出现一处错误扣 0.5′)
化学试剂的选用(6′)
不同浓度化学试剂的调配(6′)
溶样混合酸的选取和配制(4′)
样品溶解(4′)
实验过程各种现象的判别(8′)
标准样品的正确选择(4′)
填写内容与原始记录是否相符(4′)
检验依据是否合适(4′)
环境条件是否满足要求(4′)
结论的判定是否正确(4′)

测后玻璃仪器的处理(2′)
能检验出常用仪器的故障(2′)
仪器参数的调试(2′)
正确更换仪器的易耗件(2′)
制定一般仪器的操作规程(3′)
编写产品的检验操作规范(4′)
掌握实验装置结构和作用(2′)

| 职业名称 | 化学检验工 |
|---|---|
| 考核等级 | 高级工 |
| 试题名称 | 铝合金中 Zn 的测定 |
| 材质等信息 | |

**职业技能鉴定技能操作考核准备单**

| 职业名称 | 化学检验工 |
|---|---|
| 考核等级 | 高级工 |
| 试题名称 | 铝合金中 Zn 的测定 |

## 一、材料准备

1. 材料规格
2. 坯件尺寸

## 二、设备、工、量、卡具准备清单

| 序 号 | 名 称 | 规 格 | 数 量 | 备 注 |
|---|---|---|---|---|
| 1 | 滴定管 | 根据不同单位自选 | 若干 | |
| 2 | 容量瓶 | 根据不同单位自选 | 若干 | |
| 3 | 高温炉 | 根据不同单位自选 | 1 | |
| 4 | 天平 | 根据不同单位自选 | 1 | |
| 5 | 切割机 | 根据不同单位自选 | 1 | |

## 三、考场准备

1. 相应的公用设备、设备与器具的润滑与冷却等
2. 相应的场地及安全防范措施
3. 其他准备

## 四、考核内容及要求

1. 考核内容(按考核制件图示及要求制作)
2. 考核时限:90 分钟
3. 考核评分(表)

| 职业名称 | 化学检验工 | 考核等级 | 高级工 | | |
|---|---|---|---|---|---|
| 试题名称 | 铝合金中 Zn 的测定 | 考核时限 | 90 分钟 | | |
| 鉴定项目 | 考核内容 | 配分 | 评分标准 | 扣分说明 | 得分 |
| 样品交接和工作准备 | 了解产品质量方面有关问题 | 2 | 询问产品情况 | | |
| | 正确回答交接中的问题 | 3 | 答对一问即可得分 | | |
| | 准备实验用水和溶液 | 5 | 少一样重要溶液扣 0.5 分,直至扣完 5 分 | | |
| | 准备仪器设备 | 3 | 开机调试 | | |
| | 设计检验记录表格 | 3 | 有序,不混乱即可得分 | | |
| | 辅助设备的使用 | 2 | 开机调试 | | |

续上表

| 鉴定项目 | 考核内容 | 配分 | 评分标准 | 扣分说明 | 得分 |
|---|---|---|---|---|---|
| 检验项目(低合金钢、高合金钢和铝合金)、分析方法和审定检查报告 | 样品加工 | 5 | 错一项扣0.5分,扣完2分为止 | | |
| | 玻璃器皿的正确选用和操作 | 10 | 每出现一处错误扣0.5分 | | |
| | 化学试剂的选用 | 5 | 错一次扣0.5分,扣完5分为止 | | |
| | 样品溶解 | 4 | 溶解完全即可得分 | | |
| | 实验过程各种现象的判别 | 8 | 能够回答考官随机提出的问题 | | |
| | 标准样品的正确选择 | 4 | 选对即得分 | | |
| | 不同浓度化学试剂的调配 | 6 | 达到所需浓度得分 | | |
| | 溶样混合酸的选取和配制 | 4 | 配制正确得分 | | |
| | 滴定法分析 | 2 | 了解每步的作用 | | |
| | 滴定过程操作 | 2 | 无操作错误 | | |
| | 填写内容与原始记录是否相符 | 4 | 最终内容和记录正确即得分 | | |
| | 环境条件是否满足要求 | 4 | 满足实验要求 | | |
| | 检验依据是否合适 | 2 | 依据正确即得分 | | |
| | 结论的判定是否正确 | 2 | 结论正确即得分 | | |
| 排除仪器故障和技术管理与创新 | 测后玻璃仪器的处理 | 2 | 正确清洗可用作下次试验 | | |
| | 能检验出常用仪器的故障 | 2 | 出现小故障能够正确处理 | | |
| | 仪器参数的调试 | 2 | 可用于实验 | | |
| | 正确更换仪器的易耗件 | 2 | 操作正确 | | |
| | 制定一般仪器的操作规程 | 3 | 主要步骤需体现 | | |
| | 编写产品的检验操作规范 | 4 | 明确主要注意事项 | | |
| | 掌握实验装置结构和作用 | 2 | 理解即可 | | |
| | 实验过程中防护品的正确使用 | 2 | 做好必要的安全防护即可 | | |
| 质量、安全、工艺纪律、文明生产等综合考核项目 | 考核时限 | 不限 | 每超时5分钟,扣10分 | | |
| | 工艺纪律 | 不限 | 依据企业有关工艺纪律管理规定执行,每违反一次扣10分 | | |
| | 劳动保护 | 不限 | 依据企业有关劳动保护管理规定执行,每违反一次扣10分 | | |
| | 文明生产 | 不限 | 依据企业有关文明生产管理规定执行,每违反一次扣10分 | | |
| | 安全生产 | 不限 | 依据企业有关安全生产管理规定执行,每违反一次扣10分 | | |

## 职业技能鉴定技能考核制件(内容)分析

| 职业名称 | 化学检验工 | | | | |
|---|---|---|---|---|---|
| 考核等级 | 高级工 | | | | |
| 试题名称 | 铝合金中 Zn 的测定 | | | | |
| 职业标准依据 | 国家职业标准 | | | | |
| 试题中鉴定项目及鉴定要素的分析与确定 | | | | | |
| 鉴定项目分类<br>分析事项 | 基本技能“D” | 专业技能“E” | 相关技能“F” | 合计 | 数量与占比说明 |
| 鉴定项目总数 | 3 | 3 | 3 | 9 | |
| 选取的鉴定项目数量 | 2 | 3 | 2 | 7 | |
| 选取的鉴定项目数量占比 | 67% | 100% | 67% | 78% | |
| 对应选取鉴定项目所包含的鉴定要素总数 | 9 | 24 | 7 | 40 | |
| 选取的鉴定要素数量 | 6 | 15 | 5 | 26 | 分析方法只选相关的两个鉴定要素 |
| 选取的鉴定要素数量占比 | 67% | 63% | 70% | 65% | |

所选取鉴定项目及相应鉴定要素分解与说明

| 鉴定项目类别 | 鉴定项目名称 | 国家职业标准规定比重(%) | 《框架》中鉴定要素名称 | 本命题中具体鉴定要素分解 | 配分 | 评分标准 | 考核难点说明 |
|---|---|---|---|---|---|---|---|
| D | 样品交接和工作准备 | 20 | 001 全面了解产品质量方面有关问题、002 正确回答样品交接中出现的疑难问题 | 了解产品质量方面有关问题 | 2 | 询问产品情况 | 对实验过程的熟悉程度 |
| | | | | 正确回答交接中的问题 | 3 | 答对一问即可得分 | |
| | | | 002 准备实验用水、溶液、003 准备仪器设备、005 设计检验记录表格、006 各种辅助设备的使用 | 准备实验用水和溶液 | 5 | 少一样重要溶液扣 0.5 分,直至扣完 5 分 | |
| | | | | 准备仪器设备 | 3 | 开机调试 | |
| | | | | 设计检验记录表格 | 3 | 有序,不混乱即可得分 | |
| | | | | 辅助设备的使用 | 2 | 开机调试 | |
| E | 检验项目(低合金钢、高合金钢和铝合金)、分析方法和审定检查报告 | 63 | 检验项目:004 Fe、Mg、Zn、Al、Ti、V、Zr 元素(任选其一)检测、005 样品的加工、006 器皿的正确使用、007 化学试剂的选用、008 样品的溶解方法、009 仪器的正确操作、010 化学分析过程各种现象的判别 | 样品加工 | 5 | 错一项扣 0.5 分,扣完 2 分为止 | |
| | | | | 玻璃器皿的正确选用和操作 | 10 | 每出现一处错误扣 0.5 分 | |
| | | | | 化学试剂的选用 | 5 | 错一次扣 0.5 分,扣完 5 分为止 | |
| | | | | 样品溶解 | 4 | 溶解完全即可得分 | 时间和温度的控制 |
| | | | | 实验过程各种现象的判别 | 8 | 能够回答考官随机提出的问题 | 对实验原理完全掌握 |
| | | | | 标准样品的正确选择 | 4 | 选对即得分 | |
| | | | | 不同浓度化学试剂的调配 | 6 | 达到所需浓度得分 | |
| | | | | 溶样混合酸的选取和配制 | 4 | 配制正确得分 | |

续上表

| 鉴定项目类别 | 鉴定项目名称 | 国家职业标准规定比重(%) | 《框架》中鉴定要素名称 | 本命题中具体鉴定要素分解 | 配分 | 评分标准 | 考核难点说明 |
|---|---|---|---|---|---|---|---|
| E | 检验项目(低合金钢、高合金钢和铝合金)、分析方法和审定检查报告 | | 分析方法:007 滴定法分析、008 滴定过程的现象分析 | 滴定法分析 | 2 | 了解每步的作用 | |
| | | | | 滴定过程操作 | 2 | 无操作错误 | |
| | | | 审定检查报告:001 填写内容与原始记录是否相符、002 检验依据是否适用、003 环境条件是否满足要求,004 结论的判定是否正确 | 填写内容与原始记录是否相符 | 4 | 最终内容和记录正确即得分 | |
| | | | | 环境条件是否满足要求 | 4 | 满足实验要求 | |
| | | | | 检验依据是否合适 | 2 | 依据正确即得分 | |
| | | | | 结论的判定是否正确 | 2 | 结论正确即得分 | |
| F | 排除仪器故障和技术管理与创新 | 20 | 排除仪器故障:002 能检验出常用设备故障、003 正确更换仪器的易耗件 | 测后玻璃仪器的处理 | 2 | 正确清洗可用作下次试验 | |
| | | | | 能检验出常用仪器的故障 | 2 | 出现小故障能够正确处理 | |
| | | | | 仪器参数的调试 | 2 | 可用于实验 | |
| | | | | 正确更换仪器的易耗件 | 2 | 操作正确 | |
| | | | 技术管理与创新:001 制定一般仪器操作规程、002 编写产品的检验操作规范、003 掌握实验装置结构及作用 | 制定一般仪器的操作规程 | 3 | 主要步骤需体现 | |
| | | | | 编写产品的检验操作规范 | 4 | 明确主要注意事项 | |
| | | | | 掌握实验装置结构和作用 | 2 | 理解即可 | |
| | | | | 实验过程中防护品的正确使用 | 2 | 做好必要的安全防护即可 | |
| 质量、安全、工艺纪律、文明生产等综合考核项目 | | | | 考核时限 | 不限 | 每超时5分钟,扣10分 | |
| | | | | 工艺纪律 | 不限 | 依据企业有关工艺纪律管理规定执行,每违反一次扣10分 | |
| | | | | 劳动保护 | 不限 | 依据企业有关劳动保护管理规定执行,每违反一次扣10分 | |
| | | | | 文明生产 | 不限 | 依据企业有关文明生产管理规定执行,每违反一次扣10分 | |
| | | | | 安全生产 | 不限 | 依据企业有关安全生产管理规定执行,每违反一次扣10分 | |